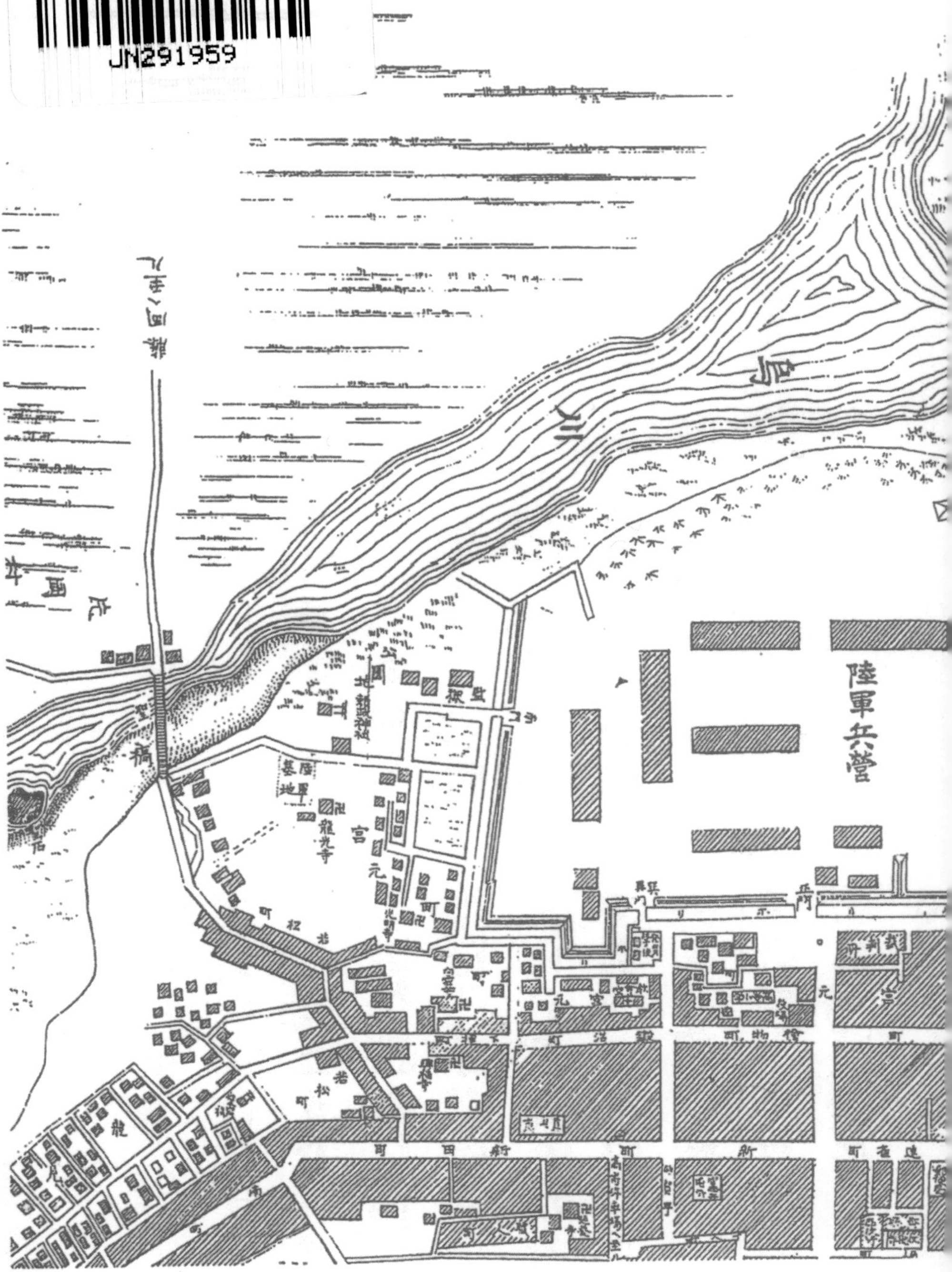

高崎街全図（明治三十年）（『新編高崎市史　資料編９　近代現代Ｉ』付図２・部分）

帝国陸軍 高崎連隊の近代史

上巻 明治大正編

前澤哲也 著

雄山閣

はじめに

明治維新によって近代国家として出発した明治日本は、二つのスローガンを掲げて世界の強国入りを目指した。「殖産興業」と「富国強兵」である。しかしその当時の日本には、生糸や絹織物のほかにはこれといって外国に売り込む商品もなく、一八七三年（明治六年）に徴兵令が制定されたとはいえ、平時で三万人弱の規模の陸軍と、木造艦まで合わせても十七隻しか持たない貧弱な海軍しかなかった。そこで、産業を興し、より強大な軍隊を持つ事、この二点が初期明治日本の目標となった。とはいえ地租以外の収入は多くは望めず、国民に過重の経済的負担が強いられたために各地で反政府一揆が頻発、また、特権を奪われた不平士族による反乱も相次いだ。

群馬の地に、「殖産興業」のシンボルとも言うべき「富岡製糸場」「新町屑糸紡績所」が建設され、また「富国強兵」の一翼を担った「高崎連隊」が設置されたのは、まさにその激動の時期であった。

かつて日本には「軍都」と呼ばれる町があった。師団や旅団の司令部、または歩兵連隊が設置され、そこを中心に栄えた町をいう。東京や大阪・名古屋などの大都市を除くと、旭川・仙台・金沢・広島・善通寺・熊本などが師団司令部のある「大」軍都だった。旭川の第七師団の敷地内には士官の子弟用の私立「北鎮小学校」まで設置されていた。

歩兵連隊（城跡に建てられることが多かった）だけが設置された「小」軍都は明治中期の関東地方に限ってみると佐倉（歩兵第二連隊）と高崎（歩兵第十五連隊）の二カ所であったが、日露戦争前後の軍拡とともに師団・連隊の数は倍増し、それにつれて「大」「小」軍都の数は増加していった。関東甲信越を例に挙げると、宇都宮に第十四師団、高田（現上越市）に第十三師団が新設、松本・甲府に歩兵連隊が設置され、また歩兵第二連隊は佐倉から水戸に移転した。第二次大戦後、帝国陸海軍は解体されて「軍都」は生まれ変わったが、今も旧軍都を訪れると「城跡」「部隊の跡地に建てられた学校や公共機関」「陸軍病院から転じた国立病院」「かつての遊郭を基にした歓楽街」「交通の拠点となる鉄道の駅」のいわば「五点セット」がその名残りをとどめている。

高崎の場合、旧高崎城の濠と烏川に囲まれた、現在は高崎市役所や群馬音楽センター・独立行政法人国立病院機構高崎病院・高松中学校・裁判所・検察庁・郵便局・ＮＴＴ・ＪＴ・福祉会館などがある高松町一帯の広大な地域に「歩兵第十五連隊」の兵舎や練兵場が設置され、隣接する柳川町には有名な色街があった。また、高崎線・両毛線・信越線・上越線・上信電鉄、さらに渋川までの群馬馬車鉄道が発着する「高崎停車場（駅）」が連隊のすぐ近くに作られた。発達した交通網は、生糸に代表される県内の特産品を全国に輸送するのと同時に、召集令状を受けた県内各地の青年を高崎に集結させ、また戦争中は多数の将兵を戦地に運ぶ役割を果たした。

世界遺産に登録しようという気運が盛り上がっている「富岡製糸場」に対し、跡形も無くなった「高崎連隊」（碑だけが残っている）もまた群馬の近代史に大きな役割を果たしたことは否定できない。ほとんどすべての対外戦争に関わり続けた「高崎連隊」の足跡を知ることで、日本近代史の一面が見えてくるかもしれない、そんな大それたことを考えて、調査を始めたが、手掛りは想像以上に少ない。なにせ最後の帝国軍人（高崎連隊に最後に入営した新兵）もいまではとうに八十歳を過ぎているのだから、満州事変以前の体験者は皆無といっていいだろう。文献資料を中心に、約七十年間、高崎市高松町一帯の広大な地域に存在し、何万という男達を「兵士」に仕立て上げ、そして戦場に送った「高崎連隊」の誕生から盛衰そして終焉までを、できるだけ近代史の流れの中に位置付けて書いていきたいと思う。

なお、高崎に設置された連隊というと歩兵第十五連隊が著名だが、日露戦争の際には「後備歩兵第十五連隊」が編制され、また日中戦争以降は歩兵第百十五連隊・同二百十五連隊など多くの「高崎連隊」が誕生したので、ここでいう「高崎連隊」は必ずしも歩兵第十五連隊のみを指すものではないことを最初にお断りしておく。

高崎連隊の近代史・上巻　明治大正編

◎目次

はじめに　1

第一章　草創期の高崎連隊　7

一、徴兵令と軍隊の誕生　8

二、西南戦争（上）　12

三、西南戦争（下）　18

四、秩父事件　23

五、軍旗授与　33

第二章　日清戦争前後の高崎連隊　41

一、開戦前夜　42

二、高崎連隊出動　48

三、旅順虐殺事件　58
四、下関講和条約・台湾での戦闘　65
五、三国干渉と朝鮮情勢　73
六、戦後の大軍拡　80
七、北清事変・八甲田山雪中行軍　89

第三章　日露戦争と高崎連隊 ―― 97

一、日露戦争に関する新事実　98
二、後備役・補充兵役まで召集　101
三、金州・南山の戦闘　107
四、高崎連隊、旅順へ　116
五、高崎山・北大王山の戦闘　120
六、第一回旅順総攻撃　127
七、前進堡塁群攻撃　132
八、二〇三高地の戦闘　136
九、旅順から奉天へ　147

十、奉天会戦（上）　151
十一、奉天会戦（下）　156
十二、後備第四十九連隊の苦闘　162
十三、戦争末期の軍の内情　165
十四、戦争終了後の「戦闘」　171

第四章　日露戦争後の高崎連隊 ―― 177
一、足尾暴動（上）　178
二、足尾暴動（下）　185
三、新設第十四師団に編入　193

第五章　大正時代の高崎連隊 ―― 199
一、第一次世界大戦　200
二、シベリア出兵宣言　203
三、高崎連隊、シベリアへ　213
四、革命軍との戦闘　222

五、黒龍州撤退とハバロフスクの戦闘　232
六、軍縮と関東大震災　242
戦役別出征幹部氏名　249
高崎連隊関係年表　263
参考文献　266
おわりに　278
付録・歩兵第十五連隊兵営跡の調査（菊池実）　281

第一章　草創期の高崎連隊

兵士の肖像Ｉ

一、徴兵令と軍隊の誕生

日本の近代軍隊は、一八七一年（明治四年）二月に薩摩・長州・土佐三藩の献兵（約八〇〇〇人）により組織された、天皇直属の「御親兵」から始まる。明治政府はこの武力を背景に廃藩置県を断行した（御親兵は翌年三月に「近衛兵」となる）。一方で、同年八月には東京・大阪・鎮西（熊本）・東北（仙台）に鎮台が設置され、御親兵と合わせた約一万四〇〇〇人が日本陸軍の嚆矢となった。翌年二月には兵部省が廃止され、陸軍省・海軍省が置かれた。これが徴兵制以前の軍の概略である。近衛兵・鎮台兵ともに士族からなり、装備はフランス式であった。

高崎には常駐の部隊はなかったが、のちに設置する構想があったためか、一八七二年（同五年）一月には、群馬県庁として使われていた高崎城が兵部省の管轄下に置かれた。軍隊設置には不要な門や櫓・土蔵は払い下げられ、内堀は埋め立てられたが、この工事は六四八両三分二朱で請け負われた。また城内に住んでいた旧藩士は、代替地の和田へ移住し、城内の杉・榎・梅といった木が六三八両三分と銭三四六文で払い下げられた。立木の売却代金で内堀を埋め立てた計算になるだろうか。二の丸にあった「一丈廻り」の杉が立木売りで八両と史料にはあるから、直系約一メートルの巨木が旧高崎城内つまり現在の高松町一帯に、何本もあったのだろう。そう想像して現在の風景を見るのも面白い。それにしてもこの代金が高いのか安いのか、また買い求めた人たちはこんな巨木を何に使ったのだろうか、疑問は尽きない。

一八七二年（同五年）十一月二十八日（太陰暦）、太政官布告として「徴兵告諭」が出された。その冒頭に「我朝上古ノ制、海内挙ゲテ兵ナラザルナシ（わが国の古代の制度では、国内すべての者が兵士となる決まりであった）」とあるように、国民皆兵を宣言したが、その一節に「血税」「其生血ヲ以テ国ニ報スル」とあったことから誤解を招き、各地で徴兵反対一揆が起こった。この布告から十四日後の一八七三年（同六年）一月十日（太陽暦）に徴兵令が布告され、その前日には広島・名古屋に鎮台が置かれた。徴兵制によって必要な兵員が確保されるため軍備の増強に踏み切ったのである。同年四月、初めての徴兵検査を受けた「非士族」が入営した。ここに「国民皆兵」の軍隊が誕生したが、これ以降、近衛兵・旧鎮台兵（士族）と新たに入営した鎮台兵（非士族）との間に感情的対立が生じ始めた。なお、鎮台の設置された六カ所には後年、師団や陸軍幼年学校が置かれ各地方の中心的な軍都となった。

国民皆兵を宣言しながらも、徴兵制には多くの免除規定があった。代表的なものを挙げると、①身長一・五四五メートル未満の者　②病弱な者　③役人　④陸海軍学校生徒　⑤官立学校生徒ならびに留学生　⑥戸主　⑦嗣子（跡取息子）⑧養子　⑨代人料二七〇円を納入した者　とあるから、実際に徴兵されたのは農家の次男三男だったといえよう。

身長規定はほぼフランス並だったために、必要人員を満たせないおそれがあり、かなり「流動的」に運用されたようだ。一八七九年（同十二年）、姫路連隊での身体検査のデータによると入営者の三割近くが身長一・五四五メートル未満であったという。後年、身長規定は三センチ引き下げられ、また日露戦争中は大量の兵員を必要としたため、さらに一・五一五センチ引き下げたために一・五メートル未満のものも合格となった。一九〇〇年（同三十三年）の二十歳男子の平均身長は一・六〇九メートル（ただし郡部では重労働と食事内容の関係か、都市部と比べて数センチ低かった）、平均体重は五三・〇キロとなり、徴兵制施行直後より体格は格段に良くなったのだが、日露戦争後半では平均身長を一〇センチ以上下回る者まで合格させなければならないほど兵員は不足した。

また代人料は現在に換算すると如何ほどになるのか。米価換算で約一万倍とすると二七〇万円程度、また巡査の初任給の約六十七カ月分に相当することから、こちらの換算では軽く一千万円を超えるだろう。いずれにせよ莫大な金額で一般庶民には到底払える額ではないが、この規定が一八八三年（同十六年）に全廃されるまで、全国で二三四一人が代人料を払って徴兵を免除されたという。また、養子免除の規定を利用して徴兵を逃れることも多かったが、その際は「持参金」付きが慣例であった。この金額も代人料制廃止以降は「二七〇円」に跳ね上がったという。いつの時代でも「金持ち」と「したたかな人」はいる、ということだろう。だが、実際、徴兵検査に合格したからといって、合格者全員が徴兵されるわけではない。毎年、退営する兵員の数だけ合格者から抽籤するシステムだ。そこで庶民の信仰を集めたのが「籤逃れ」祈願の神社だった。免除規定が縮小されると、残るは「神頼み」しかなかったのだ。後年「籤逃れ」祈願は、表向きは「弾よけ」祈願へと形を変えるが、「軍隊に入りたくない」「息子を軍隊に入れたくない」という心情は不変だったろう。

一八七三年（明治六年）五月、新潟にあった第八大隊の半数と第一大隊の下士官が高崎の営所に入り、第九大隊となった。高崎に置かれた最初の陸軍部隊であった。翌年八月第九大隊は東京へ転営、高崎には宇都宮から一個中隊が派遣された。この部隊もやがて東京に転営し、十月には第二十九大隊が駐屯するが、三カ月後には解体され、一八七五年（同八年）二月に歩兵第三連隊第一大隊が設置される（四月には連隊本部も高崎に移転。第二大隊は新発田、第三大隊は東京に設置）まで、部隊の移動は頻繁に行われたが、この時期に「佐賀の乱」（一八七四年〈同七年二月〜三月〉）や「台湾出兵」（同年七月）がおこったことと無関係ではないだろう。

第三連隊（第一大隊・本部）の設置以降、部隊の移動は無くなったが、一八七六年（同九年）一月には、「事件」が勃発する。詳細は不明だが、第三連隊第一大隊の兵隊四人が「遊歩ノ際」、警部補と小使「ヘ対シ粗暴ノ所業ニ及」んだ、とあるから、柳川町で酒を飲んで暴れた兵隊を取り押さえようとして警官が殴られたのだろうか。結局、犯人のうち警部補を殴った三人（二等卒）は「杖五十錮四十二日」、小使に乱暴した兵（一等卒）は「錮二十八日」という処分が七月に決定された。こんな小事件でも九月に、内務卿・大久保利通から太政大臣代理（右大臣）岩倉具視宛に「高崎営所兵卒之内乱暴ノ者処刑届」が提出されている。

高崎の例に限らず、この時期には各地で「兵隊」と「警官」の対立が頻発していた。「士族」の警官は、「百姓町人」の鎮台兵を見下していただろうし、「天皇陛下の兵隊」という自負がある兵隊は、警官より上位だと思っていたのだ

表１—①・おもな不平士族の反乱

名称	場所	時期	首謀者	参加人員	備考
佐賀の乱	佐賀	明治７年 ２月１日～３月１日	江藤新平 島義勇	11820人	戦死173　有罪410 斬首11（江藤・島は梟首＝さらし首）
神風連の乱	熊本	明治９年 10月24・25日	太田黒伴雄	約190人	戦死・自害114 斬罪３　終身刑４ 懲役41　逃亡４
秋月の乱	福岡	同年 10月27日～11月３日	宮崎車之助 磯淳	約230人	斬罪２　懲役144 （宮崎は自害）
萩の乱	山口	同年 10月28日～11月６日	前原一誠	332人	斬首８　懲役64

（『国史大辞典』『近代日本総合年表』より作成）

ろう。さらに前述したように士族の兵隊と非士族の兵隊の対立も事態をややこしくしていた。一八七四年（同七年）一月には、東京・本郷の路上で酔って放尿していた兵隊を巡査が拘引しようとしたところ、仲間の兵士（近衛兵）が二十人ほど現れたので、巡査側にも応援が加わったが、最終的には三～四〇人の巡査を二〇〇人以上の兵隊が取り囲んで暴行した。類似の事件は翌年に東京・上野（四月）、愛宕下（六月）で起こっており、また一八八一年（同十四年）九月には日比谷で教導団（下士官養成機関）の生徒が警官二人に暴行を加えた。いずれも多数の兵隊が少数の警官を取り囲んで暴行するというのが共通している。この対立は一九三三年（昭和八年）六月に大阪・天神橋の交差点で起こった、信号無視の兵隊と巡査の争いに端を発しついには陸軍と内務省の対立にまで発展した「ゴー・ストップ事件」の原型とも言えよう。

一八七六年（明治九年）十月下旬は不平士族の反乱が続発した（表１—①）。二十四日、廃刀令への不満が原因の「神風連の乱」（熊本）、それに呼応した二十七日の「秋月の乱」（福岡）、二十八日の「萩の乱」（山口）であるが、いずれも鎮台兵によって鎮圧され、また、十一月の茨城県下の一揆、十二月の「伊勢暴動」の鎮圧にも鎮台兵は出動し、徴兵制軍隊の評価が高まった。初期の軍隊（陸軍）は、外国と戦争するためのものではなく、山県有朋（陸軍長州閥のドン・のち首相）のいう「草賊鎮圧」、つまりは治安維持が目的だったため小規模の軍隊でも充分だったのである。ちなみに「神風連の乱」では館林町（現館林市）出身の砲兵軍曹（時期と階級から判断して士族か）が戦死しているが、明治陸軍における群馬県出身者の戦死第一号となった。

翌年二月、西郷隆盛に率いられた鹿児島の士族約一万三〇〇〇人が熊本鎮台のある熊本城を攻撃、対する明治政府が、現役の鎮台兵だけでは足らず、後備兵（軍を除隊した兵隊ＯＢ）や北海道開拓の屯田兵、さらには各地の士族（警視庁巡査として徴募）まで掻き集めざるを得なかった、最大の士族反乱「西南戦争」が始まった。

二、西南戦争・上

現在、中学校で使用されている歴史教科書に「西南戦争」はどう記述されているのか。「１８７７年に西郷を中心として鹿児島の士族らがおこした西南戦争は、最も大規模でしたが、徴兵制によってつくられた政府軍によって鎮圧されました。」（東京書籍）、「鹿児島の士族は、１８７７年、西郷隆盛をおしたてて西南戦争をおこした。戦いは7か月にわたったが、徴兵令で集められた政府の軍隊にしずめられた」（日本文教出版）。東京書籍版には挿絵の説明文もあり、それには「士族からなる西郷軍は、戊辰戦争の経験者も多く、徴兵された農民が中心の政府軍を見下していましたが、政府軍の近代装備の前に敗れました。」生徒は以上のことを覚えておけばテストでは正解、さらに、「こののち政府への批判は言論中心に変わり自由民権運動が広まった」と書けば論述問題も正解であろう。高校の日本史教科書の記述も同じような内容だ。「そして１８７７（明治１０）年には西郷隆盛を首領として鹿児島県の不平士族が反乱をおこし、政府は約半年をついやしてようやくこれをおさえることができた（西南戦争）。この戦争をさかいに武力による士族の抵抗はおさまった。」（山川出版社）。大学入試で「日本史」を選択しない限り、これ以上細かい知識を要求されることはない。いわば平均的日本人の「西南戦争」観は以上のようなものだろうが、果たして、戦争の実態はどうだったのだろうか。

一八七七年（明治十年）二月十五日、西郷隆盛率いる約一万三〇〇〇人は一路、熊本城を目指して出発した。西郷軍には挙兵後に徴募に応じた約一万人、また西郷を慕って佐土原隊・飫肥隊・高鍋隊・延岡隊などのいわゆる党薩隊約七〇〇〇人が加わり、最大兵力約三万人の大部隊となった。

十九日、政府は征討軍を編制、総督は有栖川宮熾仁、参軍・山県有朋、同・川村純義、同・黒田清隆、熊本以外の鎮台を旅団編制とし第一・第二旅団が二十二日博多に上陸した。また二十五日には第三旅団を編制、のちには屯田兵・後備兵・徴募巡査まで掻き集めて第四旅団、別働第一〜第五旅団を編制（別働第三旅団の旅団長は大警視・川路利良、のち新撰旅団に改編）したが、その総数は約五万八〇〇〇人、海軍約二〇〇〇人と合計すると、西郷軍の倍近い兵力だった。これは動員兵力の限界ともいえるだろう。各旅団の編制は、当時旧薩摩藩出身の軍人が多かったため（鹿児島出身の旅団司令官は当初三人のち四人）西郷軍と内通する将兵が出ることを危惧して、各鎮台の部隊を合わせた混成旅団となった。たとえば、高崎の歩兵第三連隊第一大隊（大隊長は八木僴作少佐・第四中隊は除く）が所属した別働第二旅団（山田顕義少将）は、この他に東京鎮台歩兵第一連隊の一個大隊・名古屋鎮台歩兵第六連隊の二個中隊・広島鎮台歩兵第十二連隊の二個中隊、さらに教導団下士官隊・砲兵・工兵各一個小隊・後備第二大隊・屯田兵第一大隊という編制であった。なお、第三連隊第一大隊第四中隊（遠山景義大尉指揮）は別働第四旅団（黒川通軌大佐）に組み込まれた。これでは動員完結までに時間がかかっただろうし、指揮系統に問題が生じたこともあったのではないか。

なお、日露戦争時の満州軍総司令官・大山巌は西郷の従兄弟だが、西南戦争勃発時は東京鎮台司令長官（少将・三十四歳）であった。別働第一旅団司令官として出征、第二旅団司令官・三好重臣少将が負傷すると同旅団司令官も兼任した。ついで別働第五旅団の司令官となり、のちに別働第三旅団司令官も兼任、戦闘終了直前に攻城砲隊指揮官となって城山を攻めた。兄と慕った西郷と戦わざるを得なかった大山の胸中は、西郷の実弟・従道（戦争中は陸軍卿代理）と同様、複雑だったに違いない。大山の実弟・誠之助、甥・辰之助もまた西郷軍に参加していた。冗談好きだった大山の性格は、戦後一変したという。

政府陸軍五万八〇〇〇人の中に群馬出身者はどの程度いたのだろうか。徴募巡査の中には戊辰戦争の時に「朝敵」とされ「賊軍」となった東北諸藩出身者（特に会津藩）が多かったことは有名だ。もちろん群馬にも、維新後に巡査となった旧士族は多く、俗に「安中教員・館林巡査」といわれたように旧館林藩出身の巡査が多かったようだ。県内出身の警官の戦死者を住所別に見ると前橋九人・館林七人（作家・田山花袋の父・鍋十郎も徴募一等巡査として従軍し熊本で戦死）・高崎三人・その他八人の合計二七人となっている。警官は「抜刀隊」に編入されるなど特に戦死者が多かったのだが、政府軍全体の戦死率（一一・三％）から換算すると、県内からは二四〇人前後の警官と約九一〇人の将兵が西南戦争に動員されたと推定される。

その中には貴重な記録を残した、旧前橋藩出身の巡査と歩兵士官がいる。戦闘直前に熊本城に入った三等巡査・喜多平八郎（戦争当時三十五歳）は『征西従軍日誌』を著し、また当初は別働第一旅団のち第三旅団所属となった少尉試補（見習士官？戦争中に少尉に昇進）亀岡泰辰（同二十五歳）は『西南戦袍誌』を書いた。両書とも現在、復刻されているので、それらを基に戦闘の様子を書き進めていきたい。なお、『征西従軍日誌』は現在、文庫化されているので入手しやすいが、一点誤りがある。解説文の中に「前橋（旧川越）藩は譜代の小藩（一万七〇〇〇石）であるから、喜多家の生活は相当苦しかったにちがいない」とあるが、前橋藩の石高は一七万石で一桁間違えている。

『高崎陸軍病院歴史』（『新編　高崎市史　補遺資料編　近代現代』所収）によると、第三連隊第一大隊所属の木原軍医副（のちの三等軍医・少尉相当官）は、たまたま熊本に帰省中に戦争がはじまり、熊本鎮台病院附となって籠城したとある。木原は戦地で軍医に進級し戦闘終了後の十一月に無事帰営している。

西南戦争は、二月二十二日から始まった西郷軍の熊本城攻撃、城の救援に向かった政府軍と西郷軍の野戦（特に三月四日～二十日の田原坂の戦闘が有名）、さらには後退する西郷軍を追撃した人吉・都城・宮崎・延岡の戦闘（六月～八月）、そして政府軍の包囲を急峻な山岳地帯を超えることで突破した西郷軍（約三〇〇人）が最後に立てこもった鹿児島・城山の戦闘（九月）の四つの局面に大別できよう（図1—1）。

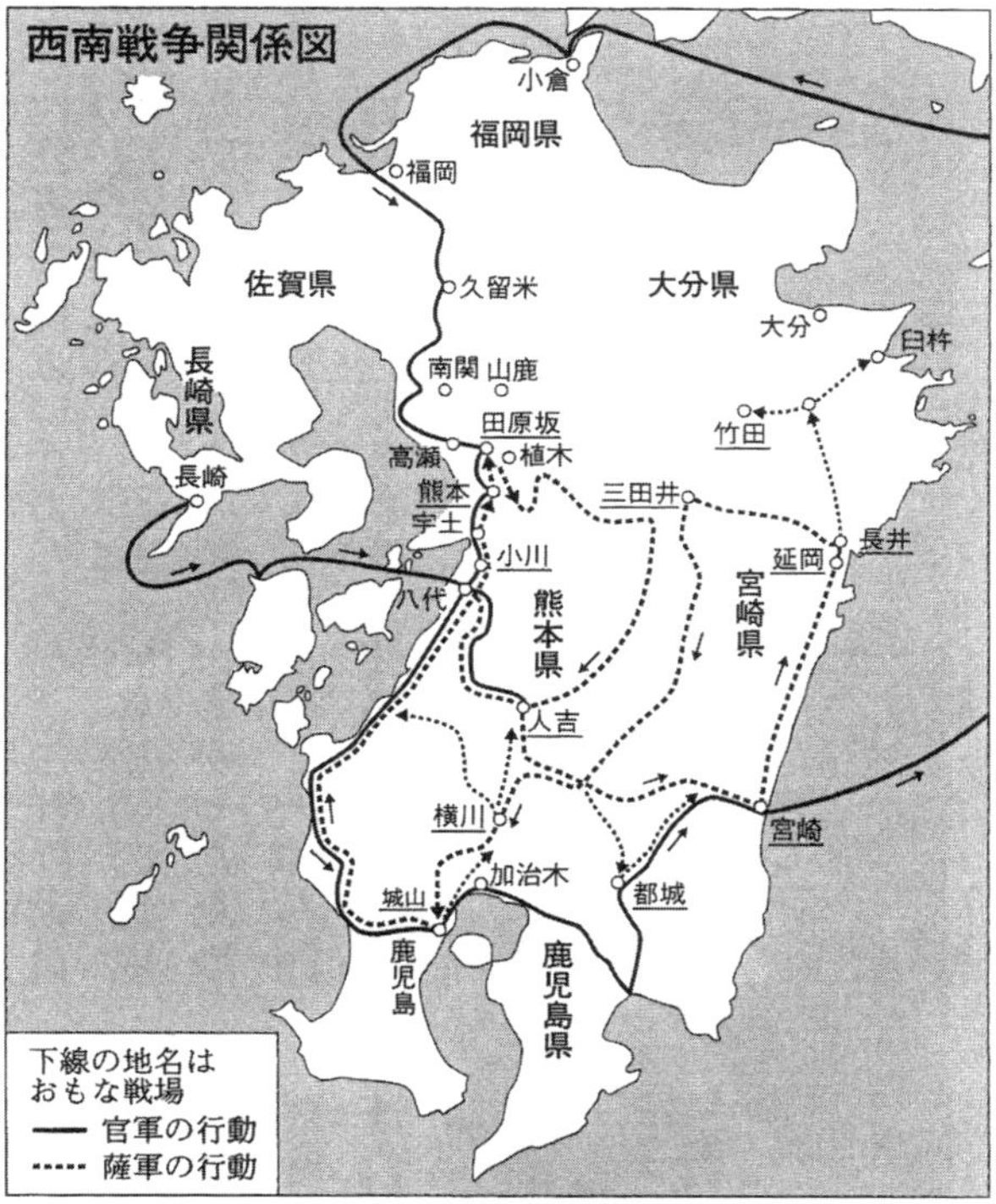

図1-1西南戦争関係図
（『写真　明治の戦争』（筑摩書房）より）

西郷軍が攻撃目標とした、城内の熊本鎮台には、諸説があるが、司令官・谷干城少将以下将兵・警官などの戦闘員と戦火を逃れようと城に入った市民など約四〇〇〇人が籠城した。その中には、児玉源太郎少佐（日露戦争時の満州軍総参謀長）、奥保鞏少佐（同・第二軍司令官）、小川又次大尉（同・第四師団長）、大迫尚敏大尉（同・第七師団長）がおり、また、小倉から救援に駆けつけた歩兵第十四連隊長心得は乃木希典少佐（同・第三軍司令官）だった。日露戦争でロシア軍を破った彼らも、この時期は少佐か大尉クラスで、辛い籠城戦を経験し、また乃木は連隊旗を西郷軍に奪われるなど苦戦を続けた。戊辰戦争を下級士官、西南戦争を初級佐官、そして日清戦争を連隊長・旅団長として戦い抜いた彼らこそ戦場に育てられた軍人であり、この点、クリミア戦争以来大きな戦闘を経験してこなかったロシア軍人とは対照的である。

その籠城軍の中には西郷軍が動き出す一週間近く前の二月九日、東京府下で招集され、海路、二十日に城に入ったばかりの警官約四〇〇人がいた。旧前橋藩士・喜多平八郎もその中の一人だった。おそらく政府は、西郷側の動向を逸早く察知し、急きょ増援部隊を送ったのだろう。わずか四〇〇人とはいえ、八倍以上の兵力に城を包囲された鎮台にとっては、貴重な戦力だったにちがいない。喜多たちが入城する前日、熊本城天守閣が火災で全焼した。原因は不明で、失火説・西郷軍に内通した者による放火説・鎮台の自焼説等がある。この火事とは別に、戦闘を前に城下の人家が障害になるので焼き払われた。その様子を喜多は次のように記している。

（二月二十日）夜半頃、城下北の方、京町に火起これり。次いで南方城前面大手の方、市街所々より火起こり、城下ことごとく火となる。その火勢天に輝き白日の如し。これ城兵の自ら放つ所なりと。
（二十一日）本日夜明けるに及び、城下市街啖烟天を突き、黒雲目前に振るが如きを疑うものの如し。これ已むべからざるの勢に出るといえども実に慨然たる景況、独りここに悽然たり。

喜多たちが布陣した場所は、城外の平坦な小丘で胸壁もなく樹木すらないので、到着直後から陣地作りに精を出している。翌二十二日、西郷軍は唯一の弱点ともいうべき、城北西の段山《だにやま》という丘陵地を占領し、喜多の部隊に熾烈な攻撃を仕掛けてきた。その様子を「賊軍城の四方を囲周し大砲数門を備え、城を攻撃すること猛烈なり。銃丸また雨注。城兵これに応じて防御粉骨秘術を尽くせり」と書いている。これより約五十日間続く、熊本城の攻防戦が始まったのである。二十五日には、小倉から増援部隊が来るから誤って撃たないようにとの命令が伝達されたが、その三日前（二十二日）の植木の戦闘で乃木希典少佐率いる歩兵第十四連隊（小倉）は、西郷軍の襲撃を受けて連隊旗を奪われてしまった。さらに喜多は、援軍の到着を心待ちにしながら、籠城にともなう煙草不足、同僚の戦死、西郷軍からの降伏勧告の矢文について詳細に記述している。そして段山を巡る攻防の中、三月十三日の午前一時、喜多は胸部貫通銃創という重傷を負って城内の病院に担ぎ込まれたが、幸い弾丸が肋骨に当たって横に貫通するという、奇跡のような偶然のおかげで助かった。だが、喜多が入院した病院では西郷軍の放った砲弾が破裂し、食料・医薬品も底をつき始めるなど戦況は芳しくない。

政府軍は、苦境の熊本城を救うべく、八代から熊本へ向かう、つまり西郷軍の背後を突く「衝背軍」を編制し、三月十九日以降次々と上陸を開始した。西郷軍には海軍がなかった（三隻あった艦船は開戦直後政府軍に捕獲された）ため、やすやすと上陸を許し、その結果、西郷軍は攻城部隊、城の北方戦線、さらに衝背軍を迎え撃つ南方戦線と兵力を三分割せざるを得なくなった。高崎の歩兵第三連隊第一大隊（第四中隊欠）は別働第二旅団（一時別働第三旅団となる）に編入され、二十五日に熊本県八代南方の日奈久沿岸に上陸し、八代を目指し、さらに三月中には小川・松橋を激戦の末に攻略した。この時の第三連隊第一大隊の幹部は以下の通り。

大隊長・八木偶作少佐　副官・横井時儀中尉　▼第一中隊　長代理・天岡直香中尉　長耕蔵少尉　安村繁雄少尉

▼第二中隊　長・松島由矩大尉　泉田昌綏中尉　掛山盛修少尉　加藤鷹之助少尉試補　▼第三中隊　長・河村正孝大尉　河本義近中尉　中西千馬少尉　森本正治少尉　永野由義少尉試補　▼第四中隊　長・遠山景義大尉　田辺良成中尉　堀重忠少尉　行事知矩少尉　森氏男少尉試補

また第四中隊が編入された別働第四旅団（のち第二旅団に編入）は四月三日に同県宇土郡浦戸に上陸、八代へ向かった。八日には城内から奥少佐率いる一個大隊が西郷軍の囲みを突破して衝背軍のもとへたどり着き、そしてついに十五日、参軍・黒田清隆率いる衝背軍が熊本城に入城した。西郷軍の攻撃が開始されてから五十四日後のことであった。

三、西南戦争・下

西南戦争でもっとも有名な戦場「雨は降る降る　人馬は濡れる　越すに越されぬ田原坂」は、熊本城の北方約一〇キロの地点にある小さな丘だが、要路上にあるため戦略的拠点であった。熊本城攻撃と並行して、西郷軍は南下する政府軍を阻止すべく主力をこの「北方戦線」に展開させている。

この方面の最初の戦闘は、一八七七年（明治十年）二月二十二日の植木の戦闘だが、その際に連隊旗を奪われた歩兵第十四連隊は、二十四日に第二旅団（三好重臣少将）配下となると、乃木少佐以下、汚名を雪ぐべく最前線に立ち奮闘していた。実は、政府軍はこの戦闘の初期にミスを犯してしまった。二十六日に乃木隊は田原坂まで進出し、追撃を具申したが「寡兵進入するは、利あらず」として三好旅団長は高瀬までの撤退を命じた。みすみす要地を手放した点、その結果、後に大苦戦に陥る点は、日露戦争の「黒溝台の戦闘」に酷似している。乃木の意見が通っていれば田原坂の戦闘は無く、後年、乃木の「軍人としての評価」も上がっていたのではないか。二十七日の、菊池川を挟んだ高瀬の戦闘で政府軍は激戦のすえ西郷軍を破った。西郷軍は弾薬が欠乏したため撤退せざるをえなかったのだ。後退した西郷軍は田原坂・吉次越を中心に頑強な陣地を築き、政府軍を迎え撃とうとした。守る西郷軍は約一万三〇〇〇人、これに対し続々と新兵力を増強した政府軍は四個旅団を中心とした約二倍の兵力で三月三日未明から攻撃を開始。この中には第三旅団（旅団長は三浦梧楼少将、三浦は朝鮮国駐在特命全権公使在職中の一八九五年〈明治二十八年〉十月、朝鮮国王妃・閔妃暗殺事件に関係したがのち無罪）に属した、前橋出身の少尉試補・亀岡泰辰がいる。亀岡の著した『西南戦袍誌』を解読しながら、以降の戦闘を見てみたい。

一八七二年（明治五年）、大阪陸軍兵学寮青年学舎（のちの陸軍士官学校）を卒業し、伍長から軍人生活を開始した亀岡は西南戦争勃発時、教導団生徒召募検査助官として近畿・中国地方を巡回中で神戸に着いたところだった。一八七七年（同十年）二月二十五日に大阪征討総督本営より別働第一旅団（大山巌少将）附属を命ぜられ出動、三月十四日に第三旅団に転属となり、熊本城に政府軍が入城した四月十五日に少尉に任官している。亀岡の戦闘の記述から、熊本入城までの第三旅団の人的損害を列記してみる。第三旅団は「北方戦線」でも最北部の「山鹿口」を担当し、本格的な戦闘は十二日からはじまっている。

三月	十二日	戦死七七	戦傷二二五	生死不明二〇
	十五日	戦死七四	戦傷二七七	生死不明一四
	二十一日	戦死　二	戦傷　二六	
	三十日	戦死二〇	戦傷　四九	生死不明　一
四月	五日	戦死二二	戦傷　八八	生死不明一九
	七日	戦死　三	戦傷　一七	
	八日		戦傷　　六	
	九日	戦死　五	戦傷　三四	
	十日	戦死三六	戦傷　八〇	生死不明　二
	十二日	戦死二二	戦傷一〇八	生死不明一九
	六日	戦死一五	戦傷　三八	生死不明　七

総合計は、戦死二七六（うち士官一八）、戦傷九四八（うち士官四三）、生死不明八二、と莫大な損害を出している。田原坂付近での銃撃戦は凄まじく、空中で両軍の銃弾が衝突して落下した「かちあい弾」という、嘘のような実話があるが、第三旅団の損害を見るだけでも、「北方戦線」の熾烈さは十分理解できる。なお、十二日の負傷士官の中には、西寛二郎少佐（薩摩出身・日露戦争時の第二師団長、のちに教育総監・大将）や梅沢道治中尉（仙台出身・戊辰

戦争では幕府軍に属し箱館戦争で捕虜となる。日露戦争時の近衛後備旅団長、のちに第六師団長・中将）の名がある。また、秩父事件鎮圧のために出動した歩兵第十五連隊第一大隊第二中隊長・吉屋信近大尉（西南戦争時は中尉）もこの日の戦闘で負傷している。

亀岡は三月二十一日の記述に面白いエピソードを書いている。十二日・十五日と二度にわたる激しい戦闘を体験した直後ゆえ、西郷軍との戦闘に恐怖を覚えた将兵が多かったのだろうか。この日、一頭の悍馬が荒れ狂い周りの兵士が逃げ出すと、敵襲と勘違いした兵士が「切り込み！切り込み！」と叫んだところ、戦場に到着したばかりの衛兵が真に受けて剣を抜いたため、その姿を敵だと思い込んだ将兵は混乱に陥った。池に落ちる大佐、障子を押し倒して逃げる少佐、また剣の鞘を失う中尉もいた。亀岡は落ち着いて近衛歩兵第二連隊と歩兵第六連隊の連隊旗を十文字に背負い、土塀の下で様子を窺っていた。すると、突然、背中に飛び降りてくる者があって押し倒された。一目散に逃げていったのは某中尉で、ふと見るとその中尉の拳銃が落ちていた。博打の最中に手入れがあったと勘違いして大騒ぎする落語『品川心中』のクライマックスによく似たシーンだ。「恰も昔日平氏の富士川に於る状を想像し斯くあらんかと思ひ失笑に堪えざるものあり」と冷静だった亀岡は司令官から褒め称えられ、以後、二旒の連隊旗の保管を托された。乃木隊の連隊旗喪失はこの頃、全軍に知れ渡っており、各隊とも連隊旗の扱いには敏感になっていたのだろう。

また、二十五日の記述には、「東京日々新聞」の福地源一郎記者（号は桜痴、のちに立憲帝政党を結成・当時三十六歳）と「郵便報知新聞」の犬養毅記者（号は木堂、のちに首相・当時二十二歳）が総督本営に来た、とある。「福地源一郎は當時新聞記者として一流の者にて権威ありしも、犬養氏は未だ名声揚らざる若き記者なれども各（注・名?）文章を以て聞ゆ」という評がある。

『西南戦袍誌』は一九三一年（昭和六年）七月十五日、つまり、犬養内閣組閣の約五カ月前、そして犬養が暗殺された「五・一五事件」の十カ月前に発刊されている。亀岡は昭和八年一月に亡くなっているから、犬養内閣の誕生から終焉までを知っていたはずだ。「五・一五事件」の報を聞いた亀岡の脳裏に「官兵の費消する数を聞くに、田原、二俣等の戦いには、一日概算二十五万発（スナイドル銃）にくだらず、そのもっとも多き日は三十五万発より四十万発に及び、大砲は十二門にて千発以上を撃ち発したりと。」（『郵便報知新聞』明治十年四月四日）といった記事を書いた、若き日の新聞記者・犬養毅の姿が去来していたのだろうか。

その二十五日、別働第二旅団所属の歩兵第三連隊第一大隊（第四中隊欠）は、八代南方の日奈久沿岸に上陸した。以降、熊本県内の松橋（三月三十・三十一日）、御船（四月二十日）で西郷軍と戦い、さらに後退する西郷軍を追って宮崎の人吉（六月一日）、高鍋（八月二日）などで激戦を続けた。人吉の照獄山では西郷軍は胸壁上から巨石を投じるなど必死の抵抗を試みるが、政府軍に圧倒されて敗れた。人吉の戦闘以降、西郷軍の集団投降者が目立ち始めた。西郷軍に不足し始めたのは戦闘員だけではない、資金も底をつき始めた。そこで物資を調達するために、いわゆる「西郷札」を発行したのは有名な話。この日本初の軍票に関しては、松本清張のデビュー作『西郷札』に詳しい。額面は十円・五円・一円・五十銭・二十銭・十銭の六種類で、発行総額は一一万一四二〇円、しかし高額紙幣は最初から信用がなく、小額紙幣のみが発行当初、西郷の威光でわずかに通用したらしい。清張の『西郷札』には「ついには兵士たちは隊を組んで富裕な商家を訪れ、僅かな買物に十円札を出し、太政官札のつり銭を受け取るという手段を取った。」という一節があるが、敗走する軍がこんなことをすれば人心が離れるのは当然の帰結だ。

八月中旬、延岡で敗れた西郷軍は、最後の決戦の場を鹿児島に求め、政府軍の包囲網をかいくぐり、急峻な可愛岳を攀じ登った。この時、西郷軍の兵力はわずか六〇〇人程度であった。それでも九月一日、西郷軍は鹿児島に入り、城山に陣を築いた。包囲する政府軍は五万人以上、一方西郷軍でまともに戦えるものは三〇〇人に満たなかった。

そして、二十四日、ついに最後の総攻撃が決行された。歩兵第三連隊第一大隊からは第三中隊が、また別働第四旅団所属の第四中隊からは選抜された一八人の下士卒が突撃隊に編入された。戦闘の結果、政府軍の戦死者約四〇人、西郷軍のそれは一五九人だった。西郷隆盛の最期は司馬遼太郎の『翔ぶが如く』など多くの本に詳しく書かれている。

表1—②・西南戦争における所属部隊別群馬県出身戦没者数

部隊名	戦没者 A	戦死戦傷死者 B	B／A
歩兵第一連隊	14	14	100%
歩兵第二連隊	13	6	46.2%
歩兵第三連隊	34	12	35.3%
近衛歩兵第一連隊	3	3	100%
近衛歩兵第二連隊	6	6	100%
教導団歩兵第一大隊	2	2	100%
後備歩兵第一大隊	20	17	85%
工兵第一大隊	2	2	100%
別働第三旅団警視局	27	22	81.5%
その他	9	5	55.6%
合計	130	89	68.5%

（『上毛忠魂録』より作成）

戦闘全期間を通じての政府軍の死傷者は約一万六〇〇〇人、西郷軍もまたほぼ同数の約一万七〇〇〇人が戦場に果て、傷ついた。また政府は軍費として当時の年間歳出額のおよそ八七%に当る四二二三万円（この年の地租収入を二七八万円超過）という大金を使っている。それを賄うために大量発行した不換紙幣を整理するべく断行された「松方デフレ政策」の影響はのちに述べる。

西南戦争全般について言えることだが、「新式装備の大軍を次々に繰り出し、物量も豊富な政府軍」対「補給が乏しいうえに旧式兵器しか持たず、己の力を過信し情報収集を怠った西郷軍」という図式は、第二次大戦末期のアメリカ軍と大日本帝国陸海軍の状況によく似ている。なお、熊本県内では家屋一万六〇〇三軒が、鹿児島市内では一万五四一七軒が戦火で焼失・破損し、熊本・宮崎・鹿児島三県で戦闘に巻き込まれた民間人二九八人が命を落とした。戦争に巻き込まれた、何の罪もない民衆の姿は、第二次大戦末期のサイパンや沖縄の悲劇と重なる。

西南戦争における群馬県出身者の部隊別戦没者は表（1—②）に示した通りであるが、約七割が戦闘死（日清戦争における県内出身戦闘死者は二割以下）であるということから見ても、いかに熾烈な戦闘の連続だったか容易に想像できる。ところが、歩兵第三連隊をみると、戦没者三四人中二二人が病死で、その内の二〇人が戦闘終了後の十月初旬に集中している（死亡場所は兵庫県下一三人・その他七人）。

原因はコレラであった。九月に長崎で発生したコレラが、西南戦争の帰還兵によって全国にばらまかれたために猖獗をきわめ、全国で約八〇〇〇人が命を落とした。これは政府軍の戦死者約六八〇〇人を軽く凌駕している。これ以降、明治十二・十五・十九・二十三・二十八年とコレラが大流行し、その死者は、明治全期で三七万人以上に達している。民衆にとっては、コレラや赤痢・チフスといった悪疫は、戦争以上に恐怖だったにちがいない。

西南戦争の「副産物」はコレラだけではなかった。一八七八年（明治十一年）八月、近衛砲兵大隊の兵卒二一五人が、「給料の減額・西南戦争の恩賞の遅延」を不服として、大隊長・週番士官を殺害する「竹橋事件」が発生した。軍事裁判の結果、死刑五三人（うち二人が群馬出身）・準流刑一一八人・徒刑七〇人などの厳しい判決が下された。この事件に自由民権思想が影響していることを知った山県有朋は、こうした思想の軍隊への流入を阻止するため、直ちに「軍人訓戒」を定め、さらに四年後には天皇への絶対服従を強調した「軍人勅諭」を公布し、軍人の政治関与を戒めた。

また、松方デフレ政策で苦境に陥った農民がやがて自由党の一部と組み、福島を始め高田・群馬・加波山など各地で激化事件を起こすが、その最大規模の事件が一八八四年（同十七年）の「秩父事件」であった。その鎮圧には、第三連隊に代わって高崎に設置された歩兵第十五連隊の将兵も出動した。

四、秩父事件

西南戦争から戻った歩兵第三連隊は一八七八年（明治十一年）、東京鎮台に十一月中旬に行軍演習に関する「伺」を提出、受理されて初の三個大隊による合同行軍演習が実施された。「伺」によれば、その目的は「力《つと》メテ険阻ヲ跋渉シ行進ヲ能ク疲労ニ堪ヘ欠乏ヲ忍バシムルニアリ」とし、行程は第一大隊と東京の第三大隊が三国街道を行軍して長岡に出、そこで新発田の第二大隊と合流して柏崎を経て高田（現・上越市）まで行軍、帰路は第一・三大隊が信濃路経由で碓氷峠を越え高崎に戻り、第二大隊は新潟経由で新発田に帰営するというもの。参加人員約一八〇〇人で、宿泊料・荷物運送費・患者諸入費など費用の見積もりは約一万一七〇〇円（一人につき六円五〇銭）だが、その内の五八〇〇円は「自ラ在営中ノ食料ニテ相省ケ」るので実際の費用は五九〇〇円となり、さらに警備や病気入院等で参加人員が減るだろうから、もう少し費用は減じるだろうと、やけに費用を気にしているが、それには理由があったのだ。

明治政府が、西南戦争で四二三万円という途方もない軍費を使った結果、戦後にはインフレーションが昂進、財政は危機に陥った。なお軍費の約三割（一三〇六万円）は軍夫（弾薬・食糧運搬業務を担当した臨時の軍属）に支払われた賃金だったという。軍夫はのべ一二八五万六七七二人動員されたが、この数値を戦闘期間の二一〇日で割ると一日に付き約六万一二〇〇人、他に臨時雇の役夫が一日に一万四三〇〇人となる。彼らの日当は八〇銭前後と考えていいだろうか。当時の巡査の初任給（一八七四年〈同七年〉四円、一八八一年〈同十四年〉六円）から考えると破格の日当だ。政府も戦闘がこれほど長引くとは思わなかったのだろうから、想定外の膨大な人件費となった。

当時の政府歳入のほとんどは地租だったが、その頼みの地租も一八七六年（同九年）に茨城・三重・岐阜・愛知など各地で展開された「地租改正反対一揆」の結果、翌年三パーセントから二・五パーセントに下げられていた。いわゆる「竹槍でどんと突き出す二分五厘」である。政府は、地租収入が六分の一も減少したのに、いかにして多額の軍費を捻り出したのか。

一八八一年（明治十四年）、大蔵卿に就任した松方正義は、いわゆる「松方デフレ政策」で、戦争中に大量発行した不換紙幣の整理を中心に収拾を図ろうとした。そのため酒造税増税や売薬印紙税などの新設を断行した。その結果、米や繭などの暴落に加え増税が庶民にのしかかったのだからたまらない。収入は目減りする一方、地租は減額されず、新たな増税までが加わり、高利貸しに借りた金は一年経たずに倍以上になるなど利子がどんどん膨らんでいく。特に養蚕地帯では、借金が返済できなくなった多くの自作農が担保の土地を取り上げられて小作農となり、また中小規模の商工業者の破産が相次いだ。

酒造業を例に挙げると、一八七八年（同十一年）に導入された造石税（一石につき一円）は二年ごとに倍額となった。追いつめられた酒造業者も立ち上がった。自由民権運動の思想家・植木枝盛の指導の下、全国規模の反税闘争いわゆる「酒屋会議」を開催して抵抗した。しかし、その抵抗も虚しかった。群馬県内の酒造業者は一八八二年（同十五年）までは五五〇人前後を推移していたが、同年十二月に布告された太政官布告第六十一号をもって「酒造税則」が改訂され、造石税が一石につき四円に跳ね上がると、その負担に耐え切れなくなって、県内では約二割（一一二人）の酒造業者が廃業を余儀なくされ、生産量は前年の七割近くまで落ち込んだ。だが造石税は約四割増えているのだから、「税収増」のみを考えていた政府にとってこの改訂は大成功で、廃業した中小酒造業者の苦衷など眼中になかったろう。実際、改訂後の酒税は全国総額で五六八万三〇〇〇円増え、一六三二万九〇〇〇円となった。これは地租収入の三七・七パーセント（前年は二六・六パーセント）、歳入総合計の二二・二パーセント（前年は一四・九パーセント）に相当する。

庶民の生活を脅かしたのは「デフレ・増税」ばかりではない。前述したが、一八七九年（同十二年）・一八八二年（同十五年）にはコレラの大流行があり、それぞれ一〇万五七八六人・三万三七八四人が亡くなっている。

明治十五年のコレラ流行に関しては第三連隊第一大隊の中にも患者が発生した。『高崎陸軍病院歴史』に以下の記述がある。

〇七月廿八日　六月十八日ヨリ十月下旬ニ跨ルノ間市街幷ニ近村ニ虎列剌（注・コレラ）流行シ人民之レニ罹ル

モノ日ニ多ク終ニ兵営ニ伝播シ之ニ罹ルモノ看護長一名兵卒七名ニシテ内死亡スルモノ四人アリ

原因はコレラ患者のいる民家で飲食した兵卒に感染したものだが、部隊中のすべての便所を濃石炭酸水で消毒し、患者の出た兵舎は閉鎖した上で「石炭酸薫蒸法」を行った。

またコレラ以外にも赤痢・腸チフスが一八八〇年（明治十三年）から毎年五〇〇〇人以上の、一八八三年（同十六年）以降は一万人以上の生命を奪う、というように急性伝染病が猖獗をきわめていた。一八七八年（同十一年）以降五年間のコレラ・赤痢・腸チフス・痘瘡による全国の死亡者合計は一七万三四一九人であった。

さらに、この時期は消火設備が不十分だったため各地で大火が発生している（数字は焼失戸数）。一八七八年（明治十一年）〈大阪六五〇・東京五一二〇・高崎七〇〇・函館九五四〉、一八七九年（同十二年）〈高岡二〇〇〇・新潟八五一一・函館二二四五・東京一万六一二三〉、一八八〇年（同十三年）〈千葉七〇〇・高崎二五〇〇・東京（二月）一七二九・熱海二〇三・弘前一五〇〇・三条一八九〇・能代一二六八・新潟（六月）六五七・新潟（八月）六一七五・柏崎二七〇〇・大阪三三八八・東京（十二月）二一八八〉、一八八一年（同十四年）〈東京（一月）一万六三七・東京（二月・神田）七七五一・福島（二月）六〇〇・東京（二月・四谷）一五〇〇・福島（四月）一七四六・小樽五八五・大阪五九一・延岡六〇〇〉、一八八二年（同十五年）〈白河九八〇・富山一六〇〇〉と五年間で記録に残る大火だけでも三十件、合計七万四六二一戸が焼け落ちたのだから、数十万の罹災者が出たはずだが、小さな火災まで含めれば焼失戸数・罹災者数は優に倍以上の数値になるのではないだろうか。

その間、明治政府は日比谷に「欧化政策」の象徴・鹿鳴館の建設を進めていた。総工費約一四万円（巡査の初任給六円から考えると今なら数十億円か）、イギリス人コンドルの設計により一八八〇年（同十三年）に着工された、煉瓦造り二階建てで建坪四六六坪、部屋数四〇余の社交場・鹿鳴館が三年後に開館するが、そこで踊る政府高官やきらびやかに着飾った貴婦人たちとは対照的な、デフレ・増税に喘いだ没落農民や商工業者にとって唯一の光明は、急進的な自由主義を主張する「自由党」だけだった。

「明治」というと、国民が一丸となった活力に満ちた時代のような捕らえ方をする向きもあるが、一般庶民にとって、「戦争・大火・コレラ・増税」の明治十年代前半は紛れもなく、暗黒の時代だったにちがいない。前置きが長くなってしまったが、「秩父事件」の原因となった当時の社会情勢を紹介することで、時代の「空気」に触れて頂けたろうか。

ちょうどこの時期、群馬県は県庁問題で揺れていた。一八七一年（明治四年）の廃藩置県後に設置された第一次群馬県が熊谷県を経て、東毛三郡を併せてほぼ現在の形（第二次群馬県）になったのは一八七六年（同九年）八月だが、第一次・第二次とも県庁は高崎に設置されていた。だが県庁設置に適任の旧高崎城は陸軍省管轄で庁舎は五カ所に分散し不便だったため、九月、初代県令・楫取素彦は旧前橋城に仮県庁を置いた。高崎町民の度重なる移庁反対請願に、楫取県令は「いずれ県庁は高崎に戻す」と言ったものの、一八八一年（同十四年）二月の太政官布告で県庁の前橋設置が決定された。収まらないのは高崎側で、「約束違反だ」と抗議行動を開始し、一時は歩兵第三連隊第一大隊の出動まで要請されたが、大事には至らなかった。一歩違えばこの治安出動が高崎連隊の「初陣」になったかもしれなかった。

この三年後、高崎連隊襲撃を目論む事件が起こる。一八八四年（同十七年）五月一日、群馬の自由党員は困窮した農民を組織し、一隊は日本鉄道の上野―高崎開通式に政府高官が乗る列車を本庄駅で襲撃、別の博徒を中心とする一隊は高崎兵営を襲撃する計画をたてた。しかし開通式は二度延期されたため、襲撃対象は警察署・高崎兵営襲撃に変更された。十五日、妙義山麓の陣馬ヶ原に農民約二〇〇人が終結したが、期待していた博徒が参加延期と連絡してきたので、北甘楽郡の高利貸しのみを襲撃した。世にいう「群馬事件」である。この事件で襲撃対象候補となった歩兵第三連隊（第一大隊）が鎮定のために出動することはなかった。

同月二十五日、高崎駐屯の歩兵第三連隊第一大隊は歩兵第十五連隊第一大隊と改称され、第三連隊本部は東京・麻布に移転した（当初歩兵第十五連隊は一個大隊のみの編制であったが翌年六月に第二大隊が設置されて軍旗が授与された）。この時の歩兵第十五連隊第一大隊幹部は以下の通り。

大隊長・内藤之厚少佐　副官・小野寺静通中尉　▼隊付大尉　本庄幾馬　吉屋信近　青山好昌　湯浅定克▼隊付中尉　増沢季的　◎岩根常重（和歌山）　◎星為幹（秋田）　◎宮田馨　岡部勘六　永久正敏▼隊付少尉　○蠣崎富三郎（福島・旧6）　○椿綏（旧3）　○江口助六（佐賀・旧2）　◎新名幸太（茨城）　○大久保猶平（群馬・陸士修業生）　小野恒明　桂田廣忠（◎印は歩兵第十五連隊に所属し日清戦争にも参加した士官。数字は陸士卒業期を表す。また○印の士官も他部隊に所属して日清戦争に参加している。）

誕生直後の歩兵第十五連隊は一八八四年（明治十七年）十一月一日におこった自由民権運動の最大規模の激化事件「秩父事件」鎮圧のため出動している。同連隊にとっては初陣だが、蜂起した農民に銃口を向けなければならなかった農民出身の兵士はどんな気持ちだったのだろう。

なお、事件発生の報を聞くと、同連隊は一個中隊を岩鼻町にある「東京砲兵工廠岩鼻火薬製造所」に派遣し、火薬を困民党軍に奪われないように徹夜で警備している。同製造所は、敷地一一万七四六八坪、建設費・土地買収費約二〇万七〇〇〇円（鹿鳴館建設費の約一・五倍）という巨費を投じた、板橋火薬製造所に次ぐ日本で二番目の火薬工場で、一八八二年（同十五年）十月から黒色火薬の製造を開始していた。

椋神社の周辺に集まった秩父困民党（困民はコミューン・コンミューン＝「人民の権力に基づく直接統治組織」に由来か？）はおよそ三〇〇〇人、甲隊・乙隊に分かれて進撃し、途中高利貸しを襲い、二日には大宮郷（秩父市）を占領したが、四日に鎮台兵（第三連隊第三大隊）・自警団に反撃されると指導部は解体し、徹底抗戦派が群馬経由で長野に転戦した。高崎連隊に出動命令が下ったのはこの時である。

埼玉県令ノ請求ニ依リ昨四日午後六時三十分高崎屯在歩兵第十五連隊第一大隊ノ内壱中隊藤岡駅ヘ向ケ出張為致候旨、其筋ヨリ届出候間此段及御届候也

という届が五日に陸軍卿・西郷従道から太政大臣・三条実美宛てに出され、

埼玉県下暴徒長野県南佐久郡大日向村ヘ昨七日千人程乱入ノ趣、右ニ付長野県令ノ請求ニ依リ本日午前第七時出発、高崎屯在歩兵第十五連隊第一大隊第二中隊ヲ岩村田ヘ向ケ出張為致候旨、東京鎮台司令官より届出候間此段及御届候也

との届が八日に陸軍卿・西郷従道から提出されている。高崎歩兵第十五連隊第一大隊から一個中隊が藤岡へ、さらに一個中隊が岩村田に派遣された。この時、陸軍卿・大山巖は外遊中（一八八四年〈明治十七年〉二月十三日〜一八八五年〈同十八年〉一月二十五日）だったので、正確には西郷の肩書は「陸軍卿代理」である。同様に当時の東京鎮台司令官・野津道貫も大山に従って外遊していたので誰かが代理業務をしていたはずだ。

困民党軍は四日夜の児玉郡・金屋の戦闘で十九人の死傷者を出し中核は解体したが、なおも菊池貫平に率いられた一隊（約一二〇人）は上武国境の屋久峠を越え、上野村から十石峠を越えて長野に入り、途中農民を加えて五〇〇人以上に膨れ上がった。この隊を追撃すべく派遣されたのが歩兵第十五連隊第一大隊第二中隊で、兵力は約一二〇人、吉屋信近大尉が指揮した。吉屋大尉は西南戦争時には、亀岡泰辰少尉と同じ第三旅団に属して一八八七年（明治十年）三月十二日の戦闘で負傷したが、戦争を熟知したベテラン将校だったろう。吉屋中隊は、十一月八日の早朝に出発、

馬車や人力車を借り上げて碓氷峠を越え岩村田に入ったが、高崎を発って到着までに十五時間もかかっている。なお、この出動には看護長・看護卒も参加しており、その様子は『高崎陸軍病院歴史』に詳しい。

同月（注・十一月）八日秩父郡ノ暴徒輩信州佐久郡エ侵入ニ由リ鎮圧ノ為メ第二中隊ニ従ヒ看護長三島茂三郎看護卒川目幾三郎上田錠次郎出張

同月九日第一中隊ノ内二小隊ヲ第二中隊ノ援隊トシテ信州佐久郡岩村田へ派遣ニ付看護卒増山眞次附属出張但シ医官ノ出張セサルハ既ニ副医官上京シ大隊医官一名ナルニ由ルナリ

九日未明、「援隊」の第一中隊の二個小隊（約六〇人・本庄幾馬大尉指揮）が到着する前に、東馬流《ひがしまながし》で、吉屋大尉が率いる主力（兵約八〇人・警官約五〇人）と江口助六少尉率いる別動隊（兵約四〇人・警官約三〇人）は二手に分かれて困民党軍を挟撃したが、戦闘は数十分で終わっている。新式の十三年式村田銃（口径十一ミリ・初速四一九メートル／秒・単発）装備の吉屋中隊に、猟銃（火縄銃）・刀・竹槍しかない困民党軍では歯が立たなかった。警官の負傷二人（のち一人死亡）、困民党軍の戦死者は一三人、ほかに流れ弾に当って死んだ女性がいた。井上幸治の『秩父事件』には戦闘の様子がこう記されている。

部落のなかは、すっかり混乱していた。あるものは無人の本陣にのがれ、背後から銃剣でさしぬかれ、剣先がふすまに突きささったという話も残っており、また「ごめんだよう」とさけびながら走り、街路の左側の小さな堀の杭につかまったまま、さされた暴徒を目撃した両親の話を伝える老人もいる。

当時使用されていた十三年式銃剣は全長七〇八ミリで脇差ほどの長さだ。死体はいずれも銃弾で打ち抜かれただけでなく、銃剣・軍刀で斬られていたという。その様子は早川権弥の日記に詳述されている。早川の、困民党軍の死者を見る目は同情に満ちており、彼らを惨殺した鎮圧部隊に対する静かな「怒り」が根底に流れているように思う。

東馬流ニ達セントシテ入口ニ至レバ一個ノ死体アリ。数十人囲ンデ之ヲ見ル。頭骨砕ケ脳汁出デ、胸撃タレ胞（注・腹？）切ラレ、鮮血地ヲ染テ寒風声アリ。七、八歩マタ死体アリ、面部刀痕アリ、骨部切ラレテ血シホ流ル、五、六歩スレバ又死体、尚又西ニ死体アリ、是ヨリ人家ノ西ウラ弐個、村中ニ三個、人家庇ニ一個、村下ニ三個ノ死体、合セテ十三人、何レモ銃丸ニ撃殺サレ、且刃傷ヲ蒙リテ骨折ヲクダカレ斃ルルアリ、腹部ヲ撃レテ死スルアリ、一時流血、淋漓タリシハ、修羅ノ巷モカクナルカト、思ハズ心胆ヲシテ寒カラシム、嗚呼惨ナル哉、又実ニ忍ビザルナリ、今ニシテ暴徒ト呼バルルモ、昨日ハ三千余万ノ同胞ナリ

敗走した困民党軍はさらに憲兵・警官に追撃され、海ノ口方面に敗走、野辺山高原で四散した。ここに、十日間自由の旗を振り続けた秩父困民党は壊滅した。派遣された歩兵第十五連隊第二中隊及び第一中隊（二個小隊）の将兵は十四日の午後、高崎に帰営した。

この事件での全戦死者は困民党軍三一人、巻き込まれた村民三人、警官五人の計三九人。また、これに呼応して愛知・長野の自由党員が、名古屋鎮台の兵を組織し農民騒擾との連携を企て（檄文は植木枝盛が起草）たが、十二月六日に計画が発覚し首謀者は逮捕された。「飯田事件」である。

なお、自由民権運動の中でも特に急進的な思想家だった植木枝盛は秩父事件の直前、大阪での自由党会議（解党が議決された）に参加した後、大阪・和歌山で演説会を開催していたが、日記に事件のことを一切書いていない。登楼の記録（植木の日記の特徴だが）だけがやけに詳しい。植木が事件をどう見ていたかは謎である。

写真１-Ａ　困民党軍と鎮台兵が戦った天狗岩付近
（手前の路線はＪＲ小海線・筆者撮影）

事件から十数年後、十月初旬の秋晴れの日、佐久平を二名の教師と一団の学生が、右手に八ヶ岳を仰ぎ見ながら、千曲川の上流に向かって歩いていた。彼らは臼田から少し進んだところで巨大な岩を見上げた。「天狗岩」と呼ばれているこの巨岩のすぐ脇で、その十数年前「秩父困民党」が壊滅したのだが、引率した教師がのちに著した文章にはそのことは一言も触れられていない。

私は、佐久、小縣の高い傾斜から主に田に谷底の方に下瞰した千曲川のみを君に語つてゐた。今、私達が歩いて行く地勢は、それと趣を異にした河域だ。臼田、野澤の町々を通つて、私達は直ぐ河の流に近いところへ出た。

馬流といふところまで岸に添うて遡ると河の勢も確かに一變して見える。その邊には、川上から押流されて来た恐しく大きな石が埋まつてゐる。その間を流れる千曲川は大河というよりも寧ろ大きな谿流に近い。

この文章を書いたのは、青年教師・島崎春樹、後の文豪・藤村であり、引用したのは『千曲川のスケッチ』の一節である。後に自然主義文学の中心人物となった藤村はあえて「秩父事件」から目を逸らしたのだろうか。かつて熾烈な戦闘があった東馬流には今、「秩父困民党散華之地」の碑がたち、その脇の、千曲川に沿った線路（小海線）を二両編成の高原列車がのどかに走っている（写真1—A）。

五、軍旗授与

西南戦争で不平士族の反乱を力で捻じ伏せ、その後の自由民権運動も押し潰した明治政府は徐々に国策を固めていった。近い将来に朝鮮半島から中国大陸で行われるであろう軍事作戦に備えて強大な陸海軍を持つことである。一八八二年（明治十五年）に朝鮮民衆・兵士が日本公使館を襲撃した「壬午事変」や、一八八四年（同十七年）に日本公使館の援助を受けた金玉均らの改革派が起こしたクーデターが清国軍の来援で失敗した「甲申事変」は軍備拡張の格好の口実とされた。福沢諭吉が、日本は朝鮮・清との連帯を止め欧米列強側に付くべきだという『脱亜論』を時事新報に発表したのは甲申事変の翌年であった。

陸軍も、将来の戦争に備え、従来の専守防衛の「鎮台制」から外征軍隊の「師団制」へと変貌した。一八八四年から翌年にかけての大山巌陸軍卿（薩摩）一行のヨーロッパ視察（随員は三浦梧楼中将〈長州〉・野津道貫少将〈薩摩〉・川上操六大佐〈薩摩〉・桂太郎大佐〈長州〉ら一五人）の主な目的は、ドイツの兵制研究と優秀なドイツ人将校を前年に開校したばかりの陸軍大学校へ教官として招聘することであった。このことで、従来軍事教官を派遣してきたフランス側の抗議を受けたため、陸軍士官学校の教官はフランス、陸軍大学校の教官はドイツという「仏独折衷型」となった。

ドイツから派遣されたクレメンス・W・J・メッケル少佐はドイツ陸軍有数の戦術家であり、その後の日本陸軍に大きな影響を与えた。陸大でメッケルから近代兵学を学んだ若手参謀と戊辰戦争以来の戦場で叩き上げられた歴戦の指揮官との絶妙なコンビネーションが日清・日露戦争の勝利へと繋がる。

だが、この「鎮台制」から「師団制」への移行はそう簡単には進まなかった。陸軍内部には山県有朋を中心とする主流派の「長州山県派」の他に「長州反山県派」とでも言うべき派閥があって、それぞれが今後の陸軍の在り方を巡って対立していた。一八八一年（明治十四年）に「月曜会」という軍事研究団体が組織されたが、これは陸士（旧）一期・二期の有志を中心に組織されたものであり、主だった将校が続々とこれに参加した。だが、一八八四年（同十七年）十一月に会長に堀江芳介少将（長州）が、顧問に三浦梧楼（長州）・鳥尾小弥太（長州）・谷干城（土佐・西南戦争勃発時の熊本鎮台司令長官、のち第一次伊藤内閣の農商相）・曽我祐準（柳川）の四中将が就任したことが、陸軍内部の対立に火をつけた。

三浦以下四中将は、一八八一年（同十四年）の「北海道開拓使官有物払い下げ事件」に関して、連名で国会開設と官有物払い下げの中止を建議する上奏文を出したことのある「政治的」軍人で、薩長藩閥政治に対抗していた。彼らはまた専守防衛型の陸軍（フランス式鎮台制）の立場をとり、主流派である「長州山県派」の「軍人の政治不関与・ドイツ型外征軍隊＝師団制の導入」と真っ向から対立した。「山県派」の中心人物は山県の他、大山巌・桂太郎・川上操六であり、西南戦争の影響か、政治的には無色に近い薩摩出身者は「山県派」と連携した。結局「長州反山県派」は抗争に破れ、一八八八年（同二十一年）十二月二十五日に堀江・三浦・鳥尾・曽我の四人が予備役に編入され（谷は翌年八月二十六日予備役編入）、翌年二月には大山陸軍大臣の命令で「月曜会」は解散させられた。これを「月曜会事件」という。

この抗争の一方の中心人物になった三浦梧楼は、山県と同じく長州藩・奇兵隊の出身で後年「朝鮮国王妃閔妃暗殺事件」の黒幕となるが、相当にあくの強い、思ったことをずけずけと言う性格だったようで、自伝『観樹将軍回顧録』にも山県のことを「一体山県は極めて注意深い男で、とかく極度に干渉して困る。それで山県が来ると、いつもがんがん喧ましく言うから、皆毛虫のように嫌っている」「これが山県の言い抜けの種だ。軍事上の意見が面倒になって来ると、いつも大山を表面に立たして山県は裏面からつつく。これが山県の慣手段である」「『陸軍には大山がいる。これが必ず僕の言う通りになるというわけにはいかぬ』と言うものの、実はこれが山県の言う通りになるのである。裏面では山県がしきりに大山をつつく。『我輩からは言いにくい。ここは君が一つ反対してくれ』としきりに大山をつつく」と書いている。短い文だがこれだけで、山県、大山それに文を書いた三浦の三人の個性が窺える。その三浦中将と新生歩兵第十五連隊の間にちょっとした「事件」が起こった。

一八八五年（明治十八年）六月十五日、歩兵第十五連隊第二大隊が設置され（初代大隊長は斎藤太郎少佐・山口出身）、七月一日には歩兵第一連隊と合わせて歩兵第一旅団を編制し、同月二十七日には歩兵第十五連隊に軍旗が授与され、初代連隊旗手には桂田廣忠少尉が任命された。その日、東京鎮台司令官に就任したばかりの三浦梧楼中将が、勅語を伝達し軍旗親授式を行うため高崎にやってきた。初代連隊長の古川氏潔中佐（佐賀出身）以下、連隊全将兵が整列して三浦司令官を迎えた。

この時の様子を『歩兵第十五連隊歴史』には、三浦司令官から「歩兵第十五連隊編成成ルヲ告ク仍テ今其軍旗一旒ヲ授ク汝軍人等協力同心シテ益々威武ヲ宣揚シ我帝国ヲ保護セヨ」との勅語とともに軍旗を授与された古川連隊長が「敬テ明勅ヲ奉ス臣等死力ヲ竭シ誓テ國家ヲ保護セン」と奉答し、「終つて分列式を行ふ」と記載されているが、ここで「事件」が起こった。三浦司令官の前に制服制帽で直立不動している将兵は、なぜか裸足だったのだ。これを見て憤慨した三浦司令官は古川連隊長をなじった。その様子を『観樹将軍回顧録』から引用すると・・・。

「あのざまは何だ。師団長を迎えるに、正服を着けた兵隊が跣足とは何事だ」

「実は脚気が非常に流行致しますから、軍医の意見によって跣足を許しております」

「それは平日は許してあろう。今日は大切の儀式である。その区別を立てぬとは何事か。師団長としてもし必要と認めれば、終日でも立たせる。雪の中へでも立たせる。しかるに大切なる儀式、正服を着けて迎えるものが跣足とは何事か。平日と公式の区別も知らぬ」

とひどく叱った。


「うるさ型」の三浦なら、さもありなんだが、古川連隊長も引き下がらなかった。過日、旅団長〈北白川宮能久親王少将・一八九五年〈明治二十八年〉十月に台湾で病没、大将に昇進〉の検閲の際も同じ格好だった、と言った。それを聞いた手前、「裸足の将兵」を見逃したことにも責任があると思った三浦は北白川宮旅団長に「謹慎七日」を命じた。伊藤博文が「皇族に謹慎とははなはだよくない」と苦情を言ったが、聞き入れる三浦ではない。結局、謹慎期間を短縮することで一件落着した。なお、三浦の回顧録には、「第一連隊は高崎にいる」とか、まだ鎮台司令官なのに師団長と書くなど誤りが少なくないことを付記しておく。


三浦の文から、当時の将兵が脚気に悩まされていたことが窺える。『高崎陸軍病院歴史』によると、一八八四年〈明治十七年〉八月九日に軽井沢に「脚気転地病室」を設置し、一四人の患者が入院、以降、一一人〈三十日〉、十八人〈九月十日〉、十七人〈十九日〉、五人〈二十八日〉、と転地患者は合計五七人〈このほか出張看護卒一人も脚気で入院〉になった。

また、一八八七年〈同二十年〉五月に第三大隊が設置され〈初代大隊長は栗林頼弘少佐〉連隊の編制が完了したが、八月には脚気患者が大量発生〈一三四人〉したため、九月五日、第一大隊は室田、第二大隊は榛名、第三大隊は吉井へ一泊行軍し、その間に兵営内に「亜硫酸薫法」を施した。また十二日から第一大隊は中之条、第二大隊は軽井沢、第三大隊は沼田へ約二週間の転地保養行軍を行ない、「此間兵舎内窓戸ヲ開放シ昼夜新鮮空気ノ流通ヲ計リ寝台寝具ヲ日々日光ニ曝シ舎内一般ヲ清潔ニ掃除セリ」（『高崎陸軍病院歴史』）とある。後年、脚気の原因は「ビタミンＢ１欠乏」と判明するが、あくまでも「脚気ウィルス説」を主張していた陸軍では日光消毒や空気の入れ替えでウィルス除去が可能と判断したのだろう。こうした日光消毒や空気の入れ替えにどの程度の効果があったのか疑問だが、「而シテ行軍帰営後ハ該病患者全ク終熄スルニ至レリ」（同書）と記されている。こうした報告は上層部に伝えられただろうから、陸軍はますます「脚気ウィルス説」に固執したのではないか。あるいはこうした報告で上層部の歓心を買おうとしたのか。

米麦混食で脚気を駆逐した海軍に対し、あくまで米飯にこだわった陸軍が日清・日露両戦争で大量の脚気患者を出したことはよく知られている。特に日露戦争では猛威をふるい、脚気による入院患者は一一万七五一人（うち死亡五七一一人）に達し、戦傷入院患者数を上回っていた。陸軍にとって脚気はロシア軍の銃砲弾以上の「強敵」だった。

さらに、一八八八年（同二十一年）二月には連隊内に腸チフスが流行し、一一六人もの患者が出たため、感染を防ぐべく第一大隊は磯部、第二・第三大隊は伊香保へ二週間の転地行軍を行ったが、「各大隊共々転地行軍地ヨリ続々熱性疑似症ノモノ帰営止マサル」（同書）をもって一週間帰営を延期し、第一大隊はそのまま磯部にとどまり、第二大隊は室田、第三大隊は渋川へ転地した。初期の明治陸軍は、コレラ・脚気・腸チフスなど様々な病気と戦い続けた。

なお、一八八六年（同十九年）は伝染病が特に猖獗をきわめた年で、全国のコレラ・腸チフス・赤痢・痘瘡の患者合計人数は三一万九八一〇人、うち死亡者は一四万七七二九人に達した。この数字は幕末・明治時代のすべての対外戦争（台湾出兵・日清戦争・義和団事件・日露戦争など）と内乱（戊辰戦争・西南戦争など）の全戦死者合計数（戊辰戦争の幕府軍、西南戦争の西郷軍などいわゆる賊軍を含む）を遥かに上回っている。

一八八八年（明治二十一年）五月、「鎮台」に代って「師団」が誕生、歩兵第十五連隊は第一師団に編入された。初代第一師団長は東京鎮台司令官・三好重臣中将（山口出身）が補された。「師団」とは、すぐに海外に派遣できるよう諸兵種を連合した部隊編制で、具体的には歩兵四個連隊・砲兵連隊・騎兵大隊（のち連隊）・工兵大隊・輜重兵大隊を中心とし、定員は平時は約九〇〇〇人だが、戦時にはその倍となる。師団制への移行と同時に、大量に兵を召集するべく徴兵令も改正された。

一八七三年（同六年）の徴兵令では、様々な免役条項と代人料制度（二七〇円を納入した者は免除）があったが、代人料制は一八八三年（同十六年）の改正で撤廃された。その代わり、中等学校以上の卒業生には、在営中の費用（一〇八円）を自弁すれば、現役在営期間を一年（通常は三年）で済ませ、なおかつ終末試験に合格すれば予備役士官（不合格でも予備役下士官）に任官できる「一年志願兵制」が創設された。だが、在営中は無給で士官任官時の被服・装具も自弁であるこの制度は相当の資産がなければ利用できなかった。一八八九年（同二十二年）の改正では免役条項も全廃され、「兵役を免ずるは廃疾又は不具等にして徴兵検査規則に照し兵役に堪えざる者に限る」という「国民皆兵」の原則が確立された。

「師団制の導入」「徴兵令の改正」と並んで、外征軍隊のために用意されたのが、一八九〇年（同二十三年）二月十一日の「紀元節」に制定された「金鵄勲章」である。これは抜群の殊勲をあげた将兵に授与される勲章で、功七級から功一級まで階級と殊勲の内容によって分かれており、級に応じて年金も支給された。ただし准士官（特務曹長）・下士卒は殊勲甲を挙げても功六級（年金二〇〇円）までしか授与されず、士官なら殊勲乙でも功五級（年金三〇〇円）が与えられた。また下士卒の場合は戦死者に与えられることが多く（その際年金は二年分が遺族に授与される）、そのほとんどは功七級（年金一〇〇円）であった。戦場で抜群の殊勲を挙げれば年金付きの「金鵄勲章」が授与され、万一戦死したら「靖国神社」に祀られて神になれる、という物心両面にわたる「恩賞」を戦場に赴く将兵のために用意したのであった。

こうして、明治陸軍が大きく「外征軍隊」に舵を取りつつあったこの時期、一人の青年が青雲の志を抱いて、下士官養成機関の教導団（千葉県市川市国府台）の門を叩いた。一八八六年（明治十九年）に入団したこの青年は学力優秀だったため、士官候補生試験に合格し、一八八八年（同二十一年）十一月、故郷の群馬の歩兵第十五連隊に入隊、一年後に市ヶ谷の陸軍士官学校（第二期生・同級生一六五人）に入学した。青年の名前は福島泰蔵、一八六六年（慶応二年）新田郡世良田村平塚（現伊勢崎市）に生まれた福島は、日露戦争開戦直前の一九〇二年（明治三十五年）一月、弘前第三十一連隊の中隊長として「八甲田山雪中行軍」を成功させ、後年、新田次郎の小説や映画『八甲田山』（小説・映画では徳島大尉と仮名となっている。映画では高倉健が演じた）で一躍有名になった。

福島が士官学校を卒業して歩兵第十五連隊に帰任し、見習士官となった一八九一年（同二十四年）は、五月に日本訪問中のロシア皇太子ニコライ（のちのニコライ2世）が警護の巡査に斬りつけられた「大津事件」が起こり、十二月には貴族院議員で前参謀本部長・小沢武雄中将（予備役・小倉）が国防の不備と軍制の欠陥について演説したが、このことが「機密漏洩」に当るとして、小沢中将は諭旨免官となった。この処分は憲法にも陸海軍将校分限令にも違反していたのだが、陸軍当局（山県派）はこれを押し切り、反対派は徹底的に処分するという前例を作った。こうして徐々に戦争準備がなされていった。

福島が歩兵少尉に任官した一八九二年（同二十五年）から翌年にかけての第四回帝国議会は、民党が軍艦建造費・酒煙草増税案を否決し、内閣弾劾上奏文を可決した。これに対し明治天皇は宮廷費の十分の一（三〇万円）を六年間下賜し、文武官の俸給十分の一を納金して軍艦建造費に充てるから議会も政府に協力するようにといういわゆる「建艦詔勅」を出した。これを受けた衆議院は即座に「和衷協同」の奉答文を捧呈、議員も年俸の四分の一を軍艦建造費として献金することにした。当然、予算案は修正され、一八九九年（同三十二年）度まで年間約一八〇〇万円が建艦費として計上されることとなり、海軍の戦争体制も着々と整いつつあった。

こうした中、福島は「新品少尉」として同僚の永田十寸穂少尉（後年惨殺された統制派の軍務局長・永田鉄山少将の兄）らと日々軍務に励んでいた。日清開戦は目前に迫っていた。

第二章　日清戦争前後の高崎連隊

兵士の肖像Ⅱ

一、開戦前夜

明治二十年代から海軍はフランス・イギリス両国から軍艦を買い入れ軍備増強に努めていたが、一八九三年（明治二十六年）の「建艦詔勅」がその勢いを一気に強めた。仮想敵の清国「北洋艦隊」の主力、ドイツ製の巨大甲鉄砲塔艦「定遠」「鎮遠」（排水量七三三五トン、三〇・五センチ砲四門搭載、速力一四・五ノット）に対抗すべく、日本はイギリスに「八島」「富士」（約一万二〇〇〇トン、三〇センチ砲四門搭載、速力一八ノット）を日清開戦直後に発注したが竣工（完成）は戦後（一八九七年（同三十年））になってしまった。結局、日本の連合艦隊は「松島」「厳島」「橋立」のいわゆる「三景艦」を中心とした編制となったが、清国の巨艦を撃破するため三艦には三二センチ砲が各一門搭載された。明治二十四年以降に竣工した艦が日清戦争では主力となるのだが、年別に竣工した主な艦を列記すると以下のようになる。

明治二十四年　巡洋艦「千代田」（二四三九トン、一二センチ砲一〇門、一九ノット）

二十五年　海防艦「厳島」（四二一〇トン、三二センチ砲一門、一六ノット）

　　　　　海防艦「松島」（四二一〇トン、三二センチ砲一門、一六ノット）

二十六年　巡洋艦「吉野」（四一六〇トン、一五センチ砲四門、二三ノット）

二十七年　海防艦「橋立」（四二七八トン、三二センチ砲一門、一六ノット）

　　　　　巡洋艦「秋津洲」（三一七二トン、一五センチ砲四門、一九ノット）

この他に一八八六年（同十九年）に竣工した巡洋艦「浪速」「高千穂」（三六五〇トン、二六センチ砲二門、一八ノット）と一八七八年（同十一年）竣工の甲鉄巡洋艦「扶桑」（三七一七トン、二四センチ砲四門、一三ノット）・巡洋艦「比叡」「金剛」（二二四八トン、一七センチ砲三門、一三ノット）が連合艦隊の中核となった。「扶桑」「比叡」

「金剛」「吉野」「浪速」「高千穂」はイギリス製、「橋立」はフランス人が設計し横須賀造船所で建造、「秋津洲」も横須賀造船所でつくられた「国産」で、「千代田」「厳島」「松島」はフランス製だった。また、戦争中の一八九四年（同二十七年）十一月、チリ海軍から巡洋艦「エスメラルダ」（二九五〇トン、二五センチ砲二門　一七ノット　イギリス製）を購入し、翌年二月日本到着後ただちに連合艦隊に編入、「和泉」と名付けた。

この時期の海軍に身を投じた上州人もいた。防衛研究所戦史室所蔵の『海軍士官名簿』をみると日清戦争時の群馬県出身海軍士官は兵科六人・機関科四人・軍医科三人・主計科二人の計一五人いる。

兵科　岸栄太郎（海軍兵学校八期　のち大佐）
山崎米三郎（海軍兵学校十五期　前橋中〜攻玉社　山田郡境野村　のち大佐）
丸橋彦三郎（海軍兵学校十五期　前橋中〜攻玉社　山田郡境野村　のち少将）
関郁郎（海軍兵学校十八期　前橋中〜？　佐波郡伊勢崎町　のち大佐）
筧得太郎（海軍兵学校十九期　のち機関大尉）
館辰三郎（海軍兵学校二〇期　前橋市　※明治二十八年八月二十九日病死　少尉）

機関科　斎藤利昌（北甘楽郡小幡町　※明治三十七年八月戦死　のち機関大監〈大佐〉）
佐藤亀太郎（のち機関少将）
秋田啓太郎（のち機関少監〈少佐〉）
桑原慶太郎（※明治二十八年八月十九日没　のち大機関士〈大尉〉）

軍医科　岡柳平（のち軍医中佐）
臼井宏（邑楽郡館林町　のち軍医少将）
岡文造（のち軍医大佐）

主計科　志水美英（前橋中　のち主計大佐）

肥田有年（予備役主計大監〈大佐〉）

一五人中過半数の八人が大佐以上に進級している。草創期の海軍はそれほど人数が多くなかったこともあろうが、やはり「海軍上州閥」には優秀な人材が揃っていたとも言えよう。なお、海兵十五期（八〇人）には岡田啓介（海軍大将・首相）、財部彪（大将・海相）、竹下勇（大将・連合艦隊司令長官）、広瀬武夫（中佐・旅順口閉塞作戦で戦死「軍神」となる）が、十八期（六一人）には加藤寛治（大将・軍令部長）、安保清種（大将・海相）など海軍史に名を残した錚々たるメンバーが名を連ねている。

一方、鎮台制から師団制へと転換した陸軍の総定員は、近衛師団を含めて七個師団に北海道の屯田兵を合計した約六万七〇〇〇人となった。戦時の兵員補充は予備徴員（抽選に落選した欠員要員で期間は一年。日清戦争後に補充兵役となった）と毎年約二万人が編入される予備役でまかなうことになった。予備役期間は四年四カ月間だから、戦争が始まって召集をかければ約八万人の予備役兵が集められ、さらに予備役を終了した後備役（五年間）の下士卒（二十八歳から最高齢三十三歳）の召集も併せれば、ただちに二〇万人を超える大軍を擁することが可能になった（実際、日清戦争では約二四万人が動員された）。

各師団の所在地は近衛・第一（東京）、第二（仙台）、第三（名古屋）、第四（大阪）、第五（広島）、第六（熊本）。第一師団は第一旅団（司令部は東京、第一連隊〈東京〉・第十五連隊〈高崎〉）と第二旅団（司令部は東京、第二連隊〈佐倉〉・第三連隊〈東京〉）から成り、兵卒は関東甲信地方から召集された。このうち歩兵第十五連隊は群馬・長野・埼玉北部出身の兵卒を中心に編制された（写真2―A）。

日清戦争開戦前、歩兵第十五連隊は水問題に直面していた。高崎では明治十年代から用水の不潔さが指摘され、これを解消するために一八八八年（明治二十一年）に長野堰から簡易水道を引いた。同連隊では従来井戸水を使用していたが、その水質は悪く濾過しなければ使えなかった。そこで簡易水道から連隊へ支管で導水し、毎年水賦金として

写真２-Ａ　明治26年頃の歩兵第十五連隊全景
（『聖蹟餘光』より）

一〇〇円陸軍省から高崎町に支払われたのだが、この簡易水道は濾過装置が不完全だったため、連隊内で腸チフスが度々発生した。特に一八八八年（同二十一年・一二二人）・一八九一年（同二十四年・一八人）・一八九二年（同二十五年・四九人）・一九〇二年（同三十五年・三九人）のように患者の大量発生があり、同三十五年には第一師団軍医部長・森林太郎（鴎外）が師団長宛てに腸チフス根絶のため「下水ノ改造及兵舎ノ修繕」を求める意見書を提出している。また一八九七年（同三十年）には歩兵第十五連隊の松本移転が決定されかかったが（結局、兵舎建築の入札が予算超過したため取り止めとなった）、その理由には「水」問題があったのではないか。一九一〇年（同四十三年）に剣崎山に濾過池・排水池が完成し、給水が開始されるまで同連隊水問題に悩まされた。日清戦争開戦後、朝鮮半島から大陸に展開した日本軍もまた水問題に苦慮し、水が原因の腸チフス・赤痢・急性胃腸カタルで約四三〇〇人の軍人・軍属・軍夫が命を落としている。

一八九四年（明治二十七年）二月、朝鮮半島の全羅北道（韓国南西部）で全琫準に率いられた、圧政に苦しむ農民約一〇〇〇人が蜂起し郡庁を襲撃、貯蔵米や武器を奪った。農民軍は膨れ上がり、全州を目指して進撃を開始した。「閔氏政権の打倒」「日本をはじめとする外国勢力の駆逐」をスローガンに規模を拡大した「甲午農民戦争」（反キリスト教を掲げる宗教組織「東学」の信徒が多く参加したため「東学党の乱」とも称される）であったが、四月に決めた四か条の誓いの第一条には「人を殺さず、物をかすめず」とあり、この点「金円其他を私に押領致す間敷事、若し犯すものは斬」等五箇条の軍律を決めた秩父困民党と、その気高い精神において通底するものを感じる。また、困民党が一時秩父地方を征圧したように、朝鮮の農民軍もまた政府軍と激戦を展開し五月三十一日には全州を占領した。朝鮮政府は農民軍を鎮圧するため清国に軍隊出動を要請、これを受けて清国はただちに約二〇〇〇人を上陸させた。これに対して日本も混成旅団（約七〇〇〇人）を派遣したため、日清両国の介入に危機を感じた農民軍は、六月十日に朝鮮政府と全州和約を結び、全羅道一帯には農民自治体制が敷かれた。

ここで朝鮮国内の内乱は一応の解決をみた。つまり、日清両国にはこれ以上朝鮮国内に留まる理由がなくなったのである。しかし、これを「朝鮮問題」を解決する絶好の機会と考えていた日本政府は、六月十六日、日清共同の朝鮮政府改革案を清に提出した。予想通り改革案を拒絶されたが、七月十六日に「日英通商航海条約」が調印され、これで欧米諸国が介入することはないと判断した日本政府は、今度は朝鮮政府に「清国と結んだ条約の破棄・清国軍の撤兵・日本軍用の兵舎の建設」等を要求した。回答期限の翌日（七月二十三日）未明、日本軍は王宮に侵入して朝鮮政府軍を武装解除し、閔氏（国王・高宗の妃）政権を倒し、高宗の父・大院君を執政とする一方、高宗に清国軍駆逐援助の命を出させ、ここに日清両国間の戦闘が開始された（宣戦布告は八月一日　図2―1）。

開戦理由のわかりにくい戦争だった。外相・陸奥宗光からして「故なき戦争を起こす」と明言しているほどだから、一般庶民にわかろう筈もない。沼田出身のジャーナリスト・生方敏郎も『明治大正見聞史』に当時のこととして「政府の事情も何も知らぬ地方民は、だんだん後になって悉しい話を新聞で読むまでは、どうしてこの戦争が起こったかは容易に腑に落ちなかったであろう」と記している。だが、開戦直後の「成歓の戦い」（撃たれながらもラッパを吹き続けた兵士〈木口小平説・白神《しらが》源次郎説があるが、別の生還したラッパ卒が吹いたという説もあり〉が有名）や「豊島沖海戦」の勝利の報に日本中が熱狂した。当時二十三歳で『新浪華』紙記者であった堺利彦（のち社会主義運動家）は、のちに自伝に「特に国粋主義者でなくても、青年の血が湧かずにはいられなかった」「道の両側の群集が歓呼すると、軍隊中の騎馬の将校が挙手の礼をする。私はその光景に痛く胸を打たれて、頻りに涙を垂らしていた」と記した。熱狂したのは大人だけではない。当時高等小学校四年の山川均（のち社会主義の理論的指導者）は「（日清）戦争がはじまっていらい、唱歌の時間には〈敵は幾万ありとても〉や〈海ゆかばみづくかばね〉や〈撃てやこらせや清国を、清は御国の敵なるぞ〉や、〈あなうれし喜ばし、この勝ちいくさ〉のようなものばかり歌わせられていた。そして私はわが軍が天に代って清国を膺懲していることにこのうえもない民族の誇りを感じていた」（蛇足だが、

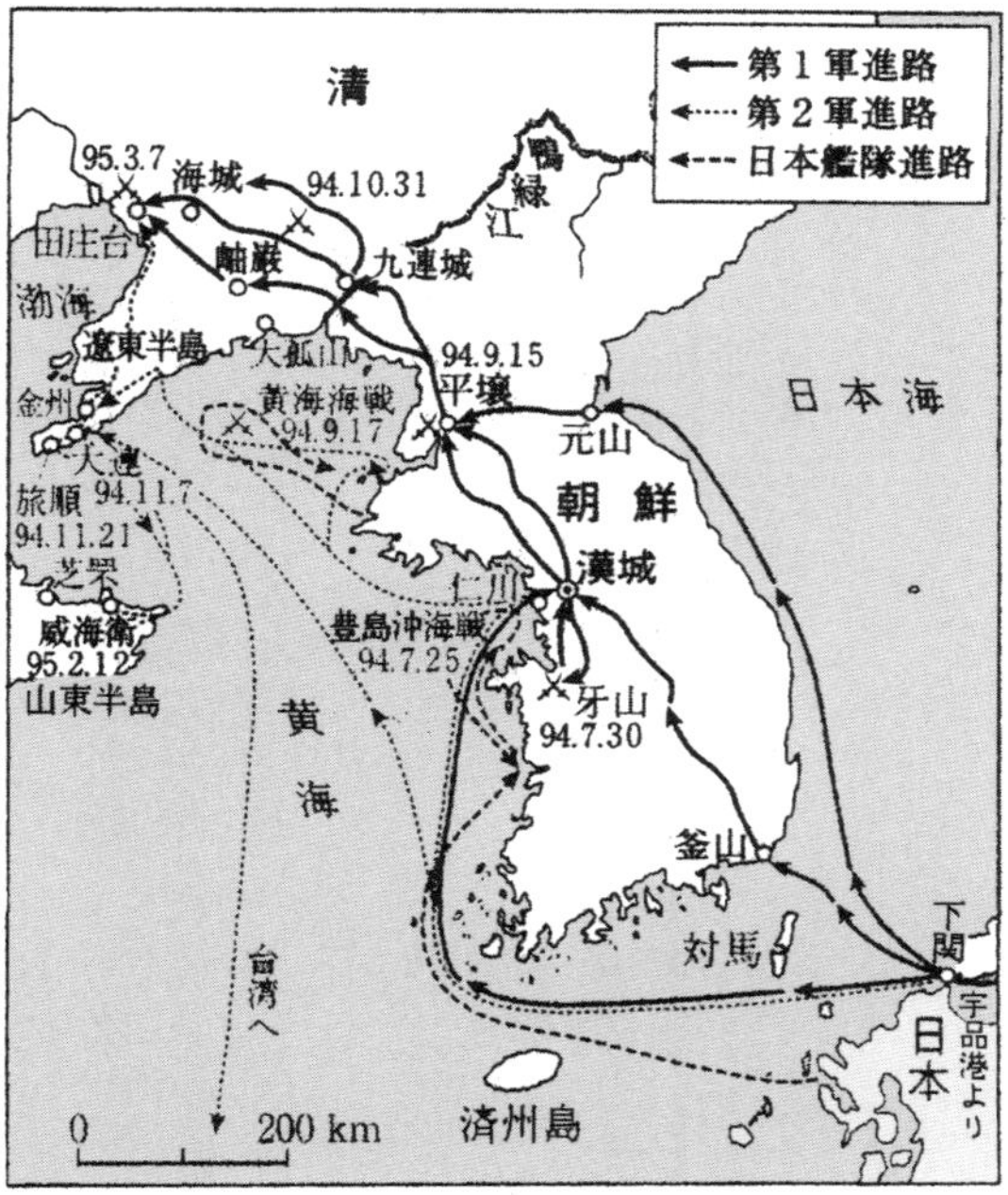

図 2-1　日清戦争経過図
（『日清・日露戦争』（岩波新書）より）

よく知られている『海ゆかば』は一九三七年〈昭和十二年〉に信時潔が作曲したものであるから、これは一八八〇年〈明治十三年〉に宮内省伶人・東儀秀芳が大伴家持の和歌に曲を付けたものだろう）と書いている。こうした熱狂ぶりが日本中を覆っていたにちがいない。

　八月三十日に充員予備・後備の召集の命を受けた歩兵第十五連隊も平時編制から戦時編制へと転換し、連隊の人員は一気に増加した。九月五日に出動準備が完了し、二十三日高崎駅を出発、二十五日には広島に到着した。その後、身体検査・演習・武器被服検査などに忙殺されたが十月十五日に宇品港を出港した。出動時の連隊長は河野通好中佐、福島泰

蔵少尉は第二大隊第四中隊の小隊長であった。また第三大隊第十一中隊の小隊長の一人、吉野有武中尉はのちの日露戦争では旅順の戦闘で個人感状を授与され、「足尾暴動」の際には混成中隊を率いて鎮圧に出動したという、明治期の歩兵第十五連隊を語る上では欠くことのできない重要人物である。なお、歩兵第十五連隊は、第二軍（司令官・大山巌大将）第一師団（師団長・山地元治中将）第一旅団（旅団長・乃木希典少将）所属であった。

二、高崎連隊出動

二〇〇六年（平成十八年）秋、突如浮上した高校の「必修科目未履修問題」で、「あれ、最近の高校生は『日本史』を勉強していないの」と改めて知った人も多いだろう。現在の指導要領では高校の社会・地歴では、世界史が必修で、地理・日本史のどちらかを選択すればよいことになっている。日本史を必修からはずすことの功罪はさておき、たった二科目にもかかわらず「受験のため」という大義名分のもとに満足に教えていないとは、呆れてものが言えない。筆者が高校生の頃は一年で地理、二年で世界史、三年で日本史・政経・倫社と社会科の科目はすべて履修したのに…。つまり、高校時代に日本史を選択しなかった昨今の若者の日本史に関する知識は中学生程度ということだ。たとえ勉強熱心な生徒であっても未履修ならば、自分で調べない限り「日清戦争」に関しては以下の記述程度のことしか知らない、ということになろう。

朝鮮では、日清両国の対立のなかで、政治や経済が混乱したため、腐敗した役人の追放や外国人の排斥をめざして、1894年、民間信仰をもとにした宗教（東学）を信仰する団体を中心とした農民が、朝鮮南部一帯で蜂起しました（甲午農民戦争）。

これを機に、清と日本は朝鮮に出兵し、8月に日清戦争が始まりました。戦いは優勢な軍事力を持つ日本が勝利をおさめ、1895（明治28）年4月、下関で講和条約が結ばれました（下関条約）。この条約で清は1）朝鮮の独立を認め、2）遼東半島・台湾・澎湖諸島を日本にゆずりわたし、3）賠償金2億両（当時の日本円で約3億1000万円）を支払うことなどを認めました。台湾を領有した日本は、台湾総督府を設置して、住民の抵抗を武力で鎮圧し、植民地支配をおし進めました。

（『新しい社会』東京書籍　平成十四年）

この程度の内容では、なぜ日本が朝鮮の内乱に軍事介入したのかわからない。「外国人の排斥をめざして」とあるが、朝鮮農民軍の「四か条の誓い」の第三条には「倭夷を逐滅し、聖道をきよめよ」とあり、日本人の排斥が中心となっているのに、そのことがなぜかぼかされている。また、その後、親露排日政策を取った朝鮮国王妃・閔妃が日本人に殺害され、その背後に朝鮮駐在公使・三浦梧楼がかかわっていたこと、台湾での「住民の抵抗を武力で鎮圧」とあるが、その具体的内容など、重要なことが欠落していないだろうか。また、一口に「日清・日露戦争」というが、両者には密接な関係があるとはいえ、その内容は大いに異なっている。

日清戦争における軍人・軍属の戦没者総数は、戦死一一三二人、戦傷死二八五人、病死一万一八九四人、変死一七七人で合計一万三四八八人、他に人夫・職工の死亡者が六六七一人（うち六五八九人が病死）だから、総合計二万一五九人となる。実に全戦没者の九割以上が病死で、清国軍の銃砲火に倒れた将兵は一〇パーセント程度である。群馬県出身の戦没将兵を分析してもそのことは顕著だ。群馬県出身者が所属した主な部隊と戦死月日・兵種及び階級別にまとめたのが表2―①・②である。軍人・軍属の全戦没者一六九人中戦死・戦傷死は二九人（一七・二パーセント）で、その割合は全国平均値よりやや高い。さらに第一師団第一旅団の歩兵第十五連隊に限ってみると、全戦没者三三人中、戦死・戦傷死者は一六人で、その率は四八・五パーセントに跳ね上がる。このことから第一師団は清国軍と何

表２—①・日清戦争における群馬県出身戦没者の部隊別・戦死月別分析

部隊名	第一師団	後備第一連隊	近衛師団	その他	小計
明治27年 11月	１０（7）			2	１２（7）
12月	2（1）			1（1）	3（2）
明治28年 1月	3（2）				3（2）
2月	6（5）				6（5）
3月	3（2）	２１（1）			２４（3）
4月	3	7	１１		２１
5月	1（1）	2	3		6（1）
6月	１２	3	5	2	２２
7月		6（1）	１４（3）	2	２２（4）
8月	1	2	7（2）	1	１１（2）
9月	1	1	１３		１５
10月			１２		１２
11月			4		4
12月			2		2
明治29年 1月				3（3）	3（3）
2月			1		1
3月			1		1
4月					
5月					
6月					
7月	1				1
小計	４３（１８）	４２（2）	７３（5）	１１（4）	１６９（２９）

（　）内は戦死・戦傷死者数、他は病死・公務死（『上毛忠魂録』より作成）

度も銃砲火を交えたことがわかる。また、下関条約締結後に近衛師団の戦没者が多いことから、この師団が台湾に派遣されたこと、そして一八九五年（明治二十八年）七〜八月にかけて五人の、また翌年一月一日にも三人の戦死者が出ていることから、台湾住民の抵抗の凄まじさが窺える。元日の戦死者は、台北東方の錫口の日本人鉄道工夫宿舎が現地人に襲撃された事件で戦死した臨時台湾鉄道隊所属の線路工夫二人と台湾総督府民生府学務部の雇員である。総督府の雇員と線路工夫の一人は共に碓井郡臼井町大字五料の出身だから以前にも面識があったにちがいない。軍人で

表２―②・日清戦争における兵種・階級別戦没者（群馬県出身者）

	歩兵	騎兵	砲兵	工兵	輜重兵	衛生部	海軍	その他	計
士官					1 【少佐】		1 【少尉】		2
特務曹長	1 （1）		1						2 （1）
曹長									0
一等軍曹 （のち軍曹）	10 （1）		3						13 （1）
二等軍曹 （のち伍長）	7 （5）		1			1			9 （5）
上等兵	16 （4）				1				17 （4）
一等卒	60 （11）	4 （1）	7 （1）	1					72 （13）
二等卒	21 （2）		2	1					24 （2）
雑卒					26				26
その他								4 （3）	4 （3）
計	115 （24）	4 （1）	14 （1）	2	28	1	1	4 （3）	169 （29）

下段（　）内の数字は戦死・戦傷死者数。「その他」は線路工夫２・台湾総督府雇員２（うち１人病死）でいずれも台湾で戦没。（『上毛忠魂録』より作成）

もない同郷の二人が異国の地で同じ日に「戦死」したのは、なんとも奇しき縁である。

第一師団と近衛師団の詳細な部隊別戦没者をまとめたのが表２―③で、その他の部隊の戦没者は、後備第一連隊四二人、第二軍後備工兵中隊・臨時台湾鉄道隊・台湾総督府各二人、野戦砲兵第二連隊・歩兵第七連隊・臼砲中隊・旅順口砲台監視隊・海軍各一人で戦闘死は台湾・錫口の三人と後備歩兵第一連隊の二人、歩兵第七連隊（金沢）所属の一人、計六人である。

前置きが大分長くなってしまったが、ここからは群馬県出身者のほとんどが所属した

表２－③・所属部隊別群馬県出身戦没者数

	第１師団		近衛師団	
歩兵連隊	第１連隊（赤坂）	1	近衛歩兵１	9 (1)
	第１５連隊（高崎）	３３ (１６)	近衛歩兵２	１３ (2)
	第２連隊（佐倉）		近衛歩兵３	１６ (2)
	第３連隊（麻布）		近衛歩兵４	2
騎兵大隊	1(1)			
野戦砲兵連隊	1(1)		１２	
工兵大隊			1	
輜重兵大隊	2		4	
機関砲隊			2	
歩兵弾薬縦列			6	
架橋縦列	1		3	
馬廠	2		2	
野戦病院			1	
その他	2		2	
合計	４３(１８)		７３(5)	
戦闘死戦傷死率	４１．９％		６．８％	

（　　）内の数字は戦死・戦傷死者数。それ以外の戦没者は病死・公務死。（『上毛忠魂録』より作成）

三つの部隊、歩兵第十五連隊、後備第一連隊、近衛師団の戦歴を追いながら日清戦争の一断面に迫ってみたい。

歩兵第十五連隊は大山巌大将率いる第二軍所属となった。大山第二軍は当初第一師団（東京）・第六師団（熊本）の一部の混成第十二旅団・臨時攻城廠で編制され、一八九四年（明治二十七年）十二月の威海衛攻撃の直前に第六師団の主力と第二師団（仙台）が加えられ、三個師団基幹の大部隊となった。

当時の主力銃は、「十八年式村田歩兵銃」（全長一二七七ミリ、口径一一ミリ、初速四三三メートル／秒、単発）で、一部が旧タイプの「十三年式村田銃」を、また下関条約締結後に台湾に派遣された近衛師団が最新式の「村田連発銃」を携行していた。また砲兵の主力である野砲と山砲はともに大阪砲兵工廠製の青銅砲で口径七五ミリ、最大射程は野砲が五〇〇〇メートル、山砲は三〇〇〇メートルだった。野砲一門は六頭の馬が引き、山砲は解体して三頭で運搬した。弾丸は共通だが、分解可能で軽量な山砲は野砲に比べて機動性が高かった。このように兵器が統一されていた日本軍に比べて清国軍の装備は雑多だった。当時、奉天にいたイギリス人女性旅行家、イザベラ・バードはその様子を『朝鮮紀行』に記録している。

一八九四年八月一日に宣戦が布告されると、事態は急速に悪化した。日本が制海権を完全に掌握していたため、清国軍は満州を通って進軍せざるをえず、吉林、斉斉哈爾その他の北部都市から集めた、訓練を受けていない満州族兵士が一日一〇〇〇人の割りで奉天を通過していった。（略）奉天に向かうすべての道路は兵士でごった返した。行進とはほど遠いだらだらした歩き方で、一〇人ごとに絹地の大きな旗を掲げているが、近代的な武器を装備している兵はごくわずかしかいない。ライフル銃一丁持たない屈強な体つきの連隊すらある！なかにはジャンジャール銃をそれぞれふたりで運び、ほかの兵はさびだらけで旧式の先込めマスケット銃か長い火縄銃を持っていたり、あるいは槍か赤い棒の先に銃剣をつけただけという隊もある。全員が傘と扇をたずさえており、同じ傘と扇をわたしはしばらくのち、血なまぐさい平壌の戦場跡で見た。正確無比の村田式ライフル銃を持っている日本軍を相手に、このような装備の兵を何千人も送り出すのは殺人以外のなにものでもない。

「十三年式村田銃」は一八八三年（明治十六年）、ドイツのベルムート将軍から「欧州においても最優秀の軍用小銃と認む」との認定書を出され、ギリシャ・ブラジルから大量注文が来たほどの名銃だったが、その評判はイザベラ・バードの耳にも達していたようだ。同じ時期に奉天にいたスコットランド人医師クリスティーの『奉天三十年』にも清国兵に関する次のような記述がある（旧字・旧仮名は適宜改めた）。

その後数週間の間、雑多なる素質の何千という軍隊が満州全地から呼び集められ、遂に奉天から鴨緑江迄、とぼとぼ行軍する兵士を以って一列に連なった。多くは畑からまっすぐ徴募されて来たばかりの者や、街頭から掃き集められて来た丈夫な身体の乞食などで、奉天で一二週間の訓練を受けては前線へ送り出された。病院のすぐ後の大きな兵営で、我々は一隊又一隊どうにか恰好をつけられて行くのを見た。これまで鉄砲を見たこともない若者の手に小銃が渡され、扱い方を教える時間もなければ教師もなかった。同一の形式の武器が十分に揃わなかったので、旧い錆びた、銃口から装填する小銃を支給された隊もあり、昔の支那の火縄銃や、甚だしきは弓矢をあてがわれた者もあり、而して多くの者は旧式の短い刀と、端に赤い総のついている長い木槍とで武装された。この長槍隊の主な教練は、閃く槍を突き出して「ヅアー」と叫びつつ、一斉に突撃することである。これは「刺せ」という意味である。何故あんな大きな声を立てるのかと訊いてみたら、敵を怖れさすためだということであった。

近代兵器で統一された日本軍とは対照的な清国軍の様子は、この二人の外国人に勝敗の帰趨を容易に想像させたようだ。

大山第二軍が日本を発つ前、すでに第一軍は平壌を陥落させ（九月十六日）、連合艦隊は黄海海戦で清国北洋艦隊に決戦を挑み、三隻を撃沈、二隻を擱座させ、主力艦「定遠」「鎮遠」の上部構造物のほとんどを破壊した（九月十七日）。

歩兵第十五連隊に動員令が下ったのは八月三十日、約三週間後の九月二十二日午後一時に将兵は練兵場に集合し「出戦告別式」を行い、第一・第二中隊は午後四時三十五分高崎停車場発の汽車に乗車、二十四日午後八時に広島に着いた。また『高崎市史研究　第十八号』に全文が掲載されている『第七中隊歴史』によると、同隊は翌二十三日午後零時二十五分に軍旗と共に高崎停車場を発し二十五日午前四時五十分に広島に到着している。そして十月十五・十六日に宇品港から出帆するまでのおよそ三週間は行軍・演習・身体検査などで慌ただしく過ごしている。

ちょうどこの時期の広島には首都機能が移転していたと言っていいだろう。九月十五日には明治天皇が到着して第五師団司令部に大本営が開設され、伊藤博文首相・陸奥宗光外相を始め参謀総長・有栖川宮熾仁親王、参謀次長・川上操六、海軍軍令部長・樺山資紀、陸軍大臣・大山巌、海軍大臣・西郷従道など政治・外交・軍事の主だったメンバーが軍議に参列していた。十月五日には広島市と宇品に戒厳令が宣告され、また十八日には天皇は第七臨時議会を召集して、一億五〇〇〇万円の臨時軍事予算案と軍事公債募集にともなう法律案を全会一致で可決させた。

この日、歩兵第十五連隊第七中隊の将兵は玄界灘の荒波に揺られ、ほぼ全員が「船酔い」に苦しめられた。旅順攻略を目指して大山第二軍がリヤオトン半島の花園口に上陸を開始した十月二十四日には、第一軍（軍司令官は山県有朋大将）は鴨緑江を渡河し、清国軍を潰走させていた（この頃、日本軍の派兵に激怒した全琫準率いる農民軍が再び蜂起した。公州を占領し京城を目指した農民軍約一〇万は、やがて朝鮮政府軍・日本軍に鎮圧される）。

こうした山県第一軍や海軍の連戦連勝のニュースは大山第二軍将兵には相当のプレッシャーになったのではないか。目指す旅順は、かつてフランスのクールベー提督に「一〇万の将兵と五〇隻の軍艦をもって攻撃しても陥落させるのに半年かかる」と言わしめた強固な要塞である。しかし兵卒たちは、成歓の戦いで戦死したラッパ卒や平壌の玄武門一番乗りを果たした原田十吉一等卒のように勇敢に戦おうと言い聞かせていたことだろう。しかし、前にも書いたが、成歓の戦いで敵弾を受けながらもラッパを吹き続けたのは白神か木口か、また別のラッパ卒か諸説があり、また玄武門一番乗りにしても別の兵卒だったと記している本もある。（『天皇・皇后と日清戦争』〈昭和三十三年・新東宝〉という映画には原田一等卒に扮した若山富三郎が銃剣と奪った青竜刀で二十数人の清国兵を切り倒すという荒唐無稽なシーンがある。この映画にはラッパ卒木口小平も登場するが所属部隊、戦死場所・日時も事実と違っている。また日露戦争時の、船で出征する息子に母親が大声で「一太郎やーい」と呼びかけるエピソードが挿入されるなど、とにかく「ひどい」映画である。日本映画の黄金時代にこんな怪作が製作されたことに唖然とする）。こうした「作られた軍国美談」が前線の将兵だけでなく、一般庶民を熱狂させる効果があったことは確かだ。クリント・イーストウッド監督の傑作『父親たちの星条旗』（二〇〇六年）のように、古今東西を問わず、政府は戦争が産んだ「ヒーロー」を利用して民衆を熱狂させるものなのだ。

大山第二軍の中核部隊・第一師団の副官を務めていたのが、西南戦争に従軍し『西南戦袍誌』を著した旧前橋藩士・亀岡泰辰少佐だが、亀岡は今回の従軍記録も『日清戦袍誌』と題して後に出版している。公刊戦史と違って、戦場の実態がリアルに描かれていて中々興味深い記述も随所に見られ、その中には歩兵第十五連隊にとって不名誉な事件も記されている。

十月二十七日　土曜　晴　午前和崎輜重兵大尉、久米輜重兵少尉到着す。爰に於て師団司令部の人馬整頓す。昨夜劉家屯の我哨戒線に支那人の襲来する者あり。之を捕へ、また間諜嫌疑者二名を押送し来る。（略）糾弾するに及んで一名は激頑動かず、夜十二時過ぎに至り衛兵所を脱す。之れが為め諸隊に警報を傳へ騒擾を醸す。追及すれども及ばず。（略）

上陸直後に得た捕虜が脱走してしまったのだ。その衛兵は歩兵第十五連隊の下士官だった。

十月二十八日　日曜　曇雷雨あり　露営地を出発するに當り衛兵司令歩兵第十五連隊附陸軍歩兵軍曹〇村〇三郎（注・原文は実名）は昨夜捕虜を逃走せしめたるに付其顛末を糾すに、懈怠の科免る可らず恐入たり死を以て償はんことを希ひ餘事を語らず涙を流して伏謝す。其誠意面に溢る。

この記述に続けて小さな文字で「後ち果して戦功あり金鵄勲章を賜ふ。」と追記されていることから案外軽い処分で済んだのかとも思えるが、あるいはこの失敗を何とか埋め合わせようとこの軍曹は必死に戦い続けたのかもしれない。

ちょうどこの時期（十一月一日）、北甘楽郡の郡長から同郡の黒岩村々長宛に、興味深い「達」が出されている。要約すると、軍用火薬の原料である硝石（硝酸カリウム）は今まで輸入してきたが、今般陸軍省では国産の物を採用することになり東京の業者と特約を結んだため、国内の硝石は「民間家屋ノ床下ニ於テ其硝土ヲ求ムル外無之義ニ付キ」、その社員が来て採掘を申し出たら便宜を図るように、とある。司馬遼太郎の短編『おお、大砲』にも硝石に関する「たとえば笠塚家累代の伝書で、火薬の原料である硝石については、『床下をさぐれ』とまるで判じ物のようなことを書いてあるだけだった。新次郎はだまされたつもりである日屋敷の床を這いまわったところ、なるほど養蚕や山草の廃物が堆積されていた。そういうものから硝石を採る話は、新次郎は、嘉永三年に死んだ大農政学者である佐藤信淵の書物を読んで知っていた。」という一節があるが、この短編は幕末の「天誅組の乱」を扱っているのだから、約三十年経っても火薬の原料採取法は同じだったということか。一般家庭の床下にどのくらいの硝土があるか不明だが、その程度の採掘で全陸軍の火薬量が補充できたのだろうか。思えば「のどかな」話ではある。

第一師団最初の戦闘は十一月六日の金州城攻撃であり、歩兵第十五連隊は第三大隊を予備隊として、第一・第二大隊が敵の第一防御線・鐘家山の砲兵陣地を攻撃、占領。さらに第二大隊が金州城南方二〇〇〇メートルにある高地を、第三大隊が城の東南方一〇〇〇メートルにある高地を占領した。午前九時五十分総攻撃が命令され、工兵隊によって城門が爆破、工兵・歩兵の順で場内に突入すると、清国兵は旅順方面に向かって敗走を始めた。十時三十分金州城は完全に占領された。損害は負傷下士卒七人、失踪（行方不明か）一人であった。翌七日未明、歩兵第十五連隊は徐家山砲台を攻撃したが、敵はすでに撤退していた。

『第七中隊歴史』の七日の記述には「作（昨）夜宿営セシ中隊事務所ニ放火セシ老女アリ」とあるが本当に清国市民のゲリラ活動はあったのだろうか。また、歩兵第一連隊所属の一等卒・佐川和輔は『西征行軍記』（座間市史資料叢書3）に「（十一月）十一日　晴、衛生下番、同日三時頃第十五連隊之兵、支那人ノ茶ヲ呑ミ三名即死ス」とおそらくは伝聞情報を記しているのだろうが、当の高崎連隊関係の資料に「毒茶」が原因の死者に関する記述は見当たらない。敵国人から飲食を受ける危険性を教えるために敢えてインパクトの強い偽情報を流した可能性もあるが、多分に作為性の感じられる「老女放火事件」「毒茶事件」は、将兵の心中に過剰な敵愾心を植え付けていったのではないだろうか。

その後、歩兵第十五連隊の第一・第二大隊と騎兵一個小隊が金州城守備部隊とされたが（第三大隊は師団主力とともに旅順に向かった）、二十一日午前十一時、清国軍は歩兵約四〇〇〇人を主力とする部隊と歩兵約三〇〇〇人・騎兵三〇〇余騎の部隊で二方向から金州城に襲いかかった。両大隊は奮戦し、平野永次少尉（長野県下水内郡飯山町〈現飯山市〉出身・予備役）以下戦死七人・戦傷四七人の損害を出しながらも、清国軍を撃退し、城を守りぬいた。

この日、師団主力は旅順総攻撃に参加するが、第三大隊は予備隊とされたため、要塞攻略後の市内掃討戦に参加した。この攻撃に参加した将兵は旅順に向かう途中で、「とんでもないもの」に遭遇する。そのことが大事件を誘発することになる。

三、旅順虐殺事件

日清戦争における群馬県人の最初の戦死者は、一八九四年（明治二十七年）十一月二十一日の金州城の守備戦より十日以上も遡る。同月九日、第二軍の上陸地点の花園口沖に停泊していた「第三正義丸」で火事が起こったらしく、第二軍後備工兵中隊所属の輜重輸卒二人が焼死している。この船舶火災に関しての資料は見当たらなかったので小規模の火災だったのかもしれない。なお、輜重輸卒とは、歩兵や騎兵といった戦闘兵種ではなく、弾丸や糧食の運搬を担当する「雑卒」である（混同されやすいが、輜重兵は輜重輸卒を護衛する乗馬戦闘兵種である）。

最初の戦闘死者は、同月十八日の「土城子の戦闘」で戦死した騎兵第一大隊（大隊長・秋山好古少佐）所属のⅠ騎兵一等卒（前橋市出身）であった。秋山少佐率いる捜索騎兵約二〇〇騎が土城子にはいるのを見た清国軍がこれを包囲殲滅せんと攻撃をかけたため、歩兵第三連隊第一大隊（大隊長・丸井政亜少佐）が救援に駆けつけたが、七倍以上の兵力を持つ清国軍の攻撃を支えきれず、ついに撤退、日本軍の戦死者一一人、負傷者三七人を出したこの戦闘でⅠ一等卒は戦死した。その様子は『明治過去帳』に「（明治）二十七年十一月十八日土城子に於て馘首左腕を截られて虐殺さる年二十三」と記されている。

この戦闘での日本人戦死者は例外なく首を斬られ、また腕や腹部も切られて路上に曝された。その頭部は旅順市内の木に吊るされ、戦闘終了後に市内に突入した大山第二軍将兵はそのあまりに凄惨な光景に息を呑み、胸中に燃え上がった復讐の念が後に大事件を起こす引き金となった。その時の将兵の心情は日記から窺える。第一師団副官・亀岡泰辰少佐の『日清戦袍誌』には「（十一月十八日）敵は我死屍の首級を切断し遺棄せし背嚢を奪去し、最屍体に対し侮辱を加へ残酷を極む。我軍大に憤慨、士気大に振ひ必ず復仇を為さんことを期す。」とある。

難攻不落を誇った旅順要塞は、歩兵第十五連隊第一・第二大隊が金州城で清国軍と激戦を展開していた十一月二十一日、わずか一日の戦闘で陥落した。攻める日本軍は第一師団を主力とした大山第二軍約一万五〇〇〇人と砲七八門、これに対し清国軍は陸正面に約九五〇〇人、重砲一八門、軽砲四八門、機関砲一九門を配備し、海正面には約三二〇〇人、重砲五八門、軽砲八門、機関砲八門が展開していた。

午前七時三十五分、第一師団歩兵第三連隊が案子山低砲台・東西砲台を占領するとこの方面の清国軍は退却を開始。

また同十一時頃、日本軍の砲弾が松樹山砲台の火薬庫に命中し、大爆発した。ためにこの方面でも清国軍は退却し、正午前、混成第十二旅団歩兵第二十四連隊（福岡）は二龍山、望台の砲台を占領した。また歩兵第三連隊は松樹山、同第二連隊は白玉山へ進んだ。清国軍は抗戦せず、陸路では金州方面へ、また船で港外へ脱出した。旅順要塞はあっけないほど簡単に陥落した。日本軍の損害は戦死者四〇人・負傷者二四一人・行方不明七人、一方清国軍の損害は戦死約四〇〇〇人・捕虜約六〇〇人だが旅順を守っていた将兵の半数以上は脱出に成功した。この攻撃の主力となった第一旅団の乃木希典少将は十年後の日露戦争でも、旅順要塞攻撃に軍司令官（大将）として再び挑んだが、たった一日の攻撃で陥落させた日清戦争時の約二〇〇倍の時間と「血」（約半年の歳月と六万人近い死傷者）を要するとはよもや思わなかったろう。

正午過ぎ、大山巌第二軍司令官の命により旅順市内に入った歩兵第二連隊及び同十五連隊第三大隊（大隊長・殿井隆興少佐）は海岸の黄金山砲台に向かった。その時の様子が『歩兵十五連隊歴史』に「敵兵の混乱に乗じて銃剣突撃を行ひ、其の五百六十余を殪し、三十八名を生擒して、事実上の殲滅に帰せしめた。」と記されているが、はたしてこの時殺された五六〇人すべてが「兵士」で、一般市民は巻き込まれていなかったのだろうか。残念ながら答えは「否」である。大谷正は『近代日本の対外宣伝』の中で、「一一月二一日に旅順市街の掃討にあたった歩兵第二連隊と同第十五連隊第三大隊の兵士は、市内の路上・屋内で多数の中国人を殺害した。これは戦闘行為による殺人だけではなく、軍服を脱いだ逃亡を計る兵士、あるいは投降の意思を示す兵士、さらには女性・子供を含む民間人の殺害を伴った」と書いている。このことを裏付けるように歩兵第十五連隊第三大隊に所属し、旅順市内に突入した歩兵二等卒・窪田仲蔵は『従軍日記』に

「此ノ時余等ハ旅順町ニ進入スルヤ日本兵士ノ首一ツ道傍木台ニ乗セサラシモノニシテアリ　余等モ之レヲ見テ怒ニ堪エ兼気ハ張リ支那兵ト見タラ粉ニセント欲シ旅順市中ノ人ト見テモ皆討殺シタリ。」

と記している。また、軍服を脱いだ清国兵が市内各所でゲリラ的戦闘をしたこともあって、この日以降、日本軍による無差別殺戮が繰り広げられるのだが、兵士は手記にその様子を克明に綴っている（傍線はすべて筆者）。

「（十一月二十二日）市街は死屍累々其惨状名状す可らず。道途にある婦人小児の死骸は往々覆ひを被せしめ人目を避くるに力むるも烈風の為め殆んど効なし。又歩兵第二連隊兵の猥りに人家に侵入狼藉たるを認む。」（亀岡『日清戦袍誌』）

「（十一月二十三日）（略）敵兵死体ハ山ノ如ク、旅順港中ハ多クノ魚ヲ見ルカ如シ、余思フニ土人ノ男女ノ死体ナリ、是激戦之為家ヲ逃ゲ出セシ為弾丸之為、負傷死体実ニ算スルナシ、又哀レナリ」（佐川『西征行軍記』）

「（十一月二十三日）（略）通路ノ近傍敵兵ノ屍最多ク、且敗兵土人ノ風俗ヲナシ三々五々山間等ニ逃走スルヲ見ル。我隊ニ於テモ敗兵五六ヲ銃殺スル。（二十五日）此日旅順ノ市街及附近ヲ見ルニ、敵兵ノ死体極メテ多ク、毎戸必ズ三四以上アリ。道路海岸至ル所屍ヲ以テ埋ム。其状鈍筆ノ能ク及フ所ニアラズ。」（片柳鯉之助『遠征日誌』）。

非戦闘員を含んだ大量の死体が市内や港に散乱している戦闘終了後の旅順市内の凄惨な様子を窺わせる記述である。この非戦闘員をも大量に虐殺した「旅順虐殺事件」は外電で欧米各国にも知れ渡り、日本に対する非難が湧き上がった。それに対する弁明として市民に紛れて軍服を脱いだ敗残兵を撃ったとしている点は、日中戦争中の一九三七年（昭和十二年）十二月の「南京大虐殺」とそっくりである。一方で南京大虐殺は現在でも論争の対象とされているのに対し、旅順虐殺事件が取り上げて来られなかったのはなぜか。一ノ瀬俊也は『旅順と南京』で、①清国が日本の弁明に対して国際的に反駁することがなかったこと、②日本国内に虐殺事件を告発する市民勢力がなかったことの二点を挙げている。

井上晴樹の『旅順虐殺事件』によれば、驚くべきことにこの虐殺事件に兵士以外の日本人も関わっていたという。軍夫（補給業務を担当した臨時雇いの軍属。日清戦争当時は輜重輸卒が少なかったので西南戦争の時と同じく大量の軍夫〈十数万人〉が戦場に送られた。旧士族・壮士のほか侠客・博徒も多かったという）が事件に加わったことは外電が報じたし、従軍記者も虐殺に加担したことが『東京日々新聞』の記事に掲載されている。また大山第二軍に付き従っていた衆議院議員四人が「清国兵」（と彼らは語っているが）を斬殺したという記事が『讀賣新聞』に掲載された。どう強弁しようが、非戦闘員が戦闘に参加しているのだから明白な戦時国際法違反であろう。

泉鏡花が一八九六年（明治二十九年）一月発行の『太陽』第二巻第一号に発表した『海城発電』という短編小説に、軍夫が登場する。捕虜となった赤十字の看護員が清国兵を介抱し、その結果感謝状を授与され帰されたが、彼がスパイではないかと疑った軍夫たちが、彼の知り合いの清国人少女を輪姦する、というストーリーだが、野卑な軍夫の一面が生々しく描かれている。実際にあった事件に取材したのか、あるいは鏡花のフィクションなのか、気になる小説である。

この旅順虐殺事件の被害者数に関し、『ニューヨーク・ワールド』紙は「非戦闘員、婦女子、幼児など約六万人を殺害し、殺戮を免れた清国人は旅順全市でわずか三六人にすぎない」と書いているが、これは大袈裟であろう。被害者を埋葬した旅順の「万忠墓」には「官兵商民男女一万八百余人」とあるが、実際に死体を埋葬した人の証言では約一万八〇〇〇人という、これが現在の中国では定説となっているようだ。一方、日本側の発表では五〇〇～六〇〇〇人と報道によって幅がある。虐殺を否定できないのならせめてその規模をできるだけ矮小化しようとする方法も「南京大虐殺」と似ている。

亀岡少佐の『日清戦袍誌』には、戦闘終了後の兵士の風紀が乱れていることを示す実例がいくつか登場する。まず旅順での戦闘が終わった直後の十二月五日の記事。

十二月五日　水曜　晴　衛生隊長輜重兵大尉○次○郎、占領地住民の物品を掠奪し不法の行為ある趣聞込み、捨置き難きを以て師団長の命を受け本人を招喚し検察に着手す。又隈元憲兵大尉をして宿舎に就き所持品を検査せしめ不正品と認むる証拠物件を押収せしむ。（略）衛兵隊長○○曹長城内湯屋にて憲兵と口論し紛議を起こすに付戒め置く。（注・原文は実名）

また、西七里溝庄の戦闘後間もない一八九五年（明治二十八年）三月三日の記事には、

三月三日　月曜　晴　輸卒○○○○、○○○○○土人の金を奪掠の件に付憲兵をして捜索せしむ。何れも新来の補充兵。（注・原文も名を伏せてある）

とあり、戦闘に勝てば何をやっても良いという野蛮な将兵が、住民から金や品物（阿片吸烟器）を奪い取って問題になったようだ。戦場の将兵の風紀は、時代・国を問わず徐々に乱れていくものらしい。「昭和陸軍」に比べて武士道の名残があったと言われる「明治陸軍」にしてこの状態である。

「旅順虐殺事件」が国際問題となりつつあったちょうどこの時期に、鴨緑江を越え清国領内に進撃を開始した第一軍司令官山県有朋大将が、「現地で冬営せよ」との大本営の命令に従わず、独断で海城攻撃を開始した。参謀次長・

川上操六中将や第三師団長・桂太郎中将は困り果てて、首相の伊藤博文に頼み込んだ。その結果、十一月二十九日に明治天皇から「病気だそうだから日本に戻って戦況を報告せよ。朕も久しく山県に会っていないから久しぶりに会いたい」との勅語が下され、山県は事実上解任された。更迭となれば「一介の武弁」を自認している山県ゆえ切腹しかねないから、周りは気を遣い病気治療という名目で山県を召還した（日露戦争の時、旅順要塞をなかなか落せない乃木を、山県は解任しようと天皇に上奏したが、「乃木を代えてはならん。代えれば必ず切腹する。旅順を落すのは乃木しかいない」とつっぱねられた。その時、十年前の自分と乃木が重なり、明治天皇のスタンスの取り方に違和感を持ったのではないだろうか）。帰国した山県は監軍となり、後任の第一軍司令官には第五師団長・野津道貫中将が任命された。

旅順虐殺事件を精査すれば大山第二軍司令官も更迭という最悪の事態になる可能性もあり、もしそうなれば後任人事が難航するのは必至であるため、政府は虐殺事件を不問に附し、国際的な非難に対しては弁明に終始した。「臭い物には蓋」式の処理は「責任の所在」をぼかすことになり、後年同じ過ちを繰り返すことになる。

朝鮮半島の全羅道では農民軍が公州を巡って十二月四日から七日間にわたって日本軍・朝鮮政府軍と熾烈な戦いを繰り広げたが、村田銃で武装した日本軍の攻撃についに破れた。指導者の全琫準は密告により同月二十八日に逮捕され、その後日本軍・朝鮮政府軍は農民戦争参加者とその家族を探し出して財産没収の上、処刑した。その数は資料によって異なるが三万～五万人という説と二〇万人以上に達するという説がある。アジア初の共和制への道を開く可能性もあった「農民軍」の気高い理想は、屍山血河のなかに潰えた。朝鮮駐在公使・井上馨は、全琫準を処刑した場合に朝鮮民衆にあたえる影響の大きさを考え、日本に協力することをすすめたが全琫準は嘲笑って拒否したという。翌年四月、全琫準は処刑されたが、童謡に歌い継がれ、朝鮮民衆の心の中に生き続けた。

歩兵第十五連隊は一八九五年（明治二十八）年一月初旬、蓋平に向かって進撃し、十日の薄暮には、歩兵第一連隊と共に攻撃を開始し二時間足らずの戦闘で蓋平城を占領した。日本軍の戦死者三六人（うち歩兵第十五連隊八人）・負傷者二九八人（同三〇人）、一方清国軍の戦死者は約四五〇人で、三二人が日本軍の捕虜となった。群馬県出身者では歩兵一等卒二人が戦死している。またこの戦闘で戦傷死した白川震一郎中尉（長野県松代町〈現長野市〉出身・陸士旧十一期）は歩兵第十五連隊で最初の戦死現役将校となった。享年二十五歳。その後同連隊は営口方面の清国軍と対峙し、海城を占領中の野津第一軍と連絡を取りながら、酷寒の中で警戒勤務に従事した。その中には中尉に進級したばかりの福島泰蔵（第一大隊第一中隊第一小隊長）もいる。

四、下関講和条約・台湾での戦闘

一八九四年（明治二十七年）十二月十三日から海城を占領中の第三師団は、三方面（遼陽・田庄台・蓋平）から清国軍に包囲され五回も攻撃を受けたがその都度かろうじて撃退した。しかし、将兵は度重なる戦闘と猛烈な寒気で疲弊していた。第三師団に所属していた県内出身将校を明治二十七年版の『陸軍現役将校同相当官実役停年名簿』で調べてみると、歩兵第七連隊（金沢）の中隊長・橘七三郎歩兵大尉（直木賞作家・橘外男の父親）、同第十九連隊（敦賀）の中隊長・寺田忠道歩兵大尉、騎兵第三大隊の中隊長・三浦徳充騎兵大尉（陸士旧四期・のち沼田町長）、野戦砲兵第三連隊附の山縣保二郎砲兵少尉（陸士三期）の名がある。この四人の士官はいずれも無事に復員し、十年後の日露戦争には少佐として再び出征している（寺田は後備役編入後に召集、山縣は開戦直後に少佐に進級）。

大本営では海城からの撤退も検討されたが、自ら海城占領を立案・実行した監軍・山県有朋は強行に反対した。自分の作戦が誤りとされることを認めようとしなかったのである。こうした最高司令官の柔軟性のない頑迷さは陸軍全体の体質となって、その終焉まで引き継がれることとなった。

この時期、旅順を追われた清国艦隊が停泊していた山東半島の威海衛占領を目指し、連合艦隊支援の下、大山第二軍の一部（第二師団・第六師団第十一旅団）が、一八九五年（明治二十八年）一月二十日から二十五日にかけて同半島の栄城湾に上陸した。陸から攻撃された威海衛要塞は二月二日に陥落したが、清国北洋艦隊は必死の防戦を続けた。しかし水雷艇の夜襲などで「来遠」「威遠」「靖遠」が撃沈、「定遠」は撃破され自沈、提督・丁汝昌は服毒自殺し、十二日ついに降伏した。終戦時の内閣総理大臣・鈴木貫太郎（前橋の桃井小卒業後、群馬県立中学校〈後の前橋中・現県立前橋高校〉に進学するが二年時に東京芝の近藤塾へ転校）は、当時十六人乗りの水雷艇の艇長（海軍大尉）でこの攻撃に参加している。鈴木の水雷艇は味方の水雷艇と接触するやら肝心の魚雷が発射できないやら散々な目にあったと『鈴木貫太郎自伝』にある。なお、水雷発射の監督（上等兵曹）は責任を感じて自刃した。水雷艇指令と鈴木が発起人となって碑を建てることになったが、たちまち千円近く集まったという。自刃した上等兵曹は旧会津藩士であった。沈没を免れた戦艦「鎮遠」（七二二〇トン）・巡洋艦「済遠」（二四四〇トン）「広丙」（一三三五トン）、砲艦「平遠」（二一五〇トン）の他小型砲艦や水雷艇は戦利品として収容され、翌月元の艦名のまま連合艦隊に編入された。威海衛攻撃での日本軍の損害は戦死五四人、戦傷一五二人、一方清国軍の損害は不詳だが、第六師団が埋葬した清国兵の死体は七四〇体だったという。なお第二師団には石原応恒歩兵少佐（第五連隊第一大隊長）、茂木儁八郎歩兵中尉（第五連隊附）、平野四郎三等軍医、朝香文甫三等軍医、計四人の群馬県出身士官同相当官が所属していた。

さて、歩兵第十五連隊である。海城の包囲網を破るべく、第一師団は大平山に集中しつつある敵を二月二十四日に攻撃、午前六時四十分頃、歩兵第十五連隊第一大隊が大平山を占領したが、清国軍は東七里溝庄・西七里溝庄に強固な砲兵陣地を築き、猛烈な射撃を浴びせてきた。同連隊は第一・第二大隊を中心として西七里溝庄攻撃に向かったが、三十センチもの積雪で周囲に遮蔽物はなく迅速に行動できない。そこを狙って砲撃され死傷者が続出したが、砲撃を避けて伏せれば凍傷に罹ってしまう。また弾薬も欠乏し始め苦境に陥った。午後三時三十分、突撃命令がだされ雪中

表２―④　出動部隊別伝染病患者および凍傷患者数

部隊名	伝染病患者	凍傷患者	合計	備考
近衛師団	５４２０	２１	５４４１	４７９３は台湾で罹病
第１師団	３１９	３３２８	３６４７	
第２師団	８０７７	２９８	８３７５	６１７２は台湾で罹病
第３師団	１８９７	８７１	２７６８	１２７２は朝鮮で罹病
第４師団	２４８２	９４	２５７６	
第５師団	４７３７	２０１８	６７５５	２５０２は朝鮮で罹病
第６師団	３７５１	２３７	３９８８	４６１は朝鮮で罹病
混成枝隊	３０４０		３０４０	すべて澎湖島で罹病
その他		３５９	３５９	
合計	２９７２３	７２２６	３６９４９	凍傷はすべて清国で罹病

（『東アジア史としての日清戦争』より作成）

に白兵戦が展開された。清国軍の必死の抵抗で激戦は日没まで続いたが、ついに西七里溝庄占領に成功した。同連隊の損害は戦死が連隊副官・岩根常重大尉（和歌山出身・四十三歳）以下一八人、戦傷は二〇二人にも達し、出征以来最大の激戦となった（なお同連隊の群馬県出身戦死者は歩兵二等軍曹一人・歩兵一等卒三人、さらに歩兵一等軍曹一人が負傷後死亡、計五人）。福島泰蔵中尉も小隊長としてこの雪中の激戦を体験しているが、一九〇二年（明治三十五年）一月下旬の八甲田雪中行軍の際、この西七里溝庄での苦闘が脳裏に去来したのではないだろうか。

なお、この戦闘における凍傷患者は戦傷者よりはるかに多かった。歩兵第十五連隊第七中隊だけでも戦闘後の三月二日・三日の凍傷入院患者は三〇人、一個連隊は十二個中隊だから単純計算で、三六〇人前後の凍傷患者が出たことになる。さらに牛荘（同月三日・四日）・田庄台（九日）と雪中の激戦が展開されたため戦闘全期間を通じ、第一師団だけで三三二八人の凍傷入院患者が出ている（全師団合計では七二二六人・表2―④）。とすると十五連隊でも八〇〇人近くの入院を必要とする凍傷患者が出たことになるが、軽症まで含めれば約半数の将兵が凍傷およびその後遺症で苦しんだのではないか。永井建子《けんし》作詞・作曲の軍歌「雪の進軍」（雪の進軍氷を踏んで　どこが河やら道さえ知れず　馬は斃れる捨ててもおけず　ここはい

ずくぞ皆敵の国　ままよ大胆一服やれば　頼みすくなや煙草が二本）はこうした背景もあって広く流布したのだろうが、この戦闘から学ぶべき教訓は防寒対策のはずだった。結局この七年後の八甲田山雪中行軍における青森第五連隊の大量遭難（二一〇人中一九九人凍死。福島泰蔵率いる弘前隊は全員生還）まで本格的な防寒対策は取られていない。
約一万九〇〇〇人の日本軍（第一・第三・第五師団）とおよそ二万人の清国軍が激突した、大陸での最後の大規模戦闘となった「田庄台の戦闘」も牛荘での戦闘と同様に市街戦が繰り広げられ、清国軍は約一〇〇〇の死体を遺棄し、田庄台を放棄した。日本軍の死傷者は約一六〇人、歩兵第十五連隊の損害は記録にない。連隊史には「田庄台の攻撃に参与したが、特に記す程の事無く四月八日蓋平に於て休戦条約成立の報に接した」とあるほどだから損害は軽微だったのだろう。戦闘直後の田庄台の様子をクリスティーは以下のように書いている（旧仮名・旧字は適宜変更した）。

二三日して我々の仲間の者数名でこの場所に行って見た。人口一万の繁盛な町であったが、今は荒涼たる廃墟となった。まだ燻って居る家屋があり、冬籠りのため繋船してあった数百の舟も焼けた。街上には戦死者がごろごろして居り、兇暴な痩せ犬が死体を漁り歩き貪り食っていた。我々は少数、極めて少数の負傷兵が廃墟の間に匿れて居るのを見付けた。飢に迫った憐れな者どもは我々が日本兵でないことを知るや、穴から這い出し大声で我々に呼びかけた。我々は彼等を赤十字病院に運ぶ手配をした。これがこの戦争の最後の戦闘であった。
（『奉天三十年　上』第十二章より）

この戦闘後、第五師団は海城附近、第三師団は缸瓦寨《こうがさい》附近に休戦まで駐屯した。大陸における戦闘は一応ここで終結したが、歩兵第十五連隊の損害合計は金州・旅順・蓋平・西七里溝庄などの戦闘で戦死三八人（士官三人）、戦傷二九〇人（同四人）。連隊全体の病死者数は不明だが、群馬県出身の同連隊所属将兵だけでも一七人の病死・公務死があるので戦死者以上の数字になった可能性がある。なお、十年後の日露戦争で、歩兵第十五連隊は最初の本格的な戦闘「金州・南山の戦闘」（わずか二日間）で、戦死四三人（士官一人）・戦傷二一〇人（同三人）という、日清戦争全期間の八割近い死傷者を出している。

三月十四日、天津を出発した李鴻章一行は、十九日に下関に到着後、直ちに二十日、春帆楼における第一回の会合で「即時休戦」を主張した。だが日本側全権（伊藤博文首相・陸奥宗光外相）が、休戦は「山海関・太沽・天津」を占拠してから後だ、と言ったので李はその過酷さに驚き、第二回会合では、すぐに講和談判に取り掛かることに同意した。「事件」は、三回目の会合が終わった二十四日、李が春帆楼から宿舎の引接寺まで帰る途中で起こった。若い男が群衆の中から飛び出し、李めがけてピストルを撃った。弾丸は李の左目の下部に命中したが、李は一命を取り留めた。男は直ぐに逮捕されたが、その身元は邑楽郡大島村（現館林市）生まれの小山《おやま》六之助（豊太郎）という二十六歳の壮士だった。小山の父・孝八郎は県会議員を務めたこともある有力者で、足尾鉱毒事件では田中正造に協力し、一九〇〇年（明治三十三年）の川俣事件で前橋刑務所に投獄された。六之助は栃木中学（現・栃木高校）から慶應義塾に進学したが放蕩がたたって勘当され、伊藤痴遊門下になって痴狂と称したがものにならず、やがて壮士の仲間に加わった。事件に背後関係はなく李を暗殺することで戦争継続を図ろうとした至極単純な動機だった。この事件の結果、伊藤と陸奥は明治天皇の意向を受け、従来の方向を転換して三十日に休戦条約を調印した。小山は事件直後に山口地方裁判所で無期徒刑の判決を言い渡され釧路監獄（のち網走監獄に移送）に送られた。一九〇七年（明治四十年）、恩赦で仮出獄。三年後に獄中記ともいうべき『活地獄《いきじごく》』を出版した。現在では『明治文学全集　96　明治記録文学集』に全文が掲載されているので簡単に読めるが、なかなかの美文である。この記録をベースにし、夏目漱石の『坊ちゃん』とオーバーラップさせて小山を描いた、山田風太郎の『牢屋の坊ちゃん』は理屈ぬきに面白い。特に小山に「恩赦批判」を語らせるくだりは秀逸である。小山はその後巣鴨に住み、太平洋戦争中は新田郡太田町韮川地区（現・太田市）に疎開していたという。昭和二十二年（一九四七年）七月、東京・葛飾にある長男の妻の実家で死亡、享年七十五歳。自分が起こした事件が、条約交渉中の日本にどれほどの不利益をもたらしたか知っていたのだろうか。当時、日本銀行馬関支店長をしていた高橋是清（のち蔵相・首相、二・二六事件で暗殺）は、自伝にこの事件の事を詳しく書いているが、下関の人々が李鴻章の容態を心配して、高さ約四五センチ・縦横約一・八メートルのガラス張りの箱に下関で水揚げされた魚や貝を入れて「ミニ水族館」とし、これを李鴻章に送ったことを紹介している。

李氏は玻璃盤中生魚の溌剌として活動せる様を見て大いに慰み、すこぶる満足の体であった。付添いの支那人らも大変珍しがって打興じていたが、その中の一人が杖をもって盤中の魚をつついた拍子に過って硝子を破り、水と魚とが一度に箱から迸り出て、章魚やアナゴがあちらこちらに飛廻るという滑稽まで演じたのは、李氏遭難事件が生んだ一つの挿話である。

条約交渉中も日本軍の行動は続いていた。一八九五年（明治二十八年）三月十五日、「松島」「橋立」「厳島」を中心とする連合艦隊の主力で構成された南方派遣艦隊に護衛された後備混成旅団（後備歩兵三個大隊基幹・司令官は比志島義輝大佐）が澎湖諸島占領を目指し、佐世保を出港した。中核となる後備第一連隊は第一師団管区（関東甲信地方）の予備役を終了した二十代後半から三十代前半の後備役将兵、いわば「ＯＢ軍人」からなる部隊で、群馬県出身の歩兵第十五連隊ＯＢの後備役将兵のほとんどがこの部隊に編入された。出港後三日間は海が荒れに荒れ、船酔いするものが続出した。看護手・町田政吉（東京府西多摩郡福生村出身）は、船が大揺れする様子を「風止マズ怒涛ハ船ヲ横ニフリテ、アタカモ子供ノ板ニ乗リテ與次郎兵衛（注・やじろべえ?）ヲナスガ如シ」と比喩を交えて書き記している。

ところが将兵の嘔吐の原因は船酔いだけではなかった。どんなに船酔いがひどくとも死に至ることはないだろう。十六日から二十三日の上陸までに毎日のように死んでいった将兵・軍夫の死因はコレラであった。当初は一隻の船内

表２―⑤・後備歩兵第１連隊の日別全病死者数

明治28年３月

16日	17日	18日	19日	20日	21日 22日	23日	24日	25日	26日
1	1	2	1	4	6	11 (1・10)	8 (1・9)	5	12

3月27日 ～4月22日	4月26日 ～6月1日	合計
279	14	344 (2・19)

下段（　）内の数字は左が戦死者、右が戦傷者数。他に病死した軍夫が77人いる。
（『後備歩兵第一連隊歴誌』より作成）

表２―⑥・後備歩兵第１連隊の日別病死者数（群馬県出身者のみ）

明治28年３月

22日	23日	24日	25日	26日	27日	28日	29日	30日	31日	小計
1	0	1	1	2	3	1	2	4	5	20
						(1)				(1)

4月

1日	2日	3日	4日	5日	6日	7日	小計
3	0	2	1	0	0	1	7

5月以降

5月	6月	7月	8月	9月	小計	総計
2	3	6	1	1	13	40
		(1)			(1)	(2)

下段（　）内の数字は戦死者数　7月の戦死者は台湾での戦闘による
（『上毛忠魂録』より作成）

で蔓延したコレラが二十三日の澎湖島上陸以降、爆発的に広がったため、後備第一連隊だけでも上陸から一カ月間のコレラによる死者は四〇六人（軍夫を含む。うち群馬出身の将兵は二七人）にも達した（表2―⑤・⑥）。この間の戦闘による死者は二人、戦傷者は一九人であったから、戦闘自体は小規模なものだった。戦闘は二日間で終わり、澎湖島の中心部・馬公城は占領され、他の島からも清国兵は逃亡したので、澎湖諸島は完全に日本軍の制圧下に置かれ、二十七日には馬公城に澎湖列島行政庁が設置された（図2―2）。だが、同じ時期に馬公城に置かれた避病院には大

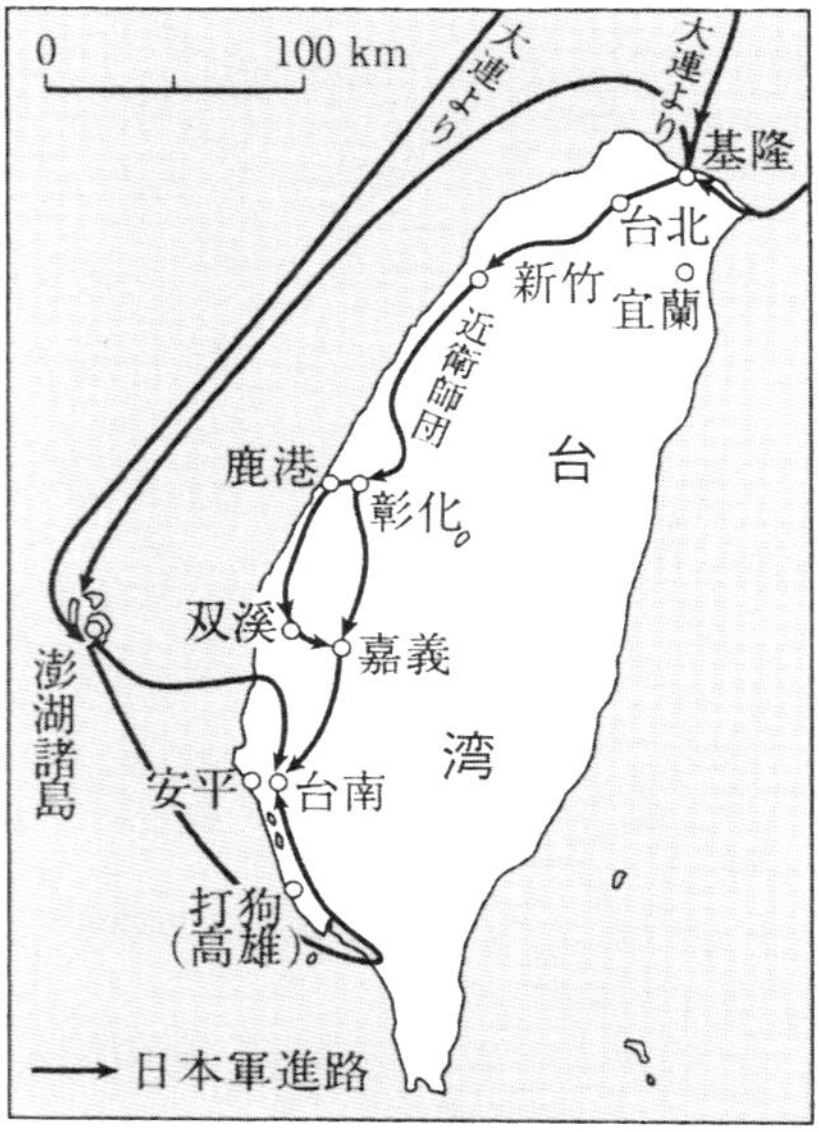

図2-2　台湾征服戦争経過図
（『日清・日露戦争』（岩波新書）より）

量のコレラ患者が収容され、彼らは激しい下痢に苦しみ、そして死んでいった。その様子を町田看護手の手記から引用する。

三月二十六日　晴　本日病院ヲ立ツ。上陸後患者多カリシガ。本日頃ヨリ益々多ク百八、九十名程アリ

二十七日　晴　本日行政廳ヲ馬公城内ニ開設ス　患者ハ益々増加　死亡スル者日ニ九十名位ナリ

二十八日　大風雨　（略）海岸避病院ニハ死者山ノ如大穴ヲ穿チ二、三十名ヲ一穴トシテ埋ム（略）

大江志乃夫の『東アジア史としての日清戦争』によると、後備混成旅団所属の将兵・軍夫の人員数は五六二七人でうち病死者は一二六〇人（二二・四パーセント）で、この大部分がコレラによる死者だったのではないか、と推定している。

四月十七日、「清国は朝鮮の独立を認め」「リヤオトン半島及び台湾・澎湖諸島を日本に譲り」「賠償金二億両を日本に支払い」「新たに沙市・重慶・蘇州・杭州の四港をひらく」を内容とする下関条約が調印されたが、これで戦闘が終わった訳ではなかった。

五、三国干渉と朝鮮情勢

一八九五年（明治二十八年）四月十七日に調印された「下関条約」に対し、六日後に露・独・仏三国の駐日公使が外務省に「日本がリャオトン（遼東）半島を領有することは、東アジアの平和を乱す」として、その返還を強く要求した。「三国干渉」である。清国との戦争を乗り切ったばかりの日本に三国と戦う力は無く、五月四日の閣議でリャオトン半島放棄を決定し、日清間で批准書を交換した。その代償として三〇〇〇万両（約四五〇〇万円）を得たが、国民の感情は爆発した。せっかく獲得した領土を返還しろと要求した三国、とりわけロシアに対する敵愾心は、「臥薪嘗胆」をスローガンにして国民を一致団結させるほど高まった。ちょうどその時期に旅順口を視察していた徳富蘇峰は、その時の様子を『蘇峰自伝』にこう記している。

此の遼東還付が、予の殆ど一生に於ける運命を支配したといっても差支へあるまい。此事を聞いて以来、予は精神的に殆ど別人となった。而してこれというも畢竟すれば、力が足らぬ故である。力が足らなければ、如何なる正義公道も、半文の価値も無いと確信するに至った。
そこで予は一刻も他国に返還した土地に居るを屑しとせず、最近の御用船を見附けて帰へる事とした。而して土産には旅順口の波打際から、小石や砂利を一握り手巾に包んで持ち帰った。せめてこれが一度は日本の領土になった記念として。

一方、領土や賠償金を要求したこの戦争は義戦ではなかった、と戦争中の言動を反省した内村鑑三のような人もいた。だが、大方の日本人は「三国干渉」には憤慨した。純真な子供ほどその影響を強く受けたようだ。当時、新潟県新発田町（現・新発田市）に住んでいた出征中の軍人の息子（九歳）はその時の様子をのちにこう書いている。

それから又、やはりその頃に、四五人の友人を家に集めて、輪講だの演説だの作文だのの会を開いた。（略）この会で一番の大きな問題は、遼東半島の還附だった。僕は『少年世界』の投書欄にあった臥薪嘗胆論と云うのを其儘演説した。皆んなはほんとうに涙を流して臥薪嘗胆を誓った。僕は皆んなに遼東半島還附の勅諭を暗誦するようにと提議した。そして僕は毎朝起きるとすぐにそれを声高く朗読することにきめていた。

少年の名は栄、一九二三年（大正十二年）九月、関東大震災の時、伊藤野枝と甥・橘宗一少年とともに殺害されたアナーキスト・大杉栄である。

また横浜の遊郭近くに住む、七歳の少年も当時の様子を以下のように記している。

しかし、戦勝の酔は露・独・仏、三国の干渉による遼東還附のためたちまち醒されてしまった。国民はどんな艱苦欠乏を忍んででも、いつかは今日の国辱をそそがなければならぬという気概に燃え、臥薪嘗胆というスローガンがもっとも卑怯な者の精神をもふるい立たせた。（略）私の燃えやすい心がこのような風潮に刺激されて、熱烈な忠君愛国主義に傾いたことはいうまでもない。私は大きくなったら海軍の軍人となって、憎っくきロシアに必ず報復してやると決心を堅めた。

この熱烈な忠君愛国主義の少年は、のちに『谷中村滅亡史』を著す社会主義者・荒畑寒村である。

なお、国中が「臥薪嘗胆」の熱気に包まれる中、夏子という二十三歳の女性は、講和条約成立後に「敷嶋の　やまとますらお　にえにして　いくらかえたる　もろこしの原」（日本男子を贄《にえ》にして、わずかばかりの領地を手にした）

と、冷静な眼で一首詠んでいる。亡くなる一年半ほど前の、樋口一葉である。
賠償金とリャオトン半島の代償金を併せた金額は当時の国家予算の約四・五倍に相当する（清国にとっても二億両は国家予算のほぼ三年分に当たるため、同年に露仏から四億フラン、翌年には英独から一六〇〇万ポンドの借款を受けている）がその約八五パーセントは軍備増強に充てられた。中学校の歴史教科書では賠償金の一部が八幡製鉄所建設に使われたと書いてあるが、それに要した費用は五十数万円で〇・二パーセントにも満たない。この莫大な賠償金の具体的な使い道については後で述べる。

一葉は、新しい日本の領土を冷ややかに見ていたが、新領土の台湾では、熱い戦いが始まろうとしていた。五月十日、日本政府は、台湾占領のため樺山資紀軍令部長を台湾総督兼軍務司令官に任命し、近衛師団とともに台湾に向かわせた。これに対し、五月二十三日、台湾では「台湾民主国独立宣言」が出され、その中で「わが台民敵につかうるよりは死することを決す」と徹底抗戦を訴え、十年前の清仏戦争でフランス軍を破った英雄・劉永福を大将軍に選んだ。

ちょうどこの時期に歩兵第十五連隊は高崎に帰還している。五月二十三日午前十時に大連から船に乗り込んだ将兵は、同月二十六日に宇品着、翌二十七日午前八時四十五分、有志者や学生・生徒の「万歳」の声に送られて広島停車場を出発した。二十九日午前六時に青山停車場を発し、途中の深谷・本庄では巻煙草や酒を送られ、新町では紡績会社の工女が万歳を唱え、小学校の生徒は木銃で「捧げ銃」の姿勢で将兵を見送った。高崎で下車すると駅前の道路の左右には町名を記した様々な歓迎旗や各郡の尚武会旗が振られ、右側には尋常小学校・高等小学校生徒が、左側には補充大隊の将兵、師範学校・中学校の生徒が並んだ。「万歳！万歳！」の歓声の中を、歩兵第十五連隊の将兵は軍旗を先頭に、約八カ月ぶりに兵営に凱旋した。やがて復員令が下り予備役兵は懐かしい故郷に帰って行った。こうした出征兵士の帰還を歓迎する光景は各地で見られただろう。しかし、同時期に台湾ではまだ凄惨な戦闘が続いていることを、どの程度の日本人が知っていたのだろう。

歩兵第十五連隊が高崎に帰還した五月二十九日、日本軍と台湾民主国軍との戦闘が始まった。六月三日に基隆が陥落すると幹部は中国本土へ逃走したため、新生台湾民主国は半月ももたずに瓦解した。その前日、樺山総督と清国全権・李経芳との間で台湾授受に関する調印が行われていたが、台北に逃げこんだ清国兵が略奪・暴行・放火等狼藉を繰り返したので、住民は日本軍を迎え入れることに決め、七日、日本軍は無血入城を果たし、十七日には台湾総督府の始政式が行われた。

だが、台湾での戦闘では苦戦が続く。第二師団（仙台）を増派し台南を目指して進撃した日本軍だったが、南部に留まっていた劉永福率いる約二万の軍勢と武装した原住民の熾烈な抵抗（女性が戦闘に参加したという記録もある）に遭い、また熱帯の風土病・マラリアやコレラ・脚気にも悩まされ、十一月十八日に全島平定宣言が出されるまでの約半年間に、戦死一六四人・戦傷五一四人・病死四六四二人という膨大な被害を出している。一方、この戦いで清国兵・台湾住民計約一万四〇〇〇人が命を落とした。

病死者の中には、平定宣言直前の十一月五日にマラリアで陣没した近衛師団長・北白川宮能久親王も含まれる。能久親王は旅団長時代に歩兵第十五連隊を検閲した際、脚気防止のため裸足のまま整列した将兵を見逃したことで、鎮台司令長官・三浦梧楼中将から謹慎処分を言い渡されたことは以前書いた。能久親王の銅像は千代田区北の丸公園の東京国立近代美術館工芸館（旧近衛師団司令部）の庭にある。

近衛師団に所属した群馬県出身の戦死者数は、歩兵第十五連隊（三三人）と後備歩兵第一連隊（四二人）の合計戦死者数にほぼ相当する七三人（内戦闘死者は五人、病死者が六八人・表2―⑦）。戦死率から逆算すると七五〇人前後の県内出身将兵が近衛師団に所属していたと推定される。

表２－⑦・近衛師団の月別病死者数（群馬県出身者のみ）

明治28年

4月	5月	6月	7月	8月	9月	10月	11月	12月以降	合計
１１	3	5	１１	5	１３	１１	5	4	６８
			（３）	（２）					（５）

４・５月は中国大陸、6月以降は台湾に駐屯。（　）内の数字は戦死・戦傷死者数
（『上毛忠魂録』より作成）

台湾で戦闘が続いている中、朝鮮半島でも大事件が起きている。事件の陰の主役は、井上馨に代わって朝鮮公使となった三浦梧楼である。三国干渉後、朝鮮宮廷では親露派の閔妃が親日派の朴泳孝を失脚させ、日本軍将校により訓練された「訓練隊」を解散させようとした。この「訓練隊」兵士と日本軍守備隊・警察官・壮士が十月八日早朝、王宮（景福宮）に侵入して閔妃を斬殺、その遺体を焼却した。恐るべき蛮行といっていいだろう。事件の当事者は、「訓練隊」のクーデターに見せかけようとしたが、目撃していたアメリカ人軍事教官とロシア人技師の情報から、事件は世界中に広まった。三浦は解任され、関係者は広島で裁判にかけられたが、一八九六年（明治二十九年）一月、広島地裁の予審では全員が免訴となった。

この事件に関係した可能性のある群馬県出身の陸軍士官がいる。十年後の日露戦争・奉天会戦で戦死した勢多郡荒砥村（現・前橋市）出身の鯉登行文少佐（陸士旧八期・戦死と同時に中佐進級）は事件当時、後備第十連隊中隊長（大尉）で、『明治過去帳』には「（明治）二十八年王妃事件に座し十一月二十三日宇品に着直ちに拘引せられ幾も無く台湾総督府軍務局陸軍部課員となる」とあるから、事件の際、漢城（現・ソウル）にいたことは確かだろう。鯉登はのちに参謀となり、同書にはまた「日露開戦に先つ四日（二月四日か？）商人に扮して旅順に在り」という興味深い記述もある。諜報関係の特殊任務を担当していたのかもしれない。

生方敏郎は当時十三歳だったが、日清戦争後の様子を『明治大正見聞史』に克明に綴っている。帰還した兵士が分捕り品の衣服・団扇やパイプを見せてくれたこと、子供たちが一銭銅貨を砥石で磨いて勲章のような形にし、胸にぶら下げていたことなど

を紹介しているが、中には生々しい記述もある。

北の村に、兄が出征している間に弟と嫂と妙な噂を立てられたのがあった。村の人々は兄が帰ってきたらどんなことが始まるかと心配していたが、兄は錦州（注・金州？）かで戦死したので、皆が胸を撫で下ろした。女は少し抜け作の方だった。美人だったけれども。

戦死して皆に胸を撫で下ろされたのでは、戦死した兄は浮かばれまい。また、生方は、玉（弾丸）よけの札を売り出した寺のことも書いている。「玉よけ」は表向きで、実は「徴兵の籤逃れ」を祈願する寺社であることが多かった。戦争中は、息子や夫の無事な帰還を祈る、庶民の悲痛な祈りがその境内には満ち満ちていたことだろう。

高橋是清は戦争終了後に帰還した軍人による大量消費で魚・肉類・野菜の価格が三倍以上に高騰したこと、また様々な分捕り品が門司の倉庫に運び込まれたが、中には四〇〇万両もの馬蹄銀もあるという噂があったことを自伝に書いている。

ある時、支店員（注・日銀馬関支店）の一人が小さな馬蹄銀を珍しがって私の所へ持って来た。そうして「これが評判の馬蹄銀です、珍しいよい記念品です」というから、「どうして手に入れた」と訊くと、「始終店に来る軍人から貰ったものですが、支店長も一つ貰っておかれてはどうですか」というから、私は、「およそ分捕品というものは国家に属すべきもので、軍人がこれを私することは出来ないものだ。従ってそれを貰って所持しているのはよろしくない、君はそれ返してしまい給え」といって返還さした。その後仄聞するところによると、この分捕馬蹄銀の所属のことで、大蔵、陸軍両省の間に争いが起り、おのおのその所管に属すべきことを主張したが、結局大蔵省のものに決定したということであった。

表２ー⑧・群馬県内十八町村からの日清戦争出征者

	歩兵	騎兵	砲兵	工兵	輜重兵	衛生部	海軍	その他	計
佐官		1							1
尉官	2						2		4
特務曹長									0
曹長									0
一等軍曹	６（１）	1	4	1	2	※1			１５（１）
二等軍曹	７（２）	2	3			※2			１４（２）
上等兵	４０（４）	4	2	2	２（１）			※2	５２（５）
一等卒	１３５（３）	6	１８（２）	7					１６６（５）
二等卒	３８（１）	1	１１	6	2		※1	※1	６０（１）
雑卒					５８（３）	1			５９（３）
計	２２８（１１）	１５	３８（２）	１６	６４（４）	4	3	3	３７１（１７）

（　）内の数字は戦没者。なお衛生部の一等軍曹相当官は二等看護長、二等軍曹相当官は三等調剤手、海軍の欄の二等卒は四等水兵、その他の欄の上等兵は憲兵、二等卒は縫工。
（新田郡〈太田町・九合村・沢野村・世良田村・木崎町・強戸村・生品村・綿打村・尾島町・宝泉村・鳥之郷村・藪塚本町・笠懸村〉・山田郡毛里田村・邑楽郡小泉町・佐波郡芝根村・勢多郡桂萱村の忠魂碑および『大泉町誌』〈大川村の資料〉より作成）

のちの義和団事件でも、個人的に馬蹄銀分捕りを行った軍人がいて、その上官（第九旅団長）が責任を取らされた形で休職処分となったが、当時の軍人には、前近代的な「戦場では切り取り勝手」という意識が残っていたのだろうか。

さて、日清戦争に従軍した群馬県出身者はいったいどのくらいいたのだろうか。正確な資料が無いので推定するしかないのだが、軍人軍属が三四〇〇人前後、軍夫が約二五〇〇人で合計約五九〇〇人程度ではないだろうか。軍人軍属は全国の戦死率（五・四六パーセント）で県内出身戦死者数を割った数（約三一〇〇人）と、十八町村の従軍人数（表2―⑧・三七一人）と戦死者数（一七人）の比率から算定した数（約三七〇〇人）の平均値とした。軍夫に関してはヒントになるような数値もないため、推定従軍軍夫数（一五万四〇〇〇人）に六〇分の一（現在の日本総人口における群馬県民の割合）を掛けた値とした。調査の結果、正確な氏名が判明している軍人軍属の従軍者数は、陸海軍士官同相当官（八六人）・

石碑等に刻まれた一八町村の従軍者（三七一人）・山田郡八町村出身の叙勲者（六七人）・『上毛忠魂録』に記載された戦死者（一六九人）の合計から重複分を引いた六五八人で、これは推定従軍人軍属の約一九パーセントに相当する。しかし、従軍した軍夫に関しては忠魂碑や記念碑にも刻まれてないため、名前や人数を調べる手がかりはまったく無い。

なお、日清戦争では一七九〇人の清国兵が捕虜となり、うち一一一三人が国内の収容所に収容された。一八九四年（明治二十七年）九月、収容地に指定されたのは東京・佐倉・高崎・豊橋・名古屋・大津・大阪・姫路・広島・松山の十カ所だが、収容施設は東京の本願寺別院（浅草）のようにほとんどが寺院であり、高崎では長松寺に八一人、恵徳寺に一一人（士官と従卒）の計九二人が一八九五年三月に収容された。当時の新聞は、お彼岸にかこつけて捕虜見たさに寺院に押しかけた群衆が番兵に追い返されたことを伝えている。

原田敬一は「広義の『日清戦争』を、①（一八九四年七月二三日の日朝戦争、②狭義の日清戦争（一八九四年七月二五日〜一八九五年四月一七日）、③台湾征服戦争（一八九五年五月一〇日〜同年一一月三〇日）の三期間を合わせたものと考える」（『日清・日露戦争』）としている。一口に日清戦争というが、戦闘は朝鮮半島・清国・台湾と広大な地域で行われ、犠牲者は日清両国軍の将兵だけでなく、日本人軍夫、朝鮮政府軍将兵・農民軍とその家族、旅順の清国一般人、台湾民主国軍および台湾住民と、東アジア全域に及んでいる。この複雑な「国際」戦争が、また次の戦争の火種となったのである。

六、戦後の大軍拡

一八九五年（明治二十八年）六月十六日、歩兵第十五連隊の将兵は高崎に復員した。動員下令から約九カ月半が経っていた。翌年二月二十四日には「日清戦役戦没者追弔会」が行われたが、その三カ月後にはまた一個大隊が海外に派遣されている。といっても戦争ではない。

下関条約の内容といえば、「清国は朝鮮の独立を認め」「リャオトン半島及び台湾・澎湖諸島を日本に譲り」「賠償金二億両を日本に支払い」「新たに沙市・重慶・蘇州・杭州の四港をひらく」までが一般的であるが、他にも興味深い内容が盛り込まれている。「賠償金の支払いは八回に分けて、初回・二回に各五〇〇〇万両を支払うこと」及び「支払いが終わるまで、その担保として威海衛を日本軍が占領する、また、占領軍は一個旅団とし、駐留経費（年額三〇〇万円）の四分の一を清国政府が負担すること」が取り決められた。清国が、英独露仏四国からの借款等によって、日本に賠償金を支払い終えたのが一八九八年（同三十一年）五月下旬だから、下関条約の批准以降約三年間、一個旅団規模（六個大隊）の「威海衛占領軍」が駐屯したことになる。部隊は各師団から約一年交代で派遣されたようで、歩兵第十五連隊第一大隊が佐倉の歩兵第二連隊第二・第三大隊とともに一八九六年（同二十九年）五月から翌年四月まで、また日清戦争後に歩兵第七連隊（金沢）第二大隊長となった旧前橋藩出身の亀岡泰辰少佐も一八九七年（同三十年）五月から翌年五月まで威海衛に派遣されている。

威海衛は日本軍撤退の翌日からイギリスの租借地（期間は二十五年）となり、日本軍の兵舎は無償でイギリス軍に譲渡された。その二カ月前にロシアは大連・旅順の租借権を獲得しており、危機感を強めた日本がイギリスに恩を売ったというところだろうか。イギリスはこの兵舎譲渡の件で日本に感謝状を贈ったという。日英同盟締結は二年八カ月後である。この三年間の威海衛占領に関してはほとんど資料も無いため実態はわからないが、当時の新聞記事を見ても現地住民との間に事件らしきことは見当たらず、存外のんびりしたものだったのかもしれない。

同じ時期に「平定後の」台湾に派遣された軍（混成三個旅団）は威海衛占領軍とは対照的で、ゲリラ戦を展開する原地住民と泥沼のような戦闘を続けていた。一八九六年（明治二十九年）から一九〇二年（同三十五年）までの七年間に「殺害された匪徒」は一万一九五一人（うち判決による死刑二九九九人）にのぼるという。台湾住民の日本に対する反感が浮き彫りにされるような数字である。なお、この時期に台湾で「戦死」した群馬出身者は、上等兵二（憲兵・砲兵各一）・二等卒三（歩兵二・工兵一）・巡査一の計六人。またマラリアなどによる病死者で記録に残っているのは歩兵少佐・二等軍医・歩兵上等兵・同一等卒・砲兵一等卒の五人だが、他にも多数いたはずだ。群馬出身の、それも記録に残っている戦没者だけで十一人もいるのだから、この時期の台湾における戦死・戦病死者総数は少なく見積もっても数百人に達するだろう。まさに台湾では、「戦争」状態が何年間も続いていたと言っても過言ではあるまい。

この間のアジア情勢はどうなっていたのか。朝鮮半島では、閔妃殺害事件後に成立した親日派の金弘集内閣が出した「断髪令」は民族の伝統を破壊するものだとして、各地で日本人が襲撃され電線が切断されるなどの反日義兵闘争「義兵運動」が盛んになった。一八九六年（同二十九年）二月、政府軍が義兵との戦闘で手薄になった隙をついた親露派がクーデターを起こし、国王・高宗をロシア公使館に移した。これを「露館播遷《はせん》」という。親日派は殺害もしくは亡命という形で一掃され、代って親露派内閣が誕生した。翌年この政権は日本に対抗するため国号を大韓帝国と改めて高宗は皇帝を名乗り、ロシア軍人を顧問とする軍隊も編成された。また「露館播遷」時の見返りとしてロシア商人に豆満江沿岸（のち鴨緑江沿岸まで拡大）の森林事業独占権が与えられたが、この事業には利益が多いと近衛将校ベゾブラゾフ（宮廷派＝対日強硬派）に吹き込まれたロシア宮廷は七年後に鴨緑江河口の竜岩浦を租借地とし、ニコライ港と名付けた。このことが日露戦争の一因となった。

また「露館播遷」の四カ月月後、ニコライ2世の戴冠式に出席した李鴻章はロシアとの間に「露清条約」を結んで対日共同防衛を約し、ロシアに東清鉄道の敷設権を認めた。また、ロシアは三国干渉で日本から清に返還させたリャオトン半島の大連・旅順の租借権と南満鉄道敷設権を一八九八年（同三十一年）三月に獲得したが、後にこの鉄道はシベリア鉄道と接続されることになる。また、ドイツは同年にシャントン半島の膠州湾を、フランスは翌年に広州湾を租借地とした。

国際情勢も動いていた。アメリカは一八九八年（同三十一年）に正式にハワイを併合、さらに同年、米西戦争の結果、フィリピン・グアム・プエルトリコを領有した。なおこの戦争視察のため群馬出身の時澤（のち須田と改姓）右一砲兵大尉（陸士旧十一期）は二度に渡ってフィリピンに派遣されている。イギリスは一八九九年（同三十二年）から、南アフリカで金鉱が発見されたトランスバール共和国の支配を目指してオランダ系のボーア人との間でボーア戦争（南ア戦争）を始めたが、トランスバール共和国はオレンジ自由国（ダイアモンド鉱あり）と同盟して抵抗した。イギリスは一旦は両国の占領を宣言したが、ボーア人はイギリス人ハイラム・マキシムから機関砲（ポムポム砲）を買い入れて徹底的に抵抗したため、最終的に植民地にしたのは一九〇二年（同三十五年）であった。

この間の日本は軍備大拡張を推し進めた。基本的には陸軍は「人」、海軍は「艦艇」を増やすこと主眼とした。そのため一八九八年（明治三十一年）の歳出に占める軍事費の割合は五割を超えている。もちろん下関条約で得た賠償金・リャオトン半島返還の還付金とその運用利益金合計三億六五〇〇万円の八割以上を「軍備拡張費・臨時軍事費」としたうえに、明治三十一年以降は一億円以上の軍事費を計上する「超」軍事国家になった。

陸軍は師団数を従来の二倍の十二個師団（近衛師団を除く）にし、また騎兵・砲兵を各二個旅団増設、台湾に三個混成旅団を置くこととした。これは従来の六つの師団管区（第一師団を除く）の中にもう一つ師団を設けることで完成した。つまり従来の師団ナンバープラス6、具体的にいうと第二師団管区（東北・新潟）に第八師団（弘前）というように新設師団がつくられ、以下、第九師団（金沢）、第十師団（姫路）、第十一師団（善通寺）、第十二師団（小倉）の編制が完了したのは一八九八年である。第七師団は一九〇〇年（同三十三年）に屯田兵を改編して旭川に設置されたが、当時の北海道は人口が少なかったため、第一師団管区の将兵が同師団に配属となった。つまり第一師団管区（関東・甲信）の将兵は第一師団のみならず、近衛師団・第七師団にも配属されたのである。この新師団編制で誕生した新たな歩兵連隊は二四個で既存の連隊と合計すると総計四八個（岩手・福島・茨城・栃木・埼玉・神奈川・長野・富山・岐阜・三重・奈良・和歌山・岡山・佐賀・宮崎・沖縄の一六県には未設置、北海道・青森・宮城・新潟・東京・愛知・大阪・京都・石川・兵庫・広島・福岡・熊本の一三府道県には二個以上設置）、陸軍総兵力は平時一五万となり、戦時には六〇万人を動員できる編制になった。

兵を増やすだけで軍隊が強大になるわけではない。兵の上に立つ士官（将校）の拡充も必要となる。そのため一八九六年（同二十九年）にはエリート幹部養成の陸軍大学校の入学生を二・五倍に、将校養成機関の陸軍士官学校の入学生を前年の倍以上（二九二人→六五〇人）に拡大した。また翌年には各師団管区に地方幼年学校（定員各五〇人）を設置し、早くから徹底したエリート教育（陸幼→陸士→陸大）を施した。また、一八九五年（同二十八年）には全国に九六校しかなかった中学校（県内では一校）が六年後の一九〇一年（同三十四年）に二四二校（同・六校）へと増加しているが、中等学校以上の卒業生には「一年志願兵」の資格があたえられるので、結果的にいちばん戦死しやすい下士官・少尉を大量に確保できるようになった。

「一年志願兵制度」とは、前に一度書いたが後の「幹部候補生制度」の前身となるもので、中等学校以上の卒業生（二十六歳以下、のち二十八歳以下）で在営一年間の経費一〇八円（騎兵科は二一七円　当時の巡査の初任給が九円）を自弁する者を対象に設けられた制度である。これは、一八八三年（同十六年）の徴兵令の改正の結果「代人制」（代人料二七〇円を納入したものは免役）を全廃した代わりに登場したもので、この制度を使うと通常三年の現役期間が一年に短縮され（ただし通常四年四カ月の予備役期間が当初は二年、のちに六年四カ月とされた）、退営時には予備役下士官となり、さらに勤務演習を経て将校試験に合格した者は予備役少尉に任官できた。ただし在営中は無給で、なおかつ少尉任官時に掛かる被服・装具の購入費用も自弁せねばならず、相当に裕福な家庭の子弟でなければ、この制度を利用できなかった。「一年志願兵」となっても、少尉に任官しなければ余計な費用がかからない上に在営期間の短縮ができるため、故意に試験に落第して下士官（伍長）任官→退営というルートを選んだ者もかなりいたよ

表２―⑨・軍関係学校進学者及び一年志願兵の群馬県内の中学校別人数

中学校名	前橋中		高崎中		太田中		富岡中		合計	
卒業年（明治）	３５	３６	３５	３６	３５	３６	３５	３６	３５	３６
卒業生総数	６５	６８	３８	３８	５８	４０	３８	２６	１９９	１７２
陸軍士官学校	3	1	2	2	2	1	2	3	9	7
海軍兵学校	1	1	0	2	0	0	0	1	1	4
海軍機関学校	0	1	1	0	0	0	0	0	1	1
一年志願兵	3	5	6	2	2	1	1	0	１２	8
合計	8	8	9	6	4	2	3	4	２３	２０
戦没者数	2	1	1	0	1	0	0	0	4	1

一年志願兵は予備役少尉任官者のみを掲載した。この他に藤岡中３６年卒業の一年志願兵が２人、群馬県農学校３５年卒業の一年志願兵が１人いる。安中中は不明

うだ。だが、日露戦争中は初級士官が不足したため、召集された一年志願の予備役下士官が昇進して予備役および後備役少尉に任官した例も少なくなかった。

この「即席」ルートで任官した士官は「正規」ルート士官と比べれば、教育期間は短く、実務経験は乏しいうえにやや高齢でもあったが、陸軍とすれば、戦死率の高い下級士官を補充するという点と、即席士官の「使い捨て」という側面（予備役だから、戦争が終われば即召集解除となる）は重宝だったろう。

一九〇九年（同四十二年）に一年志願兵となった石橋湛山が『湛山回想』（岩波文庫）の中で以下のように書いている。少々長くなるが引用する。

一年志願というのは日清戦争前からあった古い制度で、簡易に下級の予備将校を作る目的で出来たものと思う。中学またはそれ以上の学校の卒業生で、一年間の経費百八円（一カ月九円の割）を納付する者には特別の教育を授け、一年の後伍長または軍曹までに進めて除隊させる。軍曹になった者は、さらに翌年見習士官として三カ月の演習召集を受け、その終末試験に合格した者を予備少尉に任ずるのである。だからもし少尉にならないつもりなら、現役は一年ですむ。少尉になっても一年三カ月だ。普通の兵で行くよりも在営期間は短いし、在営中の待遇ももちろん普通の兵よりはよい。だから中等以上の学校卒業

生で、兵役にかかる者は皆これを志願した。

では、実際に県内ではこの制度はどの程度利用されたのだろうか。中学校というと一九〇〇年（明治三十三年）に高崎中・富岡中・太田中が、翌年に藤岡中・安中中が分校から昇格するまでは前橋中だけしかなかった。中学卒業生が一気に増加した明治三十五年と同三十六年の前橋・高崎・富岡・太田中卒業生の進路を軍関係学校に限定したのが表2—⑨である。

陸軍士官学校・海軍兵学校・海軍機関学校に進学した二三人と、帝国大学や医学専門学校を卒業後に主計・軍医・薬剤官・獣医に任官した、三十五年卒業生三人（海軍主計一・海軍軍医一・陸軍軍医一）、三十六年卒業生七人（海軍軍医一、陸軍軍医三・陸軍薬剤官一、陸軍獣医二）計十人を全卒業生から引くと三三八人で、これに徴兵検査の甲種乙種合格率三分の二を掛けると約二二五人となるが、入営するのはその二割程度の四五人と仮定すると、「一年志願兵」制度を利用して予備役少尉に任官したのは二〇人だから推定「一年志願兵利用率」は約四四・四％になる。ただ一年志願兵制度を利用したものの下士官に任官した者の人数はわからないので、この割合はあくまで「一年志願兵制度利用者中の士官任官率」ということになる。

それ以前十年間の前橋中学卒業生の進路が表2—⑩だが、同様に陸士・海兵進学者十六人と、帝大や医専を卒業後に軍医・薬剤官・法務官に任官した二十五年卒業生一人（陸軍薬剤官）、三十年卒業生一人（海軍軍医）、三十一年卒業生二人（海軍軍医一・陸軍軍医一）、三十五年卒業生一人（陸軍法務官）計五人を全卒業生から引くと二一四人。これに徴兵検査の甲種乙種合格率三分の二と「入営率」二割を掛けると約二九人となるが、そのうちの一年志願兵は二六人だから推定利用率は九〇％弱となる。「中等以上の学校卒業生で、兵役にかかる者は皆これを志願した。」という石橋の回想と一致するが、戦争が近くなって利用率が下がるのは、下級士官の戦死率が高いことが知られて利用者が減ったためだろうか。

表２－⑩　前橋中学校卒業生中軍関係学校進学者及び一年志願兵人数

卒業年(明治)	２５	２６	２７	２８	２９	３０	３１	３２	３３	３４	合計
卒業生総数	１１	１２	１４	１６	２２	１９	１７	３３	４９	４２	２３５
陸軍士官学校	０	２	０	０	１	１	１	２	０	３	１０
海軍兵学校	０	０	０	０	０	０	１	０	４	１	６
一年志願兵	１	１	０	３	２	６	１	４	８	０	２６
合計	１	３	０	３	３	７	３	６	１２	４	４２
戦没者数	０	０	０	０	１	０	０	４	３	３	１１

一年志願兵は予備役少尉任官者のみを掲載した。明治32年卒業生には実科卒業生12人（うち３人が一年志願兵）を含む。
（表２－⑨・⑩は『昭和九年十二月　同窓會會員名簿』（群馬縣前橋中学校同窓會）『前橋高校同窓会名簿　昭和53年』『高崎高校同窓会会員名簿　昭和６２年』『太田高校同窓会員名簿　平成６年』『富岡高校同窓会会員名簿　昭和５２年』『藤岡高校同窓会員名簿　昭和５５年』『中之条高校同窓会会員名簿　昭和５７年』『上毛忠魂録』（以上、県立図書館蔵）、『陸軍士官学校』『陸軍現役将校同相當官実役停年名簿』（明治３７，３９年版）『陸軍予備役後備役将校同相當官服役停年名簿』（明治３６～４０年版）『海軍兵学校卒業生名簿』（以上、防衛研究所図書館蔵）より作成）

県内で前橋・高崎・富岡・太田・藤岡・安中の六中学校（利根分校が沼田中学に昇格するのは一九一二年〈同四十五年〉）のほかに一年志願兵の資格が与えられる学校は、県立農業学校（現中之条高校）、伊勢崎染色学校、桐生織物学校、私立高山社蚕業学校の四校であった。

『中之条高校七十年史』にはこの一年志願兵についての記述があるので引用する。

当時は、徴兵制度によって普通なら三か年兵役に服さなければならなかったが、甲種農学校（３年制）を卒業していると一年志願ができ、二か年短縮されるので家事を手伝いながら修学し、その後この制度を利用すると家事に支障をきたすことが少なかったので、年輩のものも入学したのである。

一年志願兵制度を利用して出来るだけ兵役の負担を軽減させようと考えて入学した生徒も少なからずいたようである。

一方の海軍は、日清戦争時に清国北洋艦隊の主力艦「定遠」「鎮遠」（排水量七三三五トン・ドイツ製）に対抗するべくイギリスに発注した戦艦「八島」「富士」（同・約一万二〇〇〇トン・一八九

表2―⑪・戦間期に竣工した主な艦艇

竣工年月	艦名	種別	排水量	速力	造船所
（明治）					
29・12	須磨	巡洋艦	2657トン	20ノット	横須賀
30・8	○富士	戦艦	12649トン	18ノット	イギリス
・9	○八島	戦艦	12320トン	18・25ノット	イギリス
31・5	高砂	巡洋艦	4160トン	23ノット	イギリス
・10	笠置	巡洋艦	4862トン	22・5ノット	アメリカ
32・3	☆浅間	装甲巡洋艦	9885トン	21・25ノット	イギリス
・3	千歳	巡洋艦	4992トン	22・5ノット	アメリカ
・3	明石	巡洋艦	2800トン	19・5ノット	横須賀
・5	☆常盤	装甲巡洋艦	9885トン	21ノット	イギリス
33・1	○敷島	戦艦	15088トン	18ノット	イギリス
・6	☆八雲	装甲巡洋艦	9800トン	20ノット	ドイツ
・7	○朝日	戦艦	15200トン	18ノット	イギリス
・7	☆吾妻	装甲巡洋艦	9465トン	20ノット	フランス
・9	☆出雲	装甲巡洋艦	9906トン	20・75ノット	イギリス
34・1	○初瀬	戦艦	15240トン	18ノット	イギリス
・3	☆磐手	装甲巡洋艦	9906トン	20・75ノット	イギリス
35・3	○三笠	戦艦	15362トン	18ノット	イギリス

○・☆は「六六艦隊」の戦艦・装甲巡洋艦を表す。（『聯合艦隊軍艦銘銘伝』より作成）

七年〈明治三十年〉竣工）に加え、一万五〇〇〇トンクラスの四隻の戦艦と九四〇〇～九九〇〇トンの装甲巡洋艦六隻を主にイギリスから購入し、いわゆる「六六艦隊」を編成、さらに明治三十五年までに四〇〇〇トン級の巡洋艦三隻を買い入れ、三〇〇〇トン前後の巡洋艦二隻を横須賀造船所で建造した（表2―⑪）。その他小艦艇まで含めて海軍拡張に費やした金額は約二億一三〇〇万円、一八九五年（同二十八年）の一般会計歳入（一億一八四三万円）と比べると、いかにべらぼうな大金かがわかるだろう。これらの新戦力に日清戦争時の主力艦（「松島」などの三景艦他）や「鎮遠」など拿捕・編入した清国軍艦を併せると、英・仏・露に次ぐ世界第四位の海軍国になった。艦艇購入の資金は主に清国からの賠償金だった。つまり、イギリスから清国への借款が日本に支払う賠償金となり、日本はその金でイギリスから軍艦を買ったという図式になるだろう。イギリスは日清戦争で随分儲けたことになる。そのイギリス製第一号の装甲巡洋艦が「浅間」と名付けられたのは、群馬県人としてはちょっと誇らしい。五年後の日露戦争では、二〇センチ砲四門・一五センチ砲一四門という重装備・高速の「浅間」は第二艦隊の主力として、開戦初頭の仁川沖海戦から日本海海戦まで全期間にわたって大活躍する。

七、北清事変・八甲田山雪中行軍

十九世紀末、ヨーロッパ列強および日本に蚕食されつづけた清国の山東省に「義和団」という、呪文をとなえて拳法を武器とする秘密結社が生まれた。一九〇〇年（明治三十三年）には「扶清滅洋」を唱えて民衆の支持を得、河北省へと勢力を拡大、彼らはキリスト教を憎み、教会を破壊し宣教師を殺害した。最初、清国政府は義和団を弾圧したが、徐々に擁護へと傾いていった。北京~天津間の鉄道・電線が破壊され、北京の公使館が孤立するに及び、同年六月十日イギリス人シーモア中将に率いられた英・仏・露・独・墺・伊・米・日の連合軍約二〇〇〇人（日本軍は五一人）が軍用列車で天津を出発した。一方、「列強は西太后（九代咸豊帝の妃、十代同治帝〈息子〉・十一代光緒帝〈甥〉の摂政）の退位を求めている」との噂を耳にした西太后は十九日に各国公使の北京からの退去を求め、二十一日にはついに列国に対し宣戦を布告した。この間の十一日には日本公使館書記生・杉山彬が、また二十日にはドイツ公使・ケトラーが殺害されている。途中何度も義和団と激戦を繰り広げた連合軍は行く手を阻まれ、二十六日には天津へ撤退を余儀なくされた。北京の公使館区域に孤立した各国公使館員など外国人居留民（約八〇〇人）と中国人キリスト教徒約三〇〇〇人を守る連合国軍の兵力は約四二〇人の陸戦隊員だった。日本軍は公使館付武官・柴五郎砲兵中佐、守田利遠歩兵大尉と海軍陸戦隊二五人、さらに義勇軍（公使館員・留学生・新聞記者・銀行員・写真師・理髪師など。その中には後年外務大臣さらにはアメリカ特派大使となって石井・ランシング協定を結んだ石井菊次郎一等書記官もいた）三四人を併せても六一人という小兵力だった。冷静沈着な指揮を各国から絶賛された「コロネル・シバ」・柴中佐は旧会津藩士で、戊辰戦争の「朝敵」となった同藩出身者では、海軍の出羽重遠に次いで二番目に大将となった。ちなみに『佳人之奇遇』を著した東海散士（本名・柴四郎）は実兄である。

この危機に、日本からは福島安正少将（中佐時代、シベリア単騎横断に成功）指揮の混成一個連隊（約三三〇〇人）が派遣され、連合国救援軍（計約一万三〇〇〇人）の一翼を担い、清国軍・義和団約四万八〇〇〇人の攻撃を受けて苦戦していた天津守備軍救援のため、七月十三日に天津城を総攻撃し、翌日陥落させた。さらに日本は第五師団（広島）と新設の第十一師団（善通寺）の一部（合計約一万三〇〇〇人）を増派したため、その兵力は連合国中最大規模となり、連合軍司令官には第五師団長・山口素臣中将が就任した。連合軍は八月五日から行動を開始、十四日に北京を陥落させ、各国公使館は解放された。だが、陥落直後の北京では各国軍隊による放火・金銀財宝の略奪、婦女子への暴行が各地で繰り広げられた。西太后は光緒帝とともに農民の姿となって西安へと逃れたが、北京を去る際、宦官に命じて光緒帝が寵愛した側室・珍妃を紫禁城内の井戸に投げ込んで殺害させたと言われている。この事件に関しては浅田次郎の歴史ミステリー『珍妃の井戸』が詳しく、当時の中国をめぐる国際関係がよくわかる。なお、この井戸は「珍妃井」として現存する。

義和団の乱（清国の宣戦布告後は「北清事変」）を題材にしたハリウッド映画『北京の55日』（一九六三年、ニコラス・レイ監督、チャールトン・ヘストン主演）を最近DVDで見たが、義和団は完全な悪役で西部劇におけるインディアンのように描かれ、欧米列強の侵略の実態にはほとんど触れないなど、アジア蔑視の視点は見ていて不愉快になるほどだ。だが、中国側の視点でリメイクし、占領後の連合軍による略奪・暴行、珍妃の殺害まできちんと描けば「異文化の衝突」というテーマを込めた、国際色豊かな歴史大作映画になるかもしれない。ちなみに柴中佐は『北京の55日』では故伊丹十三（当時は一三）が演じていたが、現在なら渡辺謙が適任だろうか。

北清事変に参加した群馬県出身の将兵は正確にはわからないが、『上毛忠魂録』に記載された戦死者は三人（いずれも砲兵科、伍長・一等卒・輸卒）、うち伍長と一等卒は第五師団大沽砲台守備砲兵中隊所属で、戦死日が事変終了約五カ月後の明治三十四年一月二十四日で死因は「爆死」となっているから、おそらくは事故死だったのだろう。このほかに勢多郡桂萱村（現・前橋市）の忠魂碑に砲兵二等卒の戦死者名が刻まれている。また各地の忠魂碑を調べた結果、邑楽郡小泉町（現・大泉町）一、勢多郡桂萱村一、同上川淵村（現・前橋市）二、群馬郡倉賀野町（現・高崎市）二、の計六人の記載があり、『山田郡誌』には従軍者として相生村（現・桐生市）一、休泊村（現・太田市）一、の二人が掲載されている。さらに森邦武歩兵大尉（山田郡桐生町〈現・桐生市〉、陸士一期・陸大十三期）、猪谷不美男歩兵大尉（群馬郡渋川町〈現・渋川市〉、陸士旧九期）、山縣保二郎砲兵大尉（碓氷郡豊岡村〈現・高崎市〉、陸士三期）の従軍も確認されている。十五人中兵種が判明しているのは十一人だが、うち九人が砲兵科の将兵である。実際の従軍者はこの数倍になるだろうが、そのほとんどが砲兵科と思われる。事変に出動した野戦砲兵第十六連隊（市川市国府台）第一大隊の将兵は関東甲信地方出身者だから県内出身者の多くはこの部隊に所属していたのだろう。

この事変の最中に、その後の日本および日本軍の「行方」を示唆するような事件が三つ起っている。一つは七月十五日に起った「アムール川の流血」事件である。これは義和団によるブラゴベシチェンスク占領の報復として、ロシア軍がアムール川左岸にあった中国人居住区「江東六十四屯」の婦女子老人を含む住民約三〇〇〇人（資料によって数字が異なり、二万人以上とするものもある）を虐殺し、その死体をアムール川に投げ込んだという事件で、これを契機にロシアによる満州占領が進められた。この事件が起こった時ブラゴベシチェンスクにいた石光真清は『曠野の花』に、虐殺に参加したロシア人から聞いた話として惨状を紹介している。その一節「子供を抱いて逃れようとする母親が芋のように刺し殺される。子供が放り出されて踏み潰される。馬の蹄の顔を潰された少年や、火の付いたように泣き叫ぶ奴等が、銃尻で殴り殺される。先生先生と縋り付いて助けを乞う子供を蹴倒して、濁流へ引きずり落す。良心を持っている人間に、どうしてこんなことが出来るのでしょう。良心なんてない野獣になっていたんでしょうか」。

確かにロシアによる虐殺は凄惨を極めたが、日本国内にはロシアに対する極度の警戒感が広がった。翌年の旧制第一高等学校の記念祭寮歌「アムール川の流血や」では、「アムール河の流血や　氷りて恨結びけむ　二十世紀の東洋は怪雲空にはびこりつ」と歌われるほど、この虐殺事件に日本は過剰に反応した。そしてそれがロシアに対する敵愾心を奮い立たせる結果となった。

二つめは派遣軍による「馬蹄銀分捕事件」である。北京陥落後、連合国は三日間略奪を許可したため、多くの金銀財宝・書画・骨董品が各国軍によって奪われた。日本軍は天津と北京で約四八五万五〇〇〇円相当の馬蹄銀・米などを押収したが、敵国貨幣の鹵獲は国際法上認められた行為だったため、馬蹄銀は日本銀行に納められ、国家の所有となった。これとは別に個人的に「分捕り」を行った高級軍人が少なからずいて、事件後、帝国議会で問題となった。だが陸軍当局の対応ははっきりとはせず、度重なる追及に、ようやく嫌疑者を調査し軍法会議にかけたが、全員が予審免訴となった。結局、第九旅団長・真鍋斌少将が分捕りをした将兵の上官としての責任を取らされた形で休職処分となって、この件は沙汰やみになった。真鍋は長州出身だったので処分が軽かったのだろう、やがて復職し日露戦争後には男爵となっている。軍内部の犯罪を明白にできない構造はこのころからあったのだ。ちなみに部下が嫌疑者となった第十一師団長・乃木希典中将は、自身には何ら関わりのない事件だったが、辞表を出して（理由はリウマチで身体が思うように動かないとした）依願休職となり、那須にこもって農業に精を出した（リウマチは完治したのか？）。

最後は、後の陸軍の謀略のひな形ともいうべき幻の「厦門《アモイ》占領計画」である。児玉源太郎台湾総督と後藤新平民政長官が、事件の最中の八月中旬に台湾対岸の厦門を占領して福建省を支配下におこうとし、同砲台占領を企図した。ちょうどその折、厦門にある本願寺布教所が何者かに放火されるという事件が起こった。これを奇貨とし、出兵を要請させたが、実はこの放火事件は児玉の命を受けた布教師によるもので、後年の「柳条湖事件」と同質の「自作自演」の謀略だった。厦門出兵は英・米・独・清から抗議を受け、山本権兵衛海軍大臣も反対に回ったので中止された。

以上、「仮想敵国への恐怖心を煽り」「軍人の犯罪には甘く」「戦争を起こすためには謀略を使う」という、昭和初期の風潮がこの時点で見られるのは興味深い。

なお、一九〇一年（明治三十四年）九月に清国と連合国（露・独・仏・英・日・米・伊・ベルギー・オーストリア・オランダ・スペイン・ポルトガル・スウェーデン）との間で結ばれた「北京議定書」では清国の賠償金総額は四億五〇〇〇万両（約六億三三〇〇万円）。年利四分で一九四〇年（昭和十五年）までに支払うことが決められたが元利合計は倍以上に達し、清国の歳入の十年分に相当する金額となった。配分額が一番多かったのはロシアで約二九パーセント、以下、独（約二〇パーセント）、仏（約一六パーセント）、英（一一パーセント）、日（約八パーセント）となる。時間が前後するが、ロシアは「アムール河の流血」事件以降、瑷琿（一九〇〇年七月二十五日）、黒竜江省城（八月三十日）、吉林省城（九月二十一日）、奉天（十月二日）と満州地方の主要都市を次々と占領し、十一月にはハルピン・旅順間の鉄道敷設権を得、さらに李鴻章との間で同地域の独占的権益を得る協定を結んだ。同盟を結んだ日本とイギリスの抗議を受けて、一九〇二年十月に第一次撤兵を行ったが、第二次撤兵を期限内に行わず満州に居座り続けた。このことも日露戦争の一因となった。

陸軍も満州でのロシアとの戦闘を想定して、特に寒冷地に駐屯する第八師団（弘前）では、青森歩兵第五連隊による一八九九年（明治三十二年）の小川原沼氷上歩行訓練、一九〇〇年の小湊雪中行軍、一九〇一年の五本松付近の雪中行軍、また新設の弘前歩兵三十一連隊による同年の岩木山雪中行軍など様々な耐寒訓練を行っていた。その集大成とも言うべき雪中行軍が、一九〇二年（同三十五年）一月、八甲田山連峰で行われた。これは、新田次郎の小説や映画で有名になった、第五連隊と新設の第三十一連隊による「もしロシア艦隊の攻撃により青森―弘前間の鉄道・道路が寸断された場合、厳冬期の八甲田連峰を踏破しての両都市の往復は可能か」を調べるための雪中行軍だったが、青森隊は気象観測史上最悪の寒気団が北海道・東北地方を覆う（旭川では零下四十一度〈観測史上最低気温〉を記録）中、指揮の混乱もあって遭難し、二一〇人中一九九人（うち一三九人が岩手県出身者）が凍死するという世界山岳史上最悪の大量遭難となった。一方の弘前隊は少数精鋭で十一泊十二日、全行程二二四キロメートルという長期日程を組んだが、一人の落後者も出さず無事に行軍を成功させた。あまりに対照的な結末であった。弘前隊の隊長は、雪中行軍の三年三カ月前に歩兵第十五連隊から転任してきた福島泰蔵大尉〈新田郡世良田村〈現伊勢崎市〉出身〉で、福島は前年の岩木山雪中行軍の指揮官でもあり、雪中行軍の第一人者として一目置かれる存在となった。なお、この事件を教訓として将兵の寒冷地用装備は改良された。

福島大尉率いる弘前隊が青森から浪岡目指して行軍中の一九〇二年（明治三十五年）一月三十日は国際外交も大きく動いた。ロシアの「南進策」に対抗するべく、この日、日本は「日英同盟」を締結し、イギリスの援助を受けて対韓国・清国政策を有利に進めようとした。

来るべき戦争に備えてより実戦的な訓練も始められた。一九〇三年（同三十六年）八月、第一師団では「第一回師団名誉射撃」が行われたが、師団所属の四八個中隊の中で優勝旗を獲得したのは歩兵第十五連隊第六中隊であった。『高崎市史　資料編　近代現代1』所収の「明治三拾五年一月　校務日誌　高崎高等小学校」には九月十五日分として以下の記事がある。注として（明治三十五年）とあるが、内容から考えて明治三十六年の間違いであろう。

一、第十五聯隊第六中隊ニ於テ射撃優勝旗授与式有之趣ニ付、十二時ニ生徒ヲ引率シテ兵営ニ至リ午後一時帰校ス、当日ハ伏見（注・伏見宮）師団長・松村旅団長等参ラレ、師団長ヨリ優勝旗ヲ吉野大尉（注・吉野有武第六中隊長）ニ授与セラレタリ、右参観ハ早急ニ訖リシヲ以テ下校候ニ南・北小学校生徒ハ参ラザリシ

このような実戦を想定した訓練は他師団でも行われたに違いない。また、ロシアとの開戦に備えて陸海軍ともに軍備を増強してきたが、群馬県内出身の陸軍士官（兵科）と同相当官（主計・軍医など各部）の人数を見ると、日清戦

争開戦直前は兵科三二人・各部一四人の計四六人だったが、十年後の日露戦争開戦直前では兵科一一六人・各部三七人で合計一五三人となり、全体で約三・三倍に、兵科は約三・六倍に増加している。この数字だけみてもいかに日本が周到な戦争準備をしていたかが窺えよう（表2―⑫）。

表2―⑫・群馬県出身陸軍士官人員

兵種	日清戦争開戦時	日露戦争開戦時
歩兵	22	93
騎兵	2	4
砲兵	5	12
工兵	0	3
輜重兵	3	3
憲兵	0	1
軍医	5	15
薬剤官	0	1
獣医	3	5
主計	6	16
合計	46	153

現役・予備役・後備役の合計。休職者も含む。
（『陸軍現役将校同相當官実役停年名簿』（明治27、37年版）『陸軍予備役後備役将校同相當官服役停年名簿』（同27、37年版）より作成）

第三章　日露戦争と高崎連隊

兵士の肖像Ⅲ

一、日露戦争に関する新事実

二〇〇四年（平成十六年）は日露開戦百周年という節目の年だったため、メディアはこぞって「日露戦争」関連のニュースを発信し、様々な書物が刊行された（かくいう筆者も『日露戦争と群馬県民』〈煥乎堂〉を上梓した）が、その中の一冊『日露戦争スタディーズ』所収の大江志乃夫の「必要のなかった日露戦争」という小文に興味深い一節がある。

要約すると、当時のロシア政府内部ではヴィッテ蔵相・クロパトキン陸相・ラムズドルフ外相らは、鉄道建設が急激に進んでいるドイツに対抗できないことを考慮して、「日露開戦」は避けるべきだと主張、そのためには「満州全土からの撤兵とシベリア鉄道の民営化」（ヴィッテ）、「ハルピン以南からの撤兵・ハルピン以南の鉄道売却・旅順大連地区の清国への返還」（クロパトキン）もやむを得ないと考え、またニコライ2世も「韓国全土を日本の勢力圏として承認する」ことを認めた。この案をロシア政府の方針として伝えるために、クロパトキンが一九〇三年（明治三十六年）六月に来日しているが、既に日露開戦の方針を固めていた日本政府と政治的な会談をすることが出来なかった。また同年八月には旅順に極東（沿海州・黒龍州・ザバイカル州・サハリン島および関東州）におけるロシア軍の指揮権・行政権・外交権を持つ極東太守という皇帝直属のポストを設置した（対日強硬派（！）のアレクセーエフが任命）ため日露両国は直接、外交交渉を行うことが出来なくなってしまい、ロシア政府の本心は日本政府に伝えられることなく開戦に至った。

以上が大江の文章の骨子である。大江の『満州歴史紀行』にはその経緯がもう少し詳しく書いてある。鴨緑江流域の森林利権を手に入れたベゾブラーゾフ一派がニコライ2世をこの利権に誘い込み、開戦反対派を一掃し、満洲からの撤兵を履行しなかったため開戦となった、というのである。では、もし来日したクロパトキンが日本政府の要人と腹を割って極東情勢を話合えば局面は変わったかというと、その可能性は低いと言わざるを得ない。すでに開戦の方針を決めていた日本政府は、クロパトキンの提案を単なる時間稼ぎのための方策と考えただろう。

この来日の際、砲兵工廠を見学し、そこで製造された軍刀を贈られたクロパトキンが、折からの雷鳴に驚いて思わず刀を落してしまったのを見た陸軍の首脳は「この将軍相手の戦争なら勝てる」と確信したというエピソードが残っている。日本の軍人の間にはそうした張りつめた空気が漂っていたのだろう。

日本にとっては開戦の時期が問題であったが、ロシアにとっては日本との戦争は予想外の事態で、十分な研究・準備もなされていなかった。これは、直前まで対ソ連戦の準備をしていた陸軍が急きょ南方に進出した太平洋戦争初期の状況に似ている。また、アメリカ軍は非常に弱く銃剣突撃すれば逃げ出すなどと勝手に思い込んでいた日本陸軍がガダルカナル島の戦闘以降各地で惨敗を喫した点と、日露開戦当初「日本兵三人に対しロシア兵一人でたくさんだ」「この戦争は軍事的散歩に過ぎないだろう」と言っていたロシア軍が勝利を収めることなく奉天まで奪われた点は非常によく似ている。敵の内情を分析・研究したうえで戦略を立てるのが基本だろうが、敵を知ろうとせずに根拠なく侮るだけでは到底勝ち目はないということだろう。

もう一つの興味深い事実は、ロシア軍の中に当時ロシア国内で迫害されていたユダヤ人兵士が多数いたということである。『歴史読本』二〇〇四年四月号「特集・日露戦争一〇〇年目の真実」所収の「旅順で捕虜になったユダヤ人の英雄」（丸山直起・明治学院大学教授）によると、十九世紀末、ロシア帝国の総人口の約四パーセント（五〇〇万人以上）をユダヤ人が占め、うち三万人が日露戦争に従軍し、遼陽会戦では約二〇〇〇人、旅順の戦闘では約六〇〇〇人が戦死したという。ユダヤ人兵士の待遇は劣悪で、士官に昇進することも出来なかったが、彼等は各地で勇敢に戦った。

ロシアのユダヤ人兵士は、ニコライ1世が一八二七年（文政十年）に発した行政命令からはじまった。それにより各コミュニティから一定数の兵士を出すよう命じられたが、兵役期間は十八歳から二十五年間、その間、兵士はロシア正教会への改宗を迫られたという。生命を危険にさらされるのはもちろんだが、改宗もまた精神的には辛いものだったに違いない。

被抑圧民族を軍隊に編入し、最前線で戦わせて国家に忠誠を誓わせるというパターンは第二次大戦時の、アメリカ軍人となってヨーロッパ戦線に派遣された日系人部隊や日本軍に入隊させられた朝鮮・台湾人兵士とオーバーラップする。周囲からは蔑視され、勇敢に戦うことでしか評価されず、最前線に投入されることも多いため戦死する率が高くなる彼等の苦衷は察するに余りある。

その他にも、ドイツのノイルピンという町で日露戦争の模様を伝える色刷り版画新聞が地元の博物館に保存されていたというニュース（二〇〇三年二月二五日付　朝日新聞）や、川崎市市民ミュージアムで初めて公開されたイタリア人ジャーナリスト、ルイジ・バルツィーニ撮影の日露戦争のパノラマ写真展（同年三月～五月）、また、つい最近では、バルチック艦隊司令長官・ロジェストウェンスキー中将が日本に向かう航海の途中で家族に宛てた手紙など新しい史料も次々に出てきている。東郷平八郎と比較されて、その愚将ぶりばかりが喧伝されていたロジェストウェンスキーだが、その手紙の中では自軍の状況を冷静に把握し、「この艦隊は滅亡する」とまで言っているという（二〇〇七年一〇月二五日付　朝日新聞）。

日露開戦百周年の節目に、とりわけ熱心に記事にしたのは読売新聞で、「現代に生きる日露戦争」という特集を連載し、二度にわたって記念シンポジウムを開催した。その意図は、司馬遼太郎の『坂の上の雲』で広く知れ渡った「日露戦争像」いわゆる「司馬史観」や「自虐史観」の見直しを通して戦争の全体像を考えようとするものと思われる。日露戦争を「第〇次世界大戦」と位置付けるなど視野を国際的に広げた点は評価できるが、そうした地政学な捉え方よりも、個人的には「兵士の視点」「戦場となった朝鮮や中国の人々の視点」から見た「戦争に巻き込まれた庶民の苦衷」を明らかにする方が戦争の実態に迫れるのではないか、と思う。

二、後備役・補充兵役まで召集

一九〇四年（明治三十七年）二月四日の御前会議で日露開戦が決定され、第一軍（軍司令官は薩摩藩出身の黒木為楨大将）は行動を開始し、八日には隷下の第十二師団（福岡）の臨時派遣隊二二五二人が仁川に上陸、九日には京城に進出した。八日夜には、日本海軍の駆逐艦隊が、また九日昼には連合艦隊主力が旅順港を攻撃し、ここに日露間の本格的な戦闘が始まった。二日にわたる海戦でロシアの旅順艦隊は戦艦二・巡洋艦一隻が水雷攻撃で大破、戦艦一・巡洋艦四隻が砲撃により損傷を受け、死傷者九〇人（戦死一八人）。一方、ロシア艦隊と陸上砲台から反撃された連合艦隊は「三笠」を始め戦艦四隻・巡洋艦四隻が被弾し死傷者は六三人（戦死六人）だった。また、同日午後、仁川沖で日露両艦隊が激突、損害を受けたロシア海軍の巡洋艦一・砲艦一隻が拿捕を逃れるべく自沈した。ロシア艦隊の死傷者は二二二人（戦死三一人）だったが、日本艦隊は艦艇・人員に全く被害はなかった。この海戦により朝鮮近海の制海権は連合艦隊が握った。ロシア艦隊はこの他にも自ら設置した機雷で二隻の艦艇を失っている。

日露戦争では、戦地勤務・内地勤務を合わせて約一〇九万人の陸軍将兵が動員された。当時の日本陸軍の常備兵力は十三個師団で約一五万九〇〇〇人、またこの他に帰休兵・在郷現役兵が約三万四〇〇〇人いた。現役兵とは、身体強健の甲種乙種合格者から必要な人員を抽選して入営した兵士であるが、平時は必要人員も少なかったので甲種合格でも実際に入営するのは三分の一程度だった。しかし戦争が始まると、歩兵連隊の人員は戦時編制で約一・五倍となり、また連隊の三分の二規模の後備連隊を編制、さらに三分の一規模の補充大隊を留守部隊として編制するため大量の将兵が必要となり甲種乙種合格者のほとんどが召集された。平時は二〇〇〇人程度の一個連隊を基に、戦時には一挙に約三倍の将兵が召集されるからである。戦闘要員の他に、砲弾・食糧・被服などの運搬にあたる「砲兵輸卒」

「砲兵助卒」「輜重輸卒」、また最下級の衛生兵「看護卒」などいわゆる雑卒が日露戦争では約二九万三〇〇〇人動員された。平時の五倍以上の将兵動員を可能ならしめたのは、軍隊ＯＢの予備役（現役三年終了後四年四カ月）・後備役（予備役終了後五年）将兵の召集だけでなく、軍隊経験のほとんど無い補充兵役の召集であった。

補充兵役とは徴兵検査で甲種乙種に合格したが抽選に外れて現役入隊しなかった者をさらに抽選して九〇日の教育召集の義務のある第一補充兵役（七年四カ月）とほとんど免役に等しい第二補充兵役（一年四カ月）に分けられる。日清戦争では現役・予備役と少数の後備役のみが戦闘に参加したが、日露戦争においては、現役・予備役・後備役に加えて補充兵役・国民兵役の将兵までもが召集された。さらに徴兵令を改正して後備役の期間を五年から十年に延長し、また補充兵役の第一・第二の区別を廃止して服役期間を十二年四カ月に延長した。現役を除いた准士官下士卒（雑卒を含む）の兵役別召集人員数と戦死者数（戦闘死・戦傷死・戦病死・変死）は以下のようになる。

予備役	二一万九五九二人	戦死二万五〇〇四人	戦死率一一・四％
後備役	一五万七七四三人	戦死　九四三六人	戦死率　六・〇％
補充兵役	四六万〇一〇五人	戦死二万一七二二人	戦死率　四・七％
国民兵役	三万八一〇八人	戦死　一二九人	戦死率　〇・三％
合計	八七万五五四八人	五万六二九一人	六・四％

兵卒に限れば補充兵役の戦死者数（二万一七〇九人）は現役の戦死者（一万九七九四人）を一九一五人も上回る。

三月六日に動員下令、十二日に動員完結した歩兵第十五連隊を例に、戦時編制を見てみよう。およそ二〇〇〇人の現役兵を、歩兵第十五連隊（一一六六人）・後備第十五連隊（四六人）・補充大隊（七六一人）に分け、予備役（二一一七人）・後備役（一八九一人）さらに補充兵役（一六七人）を召集した結果、高崎兵営には六〇〇〇人を超える将兵が収容されることとなった（表3―①A・B）。もちろん兵営だけではこれだけの大人数は収容しきれないため、

表３－①Ａ　歩兵第十五連隊・後備歩兵第十五連隊部隊編成人員（動員下令時）

	歩兵十五連隊			後備歩兵十五連隊		
	現役	予備役	後備役	現役	予備役	後備役
歩兵中佐	1			1		
少佐	3					2
大尉	13			1	1	7
中尉・少尉	25	14	1	11	12	4
特務曹長	9	3		2		6
曹長	10	2				8
軍曹・伍長	67	126	1	16	4	110
上等兵	98	190			1	191
一・二等卒	713	1399			49	1359
小計	939	1734	2	31	67	1687
輜重兵下士官		3				2
上等兵						3
一・二等卒	7	6				1
輜重輸卒	180	1		1	1	78
小計	187	10		1	1	84
経理部士官	2	1			1	1
下士官	2	1				2
小計	4	2			1	3
衛生部士官	4	2			1	2
下士官	3				1	1
看護手	12			1	4	3
小計	19	2		1	6	6
獣医部士官		1				
馬卒	17		3			
小計	17	1	3			
傭人				13		
小計				13		
合計	1166	1749	5	46	75	1780
総合計	2920			1901		

（『日露戦争統計集　第一巻』より作成）

表３－①Ｂ　歩兵第十五連隊補充大隊編成人員
（動員下令時）

	現役	予備役	後備役	補充兵役
歩兵中佐				
少佐	1			
大尉	1		3	
中尉・少尉	7	11		
特務曹長	3	1		
曹長	2	1	1	
軍曹・伍長	32	11	52	
上等兵	19	110	49	
一・二等卒	695	151		167
小計	760	285	105	167
経理部士官		1		
下士官	1	1		
小計	1	2		
衛生部士官		1	1	
下士官		1		
看護手		4		
小計		6	1	
合計	761	293	106	167
総合計	1327			

（『明治三十七八年戦役統計　第一巻』より作成）

寺など周辺の施設に配備されたであろう。また下士卒だけでなく士官も大量に必要となったため、多くの「一年志願兵制度」利用の予備役少尉（同相当官）が召集された。この制度は家庭が相当裕福かつ自身が高学歴でなければ利用できなかった優遇措置だが、戦時では下級士官という階級が「命取り」になった。群馬県出身者を例にとると、一年志願兵となったのは一八九二年（明治二十五年）～一九〇四年（同三十七年）までで八六人（歩兵科が約八割）、そのほとんどが日露戦争に出征したが、戦死傷（病死を含む）率は三八・四％、歩兵に限定すると四七・一％になる。また歩兵第十五連隊・後備第十五連隊・歩兵第十五連隊補充大隊の動員下令時の中尉・少尉に限れば、総数七八人中三一人が一年志願兵であり（陸軍士官学校出身者は四二人）、総数の約四割を占め、うち二六人が死傷（戦死七人）しており、死傷率は約八四％にも達している。これらの数字からは、裕福な家庭のインテリ青年の多くが下級士官として最前線に投入され、かなりの高率（特に歩兵科の下級士官）で死傷したことが如実に読み取れる。（表３—②）

表３－②　群馬県出身「一年志願兵」の予備役将校

予備役編入日	人数	兵種	最終出身校	戦死傷者
明治２４年 （１２月１日）	1	主計		
２５年	2	歩兵１・主計１		戦傷１ 病死１
２６年	2	歩兵１・輜重兵１	東京帝大１	戦傷１
２７年	0			
２８年	3	歩兵２・獣医１	前橋中１	戦傷１
２９年	2	歩兵２	前橋中１	戦傷２
３０年	5	歩兵４・主計１	前橋中３	戦傷１
３１年	8	歩兵８	前橋中３ 東京農学校他・物理学校他各１	戦死１ 戦傷４
３２年	１０	歩兵６・工兵１・主計１・軍医１・獣医１	前橋中４ 帝大農科大獣医科１	戦死１ 戦傷１
３３年	7	歩兵６・軍医１	前橋中２ 同志社・慶應義塾・千葉医専各１	戦死２ 戦傷３
３４年	5	歩兵５	前橋中４	戦死１ 戦傷２
３５年	8	歩兵５・砲兵３	前橋中３	戦傷４
３６年	8	歩兵４・砲兵２・軍医２	前橋中４	
３７年	２５	歩兵２４・軍医１	前橋中・高崎中各７ 藤岡中・県立農学校各２ 東京帝大・太田中・富岡中各１	戦死３ 戦傷４
合計	８６	歩兵６８・砲兵５ 工兵１・輜重兵１ 主計４・軍医５・獣医２	前橋中３２　高崎中７ 東京帝大・藤岡中・県立農学校各２ 太田中・富岡中・同志社・慶應義塾・千葉医専・帝大農科大獣医科・東京農学校他・物理学校他各１　不明33	戦死８ 戦傷２４ 病死１

最終出身校には中退も含む。なお、３７年予備役編入者中７人の戦死傷者は見習士官時に死傷したもので戦死者のみ戦死と同時に少尉に任官した。

（『陸軍予備役後備役将校同相当官服役停年名簿』（明治３６・３７・３８年版）、『上毛忠魂録』、『日露戦史』（第五・六・九巻「付録」）、『明治過去帳　物故人名事典』、『群馬県人名事典』、『同窓会会員名簿』（前橋高校）、『同窓会会員名簿』（高崎高校）、『同窓会員名簿』（太田高校）、『同窓会会員名簿』（富岡高校）、『同窓会員名簿』（藤岡高校）、『会員名簿』（中之条高校）より作成）

一五日、歩兵第十五連隊を含む第一師団は第二軍（軍司令官は佐幕派の小倉藩出身の奥保鞏大将）に編入された。奥の初陣は十九歳の第二次長州征伐（一八六六年〈慶応二年〉）、維新後は佐賀の乱・台湾出兵に出征、また西南戦争では熊本城で籠城戦を戦いぬき、日清戦争では野津道貫中将の後任の第五師団長となった、明治期には典型的な、戦場で叩き上げられた軍人だった。奥第二軍の主力は第一・第三・第四師団と野戦砲兵第一旅団で合計約三万九〇〇〇人、師団ごとの歩兵連隊の編制は左の通り。

第一師団（東京）
　第一旅団（東京）　第一連隊（東京）　第十五連隊（高崎）
　第二旅団（東京）　第二連隊（佐倉）　第三連隊（東京）
第三師団（名古屋）
　第五旅団（名古屋）　第六連隊（名古屋）　第三十三連隊（守山）
　第十七旅団（豊橋）　第十八連隊（豊橋）　第三十四連隊（静岡）
第四師団（大阪）
　第七旅団（大阪）　第八連隊（大阪）　第三十七連隊（大阪）
　第十九旅団（伏見）　第九連隊（大津）　第三十八連隊（伏見）

この他、各師団に師団と同じ番号の騎兵・砲兵連隊、工兵・輜重兵大隊が加わる。つまり騎兵第一連隊・砲兵第一連隊・工兵第一大隊・輜重兵第一大隊が第一師団所属となる。

西南戦争時の戦いぶりを「またも負けたか八連隊、それでは勲章九連隊」と揶揄された関西兵は、その後長らく「弱い兵隊」とのレッテルを貼られていたが、第二軍の最初の本格的な戦闘である南山の戦いでは大活躍する。

十八日、高崎兵営では第一師団長・伏見宮貞愛親王中将臨席のもと、後備第十五連隊への軍旗伝授式と武装検査が行われた。後備連隊は二個大隊編制で通常の連隊の三分の二規模のため三個連隊で後備旅団を構成する。後備第十五連隊は、同第一連隊（東京）・同第十六連隊（新発田）とともに十九日に後備第一旅団編入となった。旅団長・友安治延少将は、一九〇二年（同三十五年）一月の歩兵第五連隊（青森）八甲田山雪中行軍遭難事件（凍死者一九九人）の際には同連隊を含む第四旅団長であり、日露戦争時は二〇三高地攻撃中に指揮権を放棄するなど問題の多い将官で、日頃から大言壮語の癖があり「野砲」というあだ名を付けられていたという。

十九日、歩兵第十五連隊は逐次兵営を出発し、二十二日には全部隊が広島に集結、一カ月の滞在ののち、四月二十二日午後二時、宇品港を出帆した。二十七日に朝鮮半島南部の鎮南浦に到着、一週間ほど滞在し、途中暴風に苦しめられたが、五月五日、遼東半島の猴兎石沖に投錨して上陸を開始した。

この第二軍には、館林出身の田山花袋が、博文館（出版社）から派遣された「私設第二軍従軍写真班」主任として参加していた。花袋は、宇品滞在中と鎮南浦滞在の間に第二軍軍医部長（軍医監・少将相当官）森林太郎と会って東京の話、戦争の話、そして外国文学について時間を忘れて語りあった。森軍医部長とは、もちろん文豪・森鴎外である。

三、金州・南山の戦闘

日本軍の先鋒として、一九〇四年（明治三十七年）三月二十九日に全部隊が朝鮮半島に上陸を完了した第一軍の目的は韓国西北部を占領し、次いで鴨緑江を渡り、遼東半島に上陸予定の第二軍と協同して遼陽を占領することであった。莫大な軍事費を外債に頼らざるを得ないため、何としても緒戦は勝ち続けなければならない。そのために抜擢された司令官が黒木大将で、そのもとに猪突猛進の九州兵を集めた第十二師団（福岡）、粘り強い戦いと夜襲を得意とする第二師団（仙台）、さらに伝統がありかつプライドの高い近衛師団（東京）が配備された。黒木もまた奥と同じく、戊辰戦争・西南戦争・日清戦争（第六師団長）を戦い抜いたベテランの猛将で、日露戦争全期間を通じてロシア軍を何度も打ち破り、ロシア満州軍総司令官・クロパトキンに最も恐れられた将軍であった。日本にそんなに優れた軍人はいないはずだとの偏見と、彫りの深い風貌から一時は「黒木はポーランド系の将軍だろう」と海外で噂されたこともあった。クリミア戦争（一八五三〜五六）以来、大規模な近代戦を経験していないロシア軍にとって、青年時代から戦場を走り回り、様々な状況で多くの事を経験から学んだ黒木のような「戦場で育った」猛将は恐るべき存在だったにちがいない。黒木第一軍の韓国駐留直後の二月二十三日、日本政府は韓国との間に、同国を第三国の侵略から守ることを目的とする「日韓議定書」を締結した。その第四条には「大韓帝国政府は右大日本帝国政府の行動を容易ならしむる為め、十分便宜を与ふる事。大日本帝国政府は前項の目的を達する為め、軍略上必要の地点を臨機収容することを得」とあり、以後日本軍は韓国内で合法的に行動できるようになった。この「日韓議定書」が日韓併合の第一歩となった。

この間、ロシア海軍は意気消沈した旅順艦隊の「空気」を変えるため、消極的な艦隊司令長官スタルク中将を解任、世界的な戦術家・マカロフ中将を着任（三月一日）させたが、その直前の二月二三・二四日に、連合艦隊は旅順港の港口に老朽船を自沈させロシア艦隊を封じ込めるべく、第一回閉塞作戦を実施した。ロシア軍陸上砲台からの熾烈な砲撃で作戦は不首尾に終わったため、三月二六・二七日に第二回の閉塞作戦が実施されたがこれも失敗、戦死した広瀬武雄中佐は軍神第一号となった。以後、装甲巡洋艦三隻を中核とするロシア海軍のウラジオ艦隊による商船・運送船攻撃、新司令官マカロフ提督座乗の戦艦「ペトロパブロフスク」の触雷轟沈、また連合艦隊の第二艦隊（装甲巡洋艦五隻中心）によるウラジオストク砲撃（日露戦争中にロシアがサハリン以外の本国領土内に受けた唯一の攻撃で市民一人が死亡）など、開戦後三カ月は主に海の戦闘が中心であった。

陸上では、黒木第一軍が四月下旬に鴨緑江左岸まで進出した。この大河を挟んで対陣しているロシア軍はザスリッチ中将率いる満州軍東部支隊で兵員数は約二万六〇〇〇人。それに対して黒木第一軍は三個師団を中核とする約四万一四〇〇人で、日本軍が兵員数で圧倒的にロシア軍を上回った珍しい戦闘だった。が、通常、渡河戦を成功させるためには攻撃側の兵力は守備側の五倍は必要と言われており、また損害も五倍になるとされていた。この理論から言えば第一軍は必要とされる兵力の三分の一以下でロシア軍との緒戦を戦わねばならなかった。ために苦戦が予想され、藤井参謀長は死傷者数は六〇〇〇人に達するのではないかと予想していた。

四月三十日未明、第十二師団が肩まで水没しながらも渡河に成功、続いて近衛・第二師団も架橋作業を開始したが、この間、濃霧が黒木第一軍の行動を覆い隠した。水深測量中の第二師団の斥候に気付いた九連城のロシア軍は午前十時半過ぎに砲撃を始めた。日本軍もすかさず反撃に出る。黔定島に配備されていた野戦重砲兵連隊の秘密兵器・クルップ社製の一二センチ榴弾砲二〇門と野戦砲兵第二連隊の野砲が轟然と火を噴いた。当時、野戦軍の野砲は八センチが主力だったため、一二センチ榴弾砲の威力は凄まじく三十分足らずのうちにロシア軍砲兵は沈黙してしまった。

小競り合いはあったものの五月一日には各師団とも渡河に成功し、午前九時三十分頃にはロシア軍は九連城に退却した。近衛師団は退却するロシア軍を追撃し、水深が腰まで達する川を二度も渡渉した。五月とはいえ水温は相当低かったろう。しかし、戦闘は「勢い」である。午後二時頃には九連城まで占領した。鳳凰城方面を目指して撤退するロシア軍の退路を断つため先頭となって戦った第十二師団第二十四連隊は猛烈な反撃を受けた。日本軍の損害も大きかったが、殿（しんがり）となって奮戦したロシア軍の東狙兵第十二連隊もほとんどの将校が死傷する大損害を受けている。この両日の日本軍の損害を各部隊別にまとめると次のようになる。

第十二師団	戦死七八人	戦傷三〇二人
近衛師団	戦死二四人	戦傷一二六人
第二師団	戦死七三人	戦傷三五九人
合計	戦死一七五人	戦傷七八七人

一方ロシア軍の損害は戦死六一四人、戦傷一一四四人、失踪五二六人（捕虜？この戦闘での捕虜は五九四人）で日本軍の倍以上であった。第一軍の損害は藤井参謀長の予想の六分の一以下で、まさに大勝利と言えよう。この鴨緑江の戦闘後、まるで戦闘終了を待っていたかのように豪雨が降り出した。渡河時の濃霧といい、戦闘終了後の豪雨といい、天候は黒木第一軍に味方した。また、この勝利により日本陸軍の精強さが世界中に喧伝され、五月十二日、ロンドンとニューヨークで五〇〇万ポンドずつ売り出された利率六パーセントの英貨公債に、ニューヨークで五倍以上、ロンドンでは三十倍以上の申し込みがあった。

五月十四日、奥第二軍は普蘭店・瓦房店間の鉄道を爆破して旅順への補給路を断ち、十六日には十三里台子の陣地を攻略したが、この間、旅順港を見張っていた海軍にとっては「悪夢」が続いていた。四月十三日には「ペトロパブロフスク」を機雷で仕留めたが、今度は日本艦隊がロシアの機雷の餌食となった。その被害を日付順に並べてみる。

五月十二日　水雷艇四八号　触雷沈没
　十四日　通報艦・宮古　触雷沈没
　十五日　戦艦・初瀬　触雷沈没
　　　　　戦艦・八島　触雷沈没
　　　　　巡洋艦・吉野　衝突沈没
　　　　　通報艦・竜田　擱座
　十六日　砲艦・大島　衝突沈没
　十七日　駆逐艦・暁　触雷沈没

開戦以来、一隻も失っていなかった日本艦隊はこの六日間で一挙に八隻（合計約三万四八〇〇トン）も失ってしまった。中でも、六隻しかない戦艦の三分の一を失ったのは痛手であった（この戦艦二隻の損失を公表した際の国民に与える影響の大きさを恐れて、公表は翌年の日本海海戦後の五月三十一日に行われた。後年の、事実を歪曲した「大本営発表」の原型ともいうべき被害の隠ぺい体質はこの頃から始まっていた。地形と砲台に守られた旅順のロシア艦隊は、容易に港内から出てこない。一方、装甲巡洋艦三隻を中心とするウラジオ艦隊は、日本近海で輸送船を度々攻撃していた（陸軍運送船「金州丸」など四隻撃沈、一隻撃破）が、その行動は神出鬼没で捕捉することができなかった。海軍は日本海および黄海のシーレーンを守るため二方面作戦を余儀なくさせられていた。

奥第二軍は遼東半島を遮断するため、半島の最狭窄部となっている金州・南山の攻略を目指して行動を開始した。

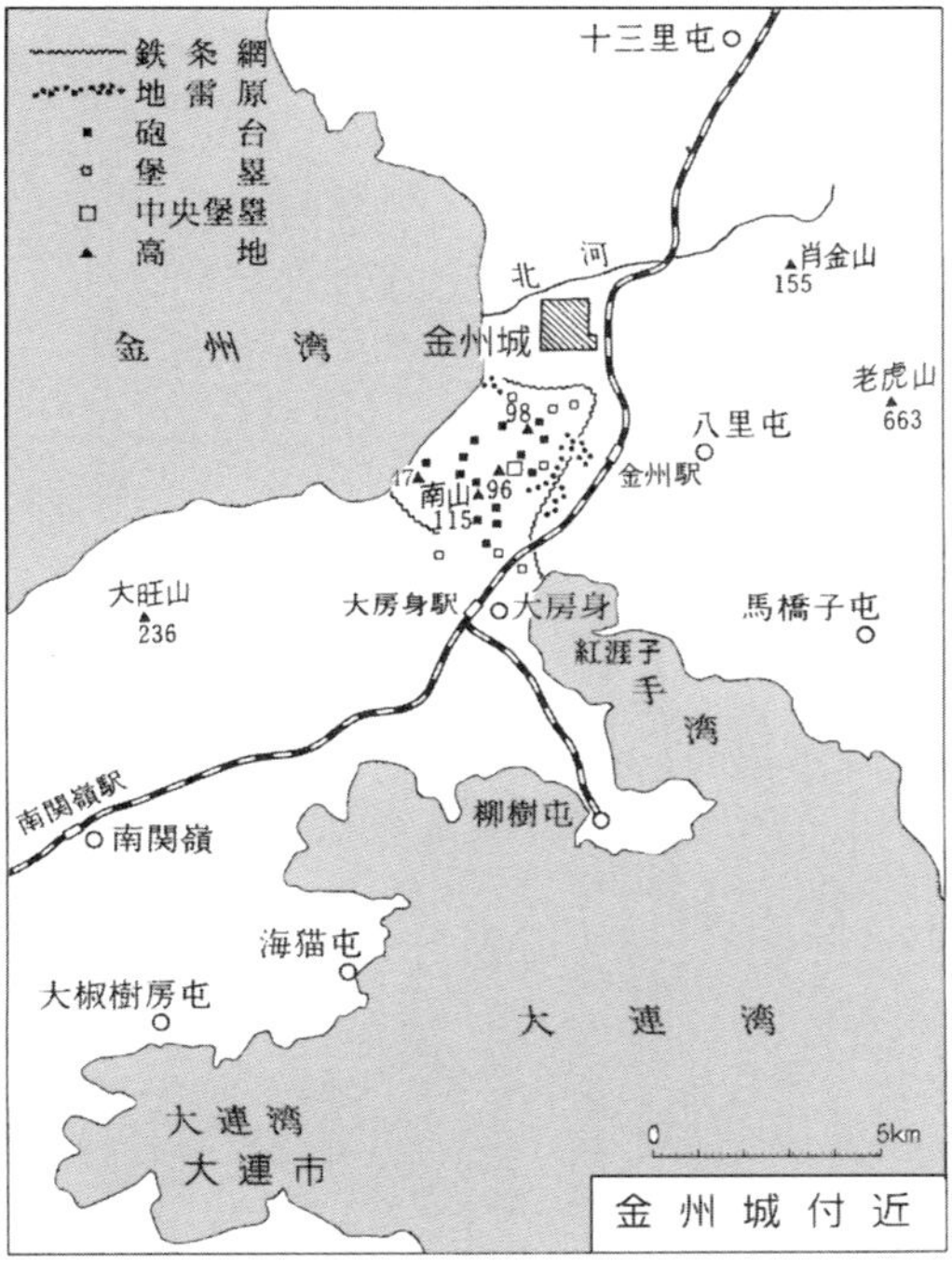

図３-１　金州・南山付近略図
（『日露戦争２』（文春文庫）より）

手湾と金州湾に挟まれたこの一帯は、幅約四キロと最も細くくびれており軍事的には重要拠点であったが、この地区の守備を担当したロシア軍師団長フォーク少将は守備兵力主力を旅順に集中させたほうがベターと判断した。標高一一五メートルの南山を中心とする四つの丘と金州城に防御陣地を築き、トレチャコフ大佐指揮下の守備隊（金州城約三〇〇人、南山陣地約三八〇〇人）を置いただけで、主力約一万三七〇〇人は予備隊として後方に配置した。ここを失えば半島先端の旅順要塞および軍港が孤立してしまうのだが、旅順守備を優先したためわずかな兵力を配置しただけだった。前線の四一〇〇人程度の兵力では、攻める日本軍の九分の一程度に過ぎない。が、南山には砲台や堡塁が築かれ、地雷・鉄条網・落とし穴などが日本兵の進撃を待ち構え、五七門の砲と一〇挺のマキシム機関銃が照準を合わせていた。守備兵力こそ少ないものの、南山は立派な永久陣地であった（図3―1）。

奥司令官は五月二十四日、全軍に攻撃命令を発し、右翼の金州湾方面から第四師団が、中央から第一師団が、そして左翼から第三師団が進撃を開始。翌二十五日には砲撃が始まり、金州城攻撃が開始されたが、午前中から吹き始めた暴風は、深夜に至って雷雨を伴い始めた。戦闘は砲声と雷鳴の中で繰り広げられた。歩兵第十五連隊は同第一連隊と共に暴風雨を雷鳴が響く中、午後十時に進撃を始め、金州城東北約一キロの地点を占領、第四師団の攻撃を待ったが状況が判明しないため、さらに前進し、攻撃陣地を構成して次の命令を待った。金州城は二十六日午前零時までに占領する予定であったが、ロシア軍の頑強な抵抗に遭い、最終的に日本軍の手に落ちたのは、雨がやみ、辺りに濃霧がたちこめ始めた午前六時頃だった。この攻撃の最中、乃木将軍の長男・勝典少尉（歩兵第一連隊の小隊長）が戦死している。

金州城陥落とほぼ同時に南山に向けての攻撃が開始され、金州湾に展開していた砲艦「赤城」「鳥海」の援護射撃も受けていたものの日本軍の進撃は思うようには進まなかった。突撃した歩兵は敵前三〇〇～四〇〇メートルまで進出したが、地雷や鉄条網にはばまれ、さらにはマキシム機関銃を中心とするロシア軍の銃砲火で次々となぎ倒された。日本軍も四十八挺の機関銃を持っていたが、攻撃用兵器としては大して役に立たず、一方、高地に向かって突撃してくる日本兵を迎え撃つロシア軍にとっては、これほど頼りになる武器はなかったろう。奥第二軍に与えられた砲は七センチの野砲しかなく、この程度の砲ではロシア軍の砲を完全に沈黙させられない。十分な砲兵の援護のない歩兵はいたずらに損害を増やすだけであった。

午後十二時頃、第二軍の参謀・鈴木荘六少佐が軍医部長・森鴎外に「どうです。死傷はどのくらいありましょうか」

と尋ねると「先刻の報告を聞くと約二千あるというから三千人くらいになろう」という答えが返ってきた。勝敗の帰趨が決まる約七時間前に鴨緑江戦の二倍の被害が出、鴎外は最終的に三倍程度の被害を想定していたが実際の被害は、その想像を大きく上回るものとなった。午後一時四〇分、奥軍司令官の「第一師団ハ万難ヲ排シテ攻撃スベシ。第三、第四師団モ之ニ連繋シテ攻撃セヨ」との命令を受け、歩兵第十五連隊も進撃を始めたが、なんとしてもロシア軍の鉄条網を破れず、将兵はわずかな隙間に身を隠し銃砲弾を避けるのが精一杯だった。

この南山の戦闘の様子を、第二軍司令部付副官で奥司令官の近くにいた石光真清大尉は『望郷の歌』で以下のように書いている。

　降りやまぬ大雨の簾を通して私の双眼鏡に入って来る情景は、眼を閉じたくなるほど凄惨きわまりないものであった。援護砲撃のもとに突撃を敢行する決死隊は、次から次に敵の機関銃の掃射になぎたおされて、行くもの行くもの仆れて再び起き上がるものがなかった。（略）だが午後四時になっても戦線は全く進展を見ず、南山の斜面には将兵の屍が積み重なり血潮が流れた。

再度の強襲攻撃も成功せず、日本軍の被害は増えるばかりであった。が、午後七時二十分頃、後退を始めたロシア軍を追いかけるように歩兵第八連隊（大阪）の将兵が突撃し南山のロシア軍砲台に日章旗を掲げた。「またも負けたか」と揶揄されていた歩兵第八連隊の南山一番乗りに続いて、第一・第三師団が次々に砲台を占領し、歩兵第十五連隊の連隊旗手・河西五郎少尉の振る連隊旗も午後七時四十分、南山山頂に翻った。午後八時頃、「一カ月はもつだろう」とロシア軍が考えていた南山一帯に、日本兵の歓声が響きわたり、約十四時間に及ぶ戦闘は遂に終わった。

鴎外が予想した、「三千の死傷者」は実際には四三八七人（うち戦死七〇二人）となった。損害を部隊別に列記すると

第一師団　戦死二二二人　戦傷一〇六四人
第三師団　戦死一五〇人　戦傷一二〇九人
第四師団　戦死三一二人　戦傷一三五八人

となるが、さらに野戦砲兵第一旅団その他の部隊の損害、戦死一八人・戦傷五四人が加わる。「各師団の死傷者数」が鴨緑江戦での「第一軍の総死傷者数」を優に上回っている。一方、ロシア側の損害は死傷・行方不明計一一三六人で日本軍の三割に満たない。余りの損害の大きさに東京の大本営では「死傷者数は一桁多いのではないか」と囁かれたという有名なエピソードが残っている。さらに大本営を驚かせたのは、この戦闘での弾薬消費量が日清戦争全期間を通じてのそれを超えてしまったことだった。この時点で大本営も第二軍も機関銃の桁違いの殺傷能力やロシア軍の要塞や陣地がどんなものか、骨身に沁みてわかったはずだ。さらに火力が勝敗のキーポイントとなる「近代戦」の実態も知ったはずである。しかし、これ以降、特に旅順の戦いで南山戦の戦訓が活かされたとは言い難い。

なお、この戦闘における歩兵第十五連隊の損害は、戦死四三人（うち士官一人、第一師団全戦死者の一九・四％）・戦傷二一〇人（同三人・同全戦傷者の一九・七％）で、「日清戦争全期間」の同連隊の損害と比較すると、戦死者数は五人上回る。南山の戦闘がいかに凄惨だったかを雄弁に語る数字だろう。だが、この凄惨な南山の戦闘でさえ、来るべき旅順要塞の戦闘の、ほんの序章に過ぎないことを将兵は後に身をもって知ることになる。

戦死した士官は群馬郡明治村（現北群馬郡吉岡町）出身の佐藤康太郎（同町北下にある彰忠碑では廣太郎）少尉。歩兵第十五連隊における最初の戦死士官・佐藤は一年志願兵（慶応義塾出身）の予備役少尉で、戦死と同時に中尉に進級した。享年二十五歳、郷里には若い妻が残された。

この戦闘で負傷した、群馬郡上郊村（現高崎市）出身で歩兵十五連隊所属の斉藤米吉一等卒が七月二十三日に村役場宛てに手紙を出している。斉藤一等卒は左眼と片腕を喪失しているが、その文面は淡々としており、郷里の人々に心配をかけまいとしている様子が窺える（原文に適宜句読点を加えた）。

拝啓　其後は御無言に打過ぎ候処、御皆々様には御変りも無之無事罷在候哉伺申候。降而迂生金州南山攻撃の際敵の弾丸を受け負傷致し候。広島予備病院に入院、去る十五日午前六時三十分の発車に東京渋谷予備病院へ只今入院仕り候間他事ながら御安心被下度先は時節柄御養生専一に存候。草々

七月廿三日　斎藤　米吉　拝

上郊村役場　御中

失った片腕は左手だったのだろうか、そうでなければ誰かに代筆を頼んだろうから、普段とは異なる筆跡に家族は異変を感じ取っただろう。斉藤一等卒はもちろん兵役免除となった。戦傷が原因で再び戦闘に従事できなくなったこのような将兵を「廃兵」と呼ぶが、かなりネガティブな字を充てたためか後年は「傷痍軍人」と称された。『山田郡誌』には、同郡川内村（現桐生市）出身の歩兵軍曹・諏訪季吉も「金州南山ニ於イテ右足関節並右臂部貫通銃創右下肢擦過銃創」のため「廃兵」になったとあるが、金州南山の戦闘ではどれほどの戦傷者が「廃兵」となったのだろう。故郷に戻っても不自由な身体では以前のように働けず、辛い思いをしたにちがいない。

戦闘終了後、静寂を取り戻した戦場は「十二日の月」の青白い光に照らし出されていた。その月光の中、撤退するロシア軍が火薬庫を爆破したために辺りには凄まじい轟音が響き渡り、巨大な火柱が数分間、天に舞い昇った。田山花袋の『第二軍従征日記』には、陥落した南山とそこから立ち上る火柱を興奮気味に見つめている自身と森鴎外の姿が描き出されている。

やがて火光は低く低くなって、遂には二三十間ばかりの高さになつて了ふ。『實に、君、好いところ處を見たね？』と聲を懸けられたので、振返ると、それは森軍醫部長であった。

『實に、壯觀でした！』

『もう、かういふ面白い光景は見られんよ』

『何うも、實に！』

四、高崎連隊、旅順へ

一九〇四年（明治三十七年）五月三十日、無防備状態だった大連は日本軍に占領された。、大連の西方約三十五キロに位置する軍港・旅順にロシアは六年の歳月と莫大な金と二十万樽のセメントを注ぎ込み、清国時代の軍港を難攻不落の大要塞へと変貌させていた。商業港・大連と軍港・旅順の関係は、横浜と横須賀を想起してもらえばわかりやすい。開放的で国際色豊かな商業港と閉鎖的かつ威圧的でグレー一色というイメージの軍港の対照性は古今東西を問わず、よく似たものらしい。

日清戦争時、日本軍はたった一日で旅順を攻略したが、当時の攻略部隊の旅団長が乃木希典であった。乃木は長州閥の後ろ盾とこの十年前の実績を買われて旅順攻略を目的とする第三軍軍司令官に任命された。日本陸軍はこの旅順の変化を十分には認識しておらず、乃木以下第三軍のスタッフも、旧式の強襲戦法でこの要塞に挑もうとしていた。

六月二日、田山花袋ら写真班の一行七人は馬車に揺られて大連を目指した。その道中、彼等は二つの日本人グループと遭遇する。一つは日本兵の長い群れで、その中の一人の兵に「君等は何師団かね？」と問うと「善通寺師団で二三日前に上陸した」という答えが返ってきた。

此間からの風説では、第二軍は旅順に向はんと言うのが専ら行はれて、第一師団、第十一師団、それに今一つ他の師団が加はって、乃木陸軍大将が第三軍を組織し、この力で旅順を攻め、第二軍は時機を見て、直に北進するのであるとの噂は何処から洩れるともなく自分等の耳に入って居った（略）

実際、五月三十一日に戦闘序列が発令された第三軍は、第一師団（東京）・第九師団（金沢）・第十一師団（善通寺）を基幹とし他に攻城特種部隊などで編成された合計約七万七〇〇〇人の大部隊で砲約三八〇門、機関砲四八門を装備していた（のちに旭川の第七師団が加わる）。また、第一師団の抜けた第二軍には第五師団（広島）と第六師団（熊本）が加えられた。

花袋の文からするとかなり精度の高い「噂」が兵士の間で飛び交っていたかのように思える。しかし、このような軍事機密が下級兵士の間に容易に流布するものなのだろうか。

ただ、乃木が大将に任官したのは六月六日なので「乃木陸軍大将」の一節は、花袋の勘違いか、従軍日記に後に手を入れたため、のどちらかであろう。後に手を入れたとすると、やけに具体的に書かれた師団名にも得心が行く。

花袋が遭遇した、もう一つの日本人グループは、柳行李や鞄を積んだ馬車の後を足早についていく「若い日本婦人」であった。

夕暮でよくは解らぬが、一名は束髪のもう二十四五歳、一名は蝶々髷に結った十七八歳、今一名は一葉返し（筆者注・銀杏返しのことか）に結っていた様であるが、孰《いず》れも編上げの靴を穿いて、急ぎ足に、さながら同胞に顔を見らるるを厭ふばかり、傍目も觸らずに歩いて行く。自分の頭にはすぐ醜業婦といふ三字が浮んだ（略）

明日をも知れぬ最前線に、すでに日本兵相手の売春婦たちは進出して（させられて）いたのだ。同じ時期、大連北方の柳樹屯守備の任務に就いていた猪熊敬一郎少尉（第一師団第一連隊所属・群馬郡白郷井村〈現渋川市〉出身）の手記『鉄血』にも、戦場に現れた若い女性に関する記述がある。六月十二日、煙草百個入一箱をもって上陸許可を求めてきた山口県の商人某の船内を検査するため猪熊少尉は舟に乗り込んだ。すると、

一人の老媼《ばばあ》が舟の上に坐って居り、再拝して憐《あわれみ》を乞ふのである。予は進んで船板を取除けて見ると、驚くべし船底には数人の妙齢なる同胞女子が潜んで居る。初めて彼の何者なるかを覚った予は赫怒して大喝一声舟を追返した。

この一節からも商魂逞しい売春業者の凄まじい実態が窺える。だが、当時、日本人海外娼婦いわゆる「からゆきさん」はアジア（シンガポール、ジャワ、タイ、インドなど）はおろかアラスカ、カナダ、シベリア、オーストラリア、アフリカまで（バルチック艦隊が寄港したマダガスカル島には当時、二人の「からゆきさん」がいたという）進出していたというのだから、売春業者が日本からそう遠くない戦場をターゲットとしたのは驚くに値しないことかもしれないが…。

三月十九日に高崎兵営を出発した歩兵第十五連隊に遅れること約五十日、鴨緑江や南山での友軍の勝利の報を聞きながら待機していた後備第十五連隊にも六月八日、ついに出動命令が下った。この部隊に関しては『連隊史』が編纂されていないが、黒崎彦蔵という後備役歩兵上等兵（後に経理部に移り凱旋時は二等計手〈軍曹相当の下士官〉）が書いた『明治三十七、八年日露戦役従軍日誌』（『鬼石町誌』所収）という、召集から復員帰郷までの約二年間の克明な記録が残されている。現役兵として日清戦争に参加した黒崎は一八九七年（明治三十年）十一月をもって現役を満

期除隊し、一九〇二年（同三十五年）三月から後備役に編入された。黒崎に充員召集令状が届いたのは、開戦から約一カ月後、歩兵十五連隊・後備第十五連隊ともに動員下令となった一九〇四年（同三十七年）三月六日午後九時五分。家事整理を済ませた黒崎は、九日には父・妻・娘（四歳）に別れを告げて高崎へと向かう。彼が属する後備第十五連隊は十二日連隊長着任、十八日軍旗授与、十九日後備第一旅団編入とあわただしく戦闘準備に入ったものの、三カ月近く高崎兵営に滞在していた。

乃木第三軍に編入された後備第十五連隊は、六月八日午前十一時に高崎兵営を発し、三泊四日の行程で十一日午前三時二十分、広島に到着した。翌日には旧式の明治二十二年式村田銃を新式の三十年式歩兵銃と交換して二日にわたる実弾射撃訓練を受け、十五日にいよいよ広島の宇品港を出帆することになるが、ちょうどその日は、大陸に向かう輸送船「佐渡丸」「常陸丸」そして日本へ帰る途中の「和泉丸」が玄界灘でロシア海軍のウラジオ艦隊による襲撃を受けて、「常陸丸」「和泉丸」は撃沈、「佐渡丸」は大破させられ、計一七四三人が戦死し、一二一人が捕虜になるという、日本近海のシーレーンが寸断された大事件の当日であった（戦死者中群馬県出身者は、「佐渡丸」に乗船していた野戦鉄道提理部所属の軍属五人と「常陸丸」に乗り組んでいた衛生部下士官一人、計六人）。

この事件のため、黒崎らの乗る「志賀浦丸」は門司港で二日間待機し、十八日午前二時五十分同港を出帆した。ほんのわずかの差でウラジオ艦隊の襲撃を免れた彼らは、一応は安堵したものの、自分たちの航海に言いようもない不安を抱いたことだろう。

その直後、彼らを戦慄させる物体が視野に飛び込んで来る。黒崎の手記から引用する――「門司港ヲ離ルル約二十海里（注・約三十七キロ）ノ沖ニ於テ佐渡丸ハ大破白由ヲ失ヒ引船ニテ門司港ニ向ケ引返スニ会セリ」。払暁の玄界灘で、朝日を浴びた「佐渡丸」の残骸を見たのだ。想像するだけでも凄惨な光景である。その時の心情は書かれていないが、犠牲者を悼む気持ちと、自分たちの未来に対する暗澹たる思いが混在していたにちがいない。二十二日午後四時、リヤオトン半島の張家屯に上陸した後備歩兵第十五連隊の将兵は問もなく想像を絶する過酷な戦場に投入されていく。彼らが玄界灘で見た「佐渡丸」の残骸はあたかも彼らの未来を暗示しているかのようであったが、この先、彼らが体験する旅順や奉天の戦場にくらべれば、それは単なるプロローグに過ぎなかったことを彼らは後々身をもって知らされることになる。

後備第十五連隊は上陸までは二手に別れて移動していた。黒崎ら先発組より少し遅れて宇品港を出港した同連隊の後発組の行動はクリスチャンであった清水和三郎少尉の手紙や陣中日記に詳しい。それらは安中教会の牧師・柏木義円が発行していた『上毛教界月報』に掲載されているので、時間の経過に従い、清水少尉の行動を追ってみたい。

碓氷郡板鼻町（現安中市）出身の清水少尉は一八八〇年（明治十三年）生まれ、同志社出身の一年志願兵の予備役少尉で開戦時は二十四歳であった。一年志願兵であることは、彼自身の高学歴と彼の家庭の経済的豊かさを物語る。裕福な家庭に生まれ育ったクリスチャンという面から見れば、清水は明治という新しい時代の最先端をゆく青年であったとも言えよう。清水たち後備第十五連隊の後発組を乗せた「満州丸」は六月二十日、宇品港を出帆、ウラジオ艦隊の跳梁を恐れたためか、瀬戸内海から豊後水道を抜け、九州南端を回り、五島列島の西側を通る迂回ルートを採った。二十五日にリヤオトン半島の塩大墺に上陸、先発組と合流し、第三軍隷下の部隊として旅順攻略を目指した。目指す旅順要塞はロシア軍が膨大な金と時間をかけて清国時代の要塞を補強し、約四万の守備兵と五〇〇門近くの砲、四三挺の機関銃を配置し、主要堡塁はコンクリートで固められた難攻不落の要塞であった。

五、高崎山・北大王山の戦闘

乃木第三軍は兵力の集中を終え、七月二十五日、旅順要塞に向かって進撃を開始、第一師団は右翼、第九師団が中央、第十一師団が左翼に配置され、第一旅団は師団中央隊となって、ロシア軍前進陣地を攻撃した。二十六日から三十日まで続いた戦闘で、歩兵第十五連隊の損害は戦死三人・戦傷六九人（士官・准士官四人）だったが、同じ時期の後備第十五連隊は初陣の南岔溝の戦闘で、戦死四七人・戦傷一六三人（同六人）、第一大隊長および中隊長が二人も負傷するという激戦を戦い抜いた。

この時期の様子を伝える珍しい手紙が残されている。『上郊村誌』に掲載されている看護卒・関根松一（歩兵第十五連隊所属？）の手紙には、旅順攻撃直前の日本軍の陣地内部の様子やロシア軍の砲撃の威力、また戦闘に対する恐怖心がリアルに描かれている。なお、原文は誤記が多いため（　）内に注を入れ、適宜句読点をつけた。

其後□□□□仕り吾罪真平御海□□度候軍国多事の今日各位益々御清栄奉賀候。降て小生事去る五月金州南山戦闘後更ニ西進過る七月二十六日迄旅順を距る五里半許り前、葦鎮塁と申す村落ニ滞る対陣致し候二十六日即チ旅順攻撃之準備戦第一日右□□□全（?）日営城子之戦闘□一日（第二日）双台講（注・溝）第三日土城□（注・子）第四、五日鳳□山（注・鳳凰山）附近之戦□□無事参加仕候間、乍地御安意被下居候。右第一之戦闘ハ左程ニも無之候らいしが第二日より三十日に至るの四日間ハ中々の劇戦（注・激戦）ニて傷者も亦多く小生等も日々作業仕候。昨今旅順を距る二里強之海岸ニ在テ防御工事を施し攻撃準備いたし居候。今回之戦闘ハ既往之戦闘とハ異り要塞攻撃ニては中々六ヶ敷《むずかしき》事ニ御座候。内地之諸兄ハ未《いまだ》多旅順ハ落ちぬか第三軍ハ何して（注・る）かと疑はれんも実況全く堅固にして敵ハ日々砲台ヨリ発砲ス。四五日前ヨリ朝夕間暇なく弾丸頭上を掠《かすめ》免去りて危険極りなく候。我軍ハ皆幅二間（注・三・六メートル）深サ一丈五尺位（注・約四・五メートル）の穴を掘りて屋根ハ頑強ナル木材を用ヒ其上ニ又五尺程□□盛り、丸で穴庫之如き者（注・物）を造り其中ニ避弾致し居候。雨下する弾ハ恰も故郷役場裏の非常鐘位阿りて落ちて破裂す。之に依リテ負傷するもの不尠《すくなからず》。落ちたる跡ハ深二間周囲十間位の擂鉢様の穴をなし居、中々距離は遅し（注・遠し）弾は右之如く此上如何とも避弾之仕方は無之候。我軍も亦之に応べき重砲及多くの野砲昨今□附中々有之候。いざ我砲発砲開始したるの際ハ夫し（注・レか？）こそ天地も崩れん許りと存候。兎ニ角《とにかく》旅順之陥落ハ必定なるも生等は早く敵軍之白旗を掲げん事を望む者と御座候。玆《じつ》ニ敵軍頑強に抵抗せハ彼レノミナラズ我軍ニも多大の傷者を出すこと（到底南山様の比ニ非ス）必定と存候。如何ニ死傷ハ戦闘之常とハ申ナガラ余りに惨酷□□甚だしく殊に砲弾之死傷様に於てハ見る目も恐ろしき程に御座候。陥落の吉報ハ此状着以前之事と存候。先ハ急用に接し候故、玆ニ擱筆仕候。

ロシア軍の砲弾が「故郷役場裏の非常鐘位」という比喩は巧みで、その炸裂後に「落ちたる跡ハ深二間周囲十間位の擂鉢様の穴をな」すという具体的な叙述は珍しい。深さ約三・六メートル、直径約五・八メートルの穴を穿ったというのだからロシア軍の要塞砲の破壊力が想像できる。また、「内地之諸兄ハ未《いま》だ多旅順ハ落ちぬか第三軍ハ何して（注・る）かと疑はれん」という一節から国民の熱狂ぶりが想像できる。さらに今後の戦闘の損害を予想している文面「我軍ニも多大の傷者を出すこと（到底南山様の比ニ非ス）必定」はのちに現実となるが、そう思わせるほど旅順の前進陣地攻撃は凄惨な戦いだったといえよう。

同じ時期に歩兵第十五連隊第九中隊の小隊長・都丸重郎少尉（前橋中学出身・一年志願兵）も故郷に手紙を出している。その文面からも七月下旬の旅順の戦闘の様子が窺える。特に銃声の「ピューピュードンドンドンドンパリパリパリパリ」という擬音語は巧みで臨場感を感じさせる。

（略）次ニ不肖生レテ以来後先始メテノ戦闘ハ去七月廿六廿七日廿八日ニ経験致シ候間一寸申上候。私上陸後七月廿五日迄ハ王家屯ト云フ所ニ人馬ノ給養ヲ営ミ居リ候ガ廿五日ノ夜半ニ何万ノ軍勢ハ権ヲ啣ミ声ヲ呑シテ鞭声粛々トシテ敵ノ堡塁ヲ目掛ケテ夜行ヲ致シ候、天明ニ及ンテ敵兵我軍ノ潮ノ如ク押シ寄スルヲ見テ素早ク我ニ向テ射撃ヲ加ヘ又此時折モ良シ我カ第九中隊ハ尖兵中隊トシテ最前線ニ出テ辟（注・劈）頭第一ニ此敵ニ対シテ猛烈ニ射撃致シ候。此時我第三小隊（都丸小隊兵員七十名）ハ散兵線ノ左翼ニ在テ激烈ニ発包（注・砲）致シ候。

露助モ中々頑強ニシテ容易ニ退却ス可クモ見エサリケレバ我中隊ハ幾多ノ死傷ヲ物トモセス前ヘ前ヘノ号令デ敵陣近ク迄突入セシカバ敵モ其鋒当ル可カラスト思ヒ山伝ヒニ遠方ニ退却セリ。吾中隊ハ第一着ニ〇〇〇堡塁ヲ占領仕候。抑モ此ノ第一回ノ戦斗ニ我中隊ニ即死一、重傷二、軽傷十二名ヲ出シ候ガ自分ハ僥倖ニモ神ノ祐ケカ微傷モ負ワズ候。僅ニ七八町（注・およそ八〇〇メートル前後）ノ距離デ敵ト射撃ヲ交換スル中ハ随分危険ノ業ニテ到底モ弾丸ノ一ツ位ハ免ルル事能ワズト覚悟仕候。敵ノ弾丸ハ前後右左上下ニピューピュードンドンドンドンパリパリパリパリモウ此マデト中々喧騒ナルモノデ目モ口モ耳モフサガル斗リニ候。（略）

旅順要塞の攻略は、開戦当初、陸軍の計画には無かった。港内に潜むロシア海軍の太平洋艦隊を封じ込めて動けなくすれば、バルチック艦隊との挟撃は回避できると考えた海軍は、数度にわたり港口に老朽船を沈める「閉塞作戦」を実施したが十分な成果を挙げられなかった。そこで、海軍が要請する形で陸軍の旅順要塞攻撃が開始されたため、海軍は乃木第三軍に対し援助を惜しまなかった。「海軍陸戦重砲隊」がそれである。当初は一二サンチ速射砲六門、一二斥（ポンド）砲（口径七六ミリ）一二門の編成であったが、最終的には一五サンチ速射砲四門、一二サンチ速射砲一〇門、一二斥砲二一門、計三五門編制で、総員一〇八九人（明治三十七年十一月五日調）というから、陸軍の野戦砲兵一個連隊に相当する。

この重砲隊が八月七日から始めた旅順市街への砲撃は、旅順港を囲む山並み越しであったため着弾点がわからず、隔靴掻痒の感はあったものの、地図上に方眼を描きその一つ一つに確実に砲撃を加える正確さと下瀬火薬の強烈な爆発力とがあいまって旅順市内にパニックを引き起こした。

また、この日の砲撃では港内に停泊中の戦艦「ツエザレーヴィチ」に、そして九日の砲撃では戦艦「レトヴィザン」「ペレスヴェート」に命中弾を与え、艦隊司令長官ウィトゲフトを負傷させた。この砲撃が、太平洋艦隊についにウラジオストクへの脱出を決意させ、その結果、十日の黄海海戦となった。港を出たロシア太平洋艦隊（戦艦六隻、巡洋艦四隻、駆逐艦八隻、病院船一隻）は連合艦隊と激しく戦ったが、脱出した戦艦一隻、巡洋艦二隻、駆逐艦四隻が中立国で武装解除され、巡洋艦一隻、駆逐艦一隻が自沈。また艦隊主力とは別行動の駆逐艦一隻が日本海軍に捕獲された。それ以外の艦隊は旅順港内に戻ったものの、ウィトゲフト司令長官は直撃弾を受け戦死、戦艦五隻と全てが多数の命中弾を浴びほとんどスクラップのような状態になり戦闘力を失ってしまった。

重砲隊が引き出した「副産物」はもう一つあった。「太平洋艦隊を支援せよ」との命令を受けて出撃したウラジオ艦隊の主力（装甲巡洋艦三隻中心）には「太平洋艦隊脱出失敗」の報が届かず、十四日に蔚山沖で日本の第二艦隊（数カ月間ウラジオ艦隊を捕捉できず世論の攻撃対象となっていた）と遭遇、蔚山沖海戦となり、日本近海のシーレーンを脅かし続けたこの艦隊は一隻撃沈、二隻撃破の被害を受け、以後日本海および黄海の制海権は日本海軍が完全に掌握することとなった。ウラジオ艦隊は開戦から半年の間に、日本のみならず中立国（英・独）の艦船をも攻撃し、撃沈一八隻、撃破二隻、拿捕五隻、合計四万七〇四七トンにも及ぶ大損害を与えた、日本にとっては恐るべき艦隊であったのだ。

八月七日の重砲隊による砲撃から十四日の蔚山沖海戦までの戦果は、港内に引きこもってしまったロシア太平洋艦隊の被害状況が正確にわからなかったため、戦局を変えるまでには至らなかった。ために海軍は旅順港の封鎖を続け、陸軍は想定通り要塞の正面攻撃を十九日に行うことになった。

総攻撃前に乃木第三軍は、東方から要塞を圧迫して正面攻撃を有利に展開させるため、第一師団および後備第一旅団に一六四高地とその周辺の高地一帯の占領を命じた。歩兵第十五連隊は中央隊として一六四高地占領を目指し、後備第十五連隊は右翼隊として北大王山（標高一四二メートル）攻略を目指して十三日夜から行動を開始した。

午後八時三十分、歩兵第十五連隊は第二大隊を先頭に一六四高地を目指したが、鉄条網とロシア軍の砲火に動きを止められたが、同十一時に第五中隊を先頭に突撃を開始、午前零時三十分に、一六四高地前方の碾盤溝南方高地および一二一高地を占領した。

後備第十五連隊は午後十時に第二大隊と工兵一個小隊を第一線、第二大隊と機関砲二門を第二線として進撃したが、北大王山北方五〇〇メートルの丘に達するや、ロシア軍は照明弾を上げ、第二大隊を目がけて砲火を集中させた。突撃しても鉄条網に阻まれ死傷者が続出し、破壊班も熾烈な砲火で目的を達せず、ついに突撃を断念、夜明けを待つことになった。

十四日は雨中の戦闘となった。一進一退の膠着状態となった歩兵部隊を援護するため砲兵部隊が攻撃を開始したが、濃霧のため十分な成果を得られなかった。歩兵第十五連隊は、至近距離で対峙しているロシア軍から銃砲弾だけでなく岩石まで投下され、死傷者を収容すればたちまち銃弾が集中し、衛生隊員や担架に載せられた負傷者まで撃ち抜かれるという惨状だった。十五日午前零時頃、突撃隊員を収容したが第九・第十一中隊（計約二五〇人）中、無事に生還したものは四、五〇人にすぎなかった。

十五日の夜明けともに砲兵部隊の砲撃が始まり、ロシア軍堡塁が吹き飛ばされるや、歩兵第十五連隊は突撃を開始、午前十時五十五分ついに一六四高地を占領した。これに対しロシア軍は同高地に砲弾を集中させ、約二〇〇人の部隊が奪還を目論んだが撃退された。

また、後備第十五連隊は、同第十六連隊の援護射撃を受け、第一大隊を先頭に北大王山に突進、ついに鉄条網の破壊に成功し、同十一時三十分には山頂のロシア軍堡塁を完全に占領した。後備第十五連隊を含む右翼隊はさらに大頂子山攻撃を開始したが、乃木軍司令官から、占領地の確保に全力を尽くすべし、との命令が伝えられ、各部隊は陣地を補強することとなった。三日間にわたる戦闘の結果、歩兵第十五連隊の戦死一四四人（士官・准士官五人）・戦傷三七四人（同一七人、連隊長千田貞幹中佐も負傷）で合計五一八人、一方、後備第十五連隊の戦死七一人（同四人）・戦者三三四人（同士官一〇人、連隊長高木常之助中佐も負傷）で合計四〇五人となり、二つの「高崎連隊」の全死傷者は九二三人に達した。

図 3 - 2　旅順付近の戦闘経過図
（『日露戦争陸戦写真史』（新人物往来社）より）

この戦闘後、乃木軍司令官は、歩兵第十五連隊の奮闘を称え、同連隊および同連隊第九中隊・第十一中隊に感情を授与し、一六四高地を「高崎山」と命名した。

占領直後の高崎山の様子を猪熊少尉は『鉄血』に以下のように書いている。

見れば我軍の屍体は累々として至る所に横はり、武器被服等は其処此処に散乱し、三昼夜の激戦の跡見るも物凄い。更に熟視すれば敵塁の下二三十米突より五六米突の処には数百の小穴が穿たれてある。蓋し当時我が突撃隊はかく敵前に接近したるも容易にこれを攻略するを得ず、兵卒は皆銃剣を以て穴を掘り、頭部を隠して敵弾を避け以て三昼夜を耐えたので中には穴に頭を入れたまま死したるもの尚数十ある。其の苦戦の程察知すべきで、時人之を称して高崎山の百穴と言った。蓋し高崎山とは軍司令官が特に此の苦戦の名誉を永遠に伝ふる為、第十五連隊所在地に取て命名したものである。高崎連隊の名誉亦大なりと謂うべしである。

出征以来の損害を見てみると、歩兵第十五連隊は、南山から高崎山の戦闘までの戦死二三三人（士官・准士官六人）、戦傷六五三人（同二四人）、合計死傷者は八八六人に達し、編制時の三割以上の将兵が死傷した。後備第十五連隊の損害は、七月末から北大王山までの旅順の戦闘で戦死一一八人（同四人）、戦傷四九七人（同一六人）合計死傷者は六一五人となった。歩兵第十五連隊同様、編制時の兵員総数の三割以上の損耗率である。両連隊を合算すると死傷者は一五〇一人、戦傷者はのべ人数となるが、ほぼ六個中隊が戦闘力を喪失したことになる。

後備第十五連隊では、八人の中隊長のうち戦死一、戦傷死一、戦傷二と半数がロシア軍の銃砲火に倒れた。後備第十五連隊の「老兵度」は高く、中隊長の平均年齢は四十九歳、最高齢は五十二歳であった。第三軍司令官・乃木希典が五十四歳、満州軍総参謀長・児玉源太郎が五十二歳なのだから同連隊所属中隊長の超老兵度は推して知るべし、である。

満身創痍となった二つの「高崎連隊」は四日後に始まる第一回総攻撃に備えていた。その中には後備第十五連隊の清水和三郎少尉も黒崎彦蔵上等兵もいる。乃木第三軍の将兵に与えられた使命は総攻撃で旅順要塞を一挙に陥落させることであった。しかしロシア軍の巧妙な防御陣地が彼らの突撃を待ち構えていた（図３―２）。

六、第一回旅順総攻撃

八月十九日未明、乃木第三軍は旅順要塞に対し砲撃に続いて歩兵による強襲突撃を行った。後備第十五連隊の将兵は四日前に占領した北大王山の南側の、いくつかのピークの先にある大頂子山占領を目指した。大頂子山は西側の一六九高地と東側の一八三高地からなり、八個中隊のロシア軍守備隊は海軍砲・カノン砲・臼砲など二一門を配備していた。後備第十五連隊は一八三高地を、同第一連隊（東京）は一六九高地の攻撃を担当した。
当日の清水和三郎少尉の手記——これが絶筆になるのだが——を引用する。

天気快晴北風夜来吹き続き恰も本国の十月位の気候にて冷かに覚ゆ。昨夜来時々採照燈を照らして我軍の行動を探知せんとするものの如し。願くば神本日も休みに至る迄我等の上に智と力とを与へ玉ふて信徒としての働きを為し与へられたる職責を完ふして神の栄光を顕さしめ玉はんことを祈る

アーメン

八月十九日午前五時

午前六時二十分我より砲撃開始、曇天寒冷を覚ゆ北風吹く

午前六時半、雲が空を覆い季節外れの北風が吹く中、北大王山に集結した後備第十五連隊の将兵は同七時に出発、九時半頃、大頂子山北方の一二二高地を占領した。さらに一三六高地から一八三高地へと進撃しようとした将兵たちの前に立ちはだかったのは急斜面と鉄条網、そしてロシア軍の熾烈な砲火だった。前進を阻止された後備第十五連隊は兵力の約三分の一を失い、第一線にあった将校のほとんどは戦死・戦傷してしまったが、粘り強く攻撃を続け、ロシア軍と石を投げ合うまでの近接戦を繰り広げた。

翌二十日午前六時、日本軍の砲兵部隊は大頂子山頂に猛烈な砲撃を加え掩蓋のほとんどを破壊し、さらに予備隊であった歩兵第十五連隊第二大隊も突撃隊に加え、正午過ぎ、ついに大頂子山頂のロシア軍を退却させた。この戦闘で中心となって戦った後備第十五連隊の損害は、戦死六六人（士官・准士官三人）、戦傷四一一人（同一六人）で死傷者は計四七七人、また予備隊であった歩兵第十五連隊の損害は戦死一五人、戦傷三三人（同二人）だった。

『明治三十七八年戦役統計　第一巻』掲載の資料から「高崎連隊」の十日ごとの部隊人員（戦闘員のみ）をまとめ

たのが表3―③である。これによると七月下旬の戦闘による損害を八月上旬には補充兵で補い上陸直後の九割以上にまで回復したものの、八月の二度にわたる戦闘で歩兵第十五連隊は四割、後備第十五連隊は五割近くの将兵が死傷した。とりわけ後備第十五連隊の士官の損害が大きく約七割が死傷している。

二十四日に中止命令が出された第一回総攻撃において、戦闘総員五万七六五人を投入した乃木第三軍は死傷者一万五八六〇人（損耗率三一・二％）というおびただしい流血の代償として第一師団・後備第一旅団の大頂子山占領と第九師団による盤竜山東・西堡塁奪取という戦果を得たに過ぎなかった。一方ロシア軍の死傷者は一五〇〇人程度であったというから、乃木第三軍の歩兵による強襲突撃は完全な失敗に終わったのだ。この戦闘で清水少尉は戦死し、中尉に進級した。彼の最期は『明治過去帳』のドライ過ぎる記述から想像するしかない。

明治三十七年八月十九日盛京省小東溝東南方高地に戦死す。千四百円を賜う。是日中尉に進み従七位勲六等功五級に叙し単光旭日章を賜う。

清水の葬儀は戦死からちょうど六カ月後の一九〇五年（明治三十八年）二月十九日、板鼻町の実家でしめやかに行われ、柏木義円も参加している。

黒崎の日記の二十日の記述は士官の損害が大きかったことに触れている。

此ノ戦闘ニ於テ大隊（注・後備第十五連隊の第二大隊、清水少尉もこの大隊所属）ノ将校ノ大部分ハ死傷シ連隊ヲ通シテ佐官ヲ皆失イ大尉ガ僅ニ二名現在シ特務曹長モシクハ曹長ガ中隊長トナリ指揮ヲナシタル有様ナリ

死傷した将校に代わって准士官・下士官が中隊長代理を務めているというが、これでは連隊としての体をなさない

表３－③　歩兵第十五連隊・後備第十五連隊編制人数の変遷

日時	歩兵第十五連隊		後備第十五連隊	
五月一旬	2673（57）			
二旬	2654（57）	99.3%		
三旬	2381（53）	89.1%		
六月一旬	2388（54）	89.3%		
二旬	2732（54）	102.2%	1785（39）	
三旬	2722（53）	101.8%	1784（39）	99.9%
七月一旬	2709（56）	101.3%	1778（39）	99.6%
二旬	2668（56）	99.8%	1774（37）	99.4%
三旬	2377（54）	88.9%	1554（34）	87.1%
八月一旬	2460（51）	92.0%	1710（35）	95.8%
二旬	1720（35）	64.3%	902（12）	50.5%
三旬	1587（37）	59.4%	897（15）	50.3%
九月一旬	2054（38）	76.8%	894（16）	50.1%
二旬	1165（20）	43.6%	1410（23）	79.0%
三旬	1640（21）	61.4%	1419（16）	79.5%
十月一旬	1623（21）	60.7%	1430（16）	80.1%
二旬	1605（30）	60.0%	1396（17）	78.2%
三旬	1585（31）	59.3%	1343（17）	75.2%
十一月一旬	1555（31）	58.2%	1317（19）	73.8%
二旬	2041（34）	76.4%	1639（19）	91.8%
三旬	1537（28）	57.5%	807（10）	45.2%
十二月一旬	1522（24）	56.9%	847（10）	47.5%
二旬	1859（24）	69.5%	1188（11）	66.6%
三旬	1852（25）	69.3%	1185（11）	66.4%

数字は戦闘員のみ。（　　）内の数字は士官の人数で准士官・見習士官は含まない。割合は動員時の人数に対するものである。（『明治三十七八年戦役統計　第一巻』より作成）

だろう。

八月は日露両軍が海陸で戦争中最も烈しく激突した月であった。七月末から八月一日にかけて黒木第一軍は楡樹林子・様子嶺で、野津道貫大将率いる第四軍は析木城でロシア軍を破り、奥第二軍は四日までに海城北方一帯及び牛荘城を占領した。また、旅順で戦った乃木第三軍は八日の大孤山・小孤山の戦闘、十五日の高崎山・北大王山の戦闘、さらに十九日から二十四日にかけての第一回総攻撃と激戦を戦い抜き、小戦闘も含めると八月一カ月間での死傷者は一万八五九一人にも達し、数字上、師団が一つ消えたことになる。

海軍は、十日の黄海海戦でロシア太平洋艦隊に大打撃を与え、十四日の蔚山沖海戦でウラジオ艦隊を撃破し、黄海および日本海の制海権を完全に握った。そして乃木第三軍をのぞく満州軍（約一三万四五〇〇人）は二十四日から遼陽一帯でロシア軍主力（約二二万四六〇〇人）と激闘を展開し、九月四日まで続いた戦闘で死傷者二万三五三三人を出した。ここでも一個師団以上の戦力が消滅してしまった。

第一回総攻撃中止から一週間ほど後のこと、苛酷な戦場生活が将兵たちの身体に深刻な影響を与え始めた。九月二日の黒崎の日記には「夜盲目患者ノ続出スル傾向アリ」とある。夜盲目とは正確には夜盲症、俗に言う「とり目」でビタミンAの欠乏が原因であり、体内でビタミンAに変えられるカロチンを豊富に含む黄色・赤色野菜や卵黄・バターの摂取が予防・治療となる。そのため経理部勤務の黒崎は「新鮮ナル栄養品ノ給養ニ」努めるべく、翌日、兵卒二人を引き連れて陣地から六キロ離れた海岸まで行き、生魚二五〇斤（約一五〇キログラム）を買い求め、将兵に支給している。なお戦争全期を通じて夜盲症で入院した日本軍将兵は七七八人、眼病ではもっとも患者数が多かった。ちなみに出征部隊の病気別入院患者数を見ると、最も多かったのは脚気で一一万七五一人にも達し、全病気入院患者の約四七%を占めた。戦傷入院患者が二二万九四三五人であったから、脚気はロシア軍の銃砲弾に次いで日本軍を苦しめた「難敵」と言えよう。

乃木第三軍は次回の総攻撃に備えて戦力の回復に力を注いだ。四日、負傷した千田中佐に代わって中原渉大佐が歩兵第十五連隊長に着任したが攻撃準備中の十五日に発病、十七日に入院したため第一大隊長・戸枝百十彦少佐が連隊長代理となった。

また、後備第十五連隊でも七日に新第二大隊長・土橋吉次少佐が着任、十二日には戦死者や内地還送された傷病者の代わりに大量の補充兵が到着し、第二大隊には二七〇人が編入された。七月末から八月にかけての三度の戦闘で第二大隊は九〇人の戦死者とのべ四六六人の負傷者を出しているので、死傷者数の約半分が補充されたことになる。

さらに十三日に二代目の連隊長として香月三郎中佐が着任した。初代の高木常之助中佐は北大王山の戦闘で負傷したため、その後は第二大隊長・横山軍治少佐が連隊長代理を務めていたが、横山少佐も大頂子山攻撃の際に負傷してしまった。それ以降は連隊副官・小山田勘二大尉が連隊長代理兼第二大隊長代理となっていたのだ。

七、前進堡塁群攻撃

第二回総攻撃の前哨戦とも言うべき前進堡塁群攻撃は九月十九日に開始されるが、その二日前、黒崎は大隊から奇妙な命令を受け取る。「錨及ビ錨縄ヲ出来ルダケ長キモノヲ直チニ徴発シ持参スベキ旨」命ぜられた黒崎は、ジャンク用の錨と縄を徴発するため海岸に向かった。日本軍を苦しめた鉄条網を、錨を付けた縄で取り除こうという作戦である。十八日、黒崎ら後方勤務者は第一線から退けとの秘密命令を受け、暴風雨の中、後方へと撤退する。

十九日、いよいよ攻撃が開始された。第一師団右翼隊（友安少将指揮・後備第一旅団・騎兵第一連隊他）が二〇三高地を、中央隊（山本信行少将指揮・歩兵第一旅団他）が南山披山（日本側通称海鼠山《なまこ》・標高一八二メートル）を、左翼隊（中村覚少将指揮・歩兵第二旅団他）が水師営堡塁群を攻撃することとなったが、歩兵第十五連隊第一大隊・第三大隊は右翼隊へ、同第二大隊は中央隊に属し歩兵第一連隊の後任に任じ、また後備第十五連隊は師団予備隊となって大頂子山北斜面に布陣していた。

午後三時、右翼隊の攻撃が開始されたが、砲撃の効果が期待していたほど上がらず、歩兵第十五連隊の二個大隊と後備第十六連隊は、ロシア軍の銃砲火を浴び、死傷者が続出、同六時過ぎには二〇三高地西方三〇〇メートルの谷地で停止を余儀なくされた。二〇三高地の北方に位置する南山披山を攻撃した中央隊もロシア軍の反撃に動きを止められていた。

二十日午前五時半、第九師団が攻撃を担当していた龍眼北方堡塁が陥落し、浮足立ったロシア軍は退却を始め、水師営第一堡塁から第四堡塁は同十一時五十分までに間に次々に占領された。午後零時四〇分、南山披山に対し砲撃を開始、歩兵第一連隊が同山東部・中部を、同十五連隊第二大隊が同山西部占領を目指して攻撃を始めた。堡塁内では激しい白兵戦となったが、同六時前にロシア軍を駆逐し占領に成功した。残るは二〇三高地である。

同日未明から開始された後備第十六連隊及び歩兵第十五連隊の攻撃は、ロシア軍の反撃、銃砲火はもちろん上から投げ落とす擲弾（手榴弾）の破壊力によって頓挫させられた。だが午後六時四十分、歩兵第十五連隊第一大隊が敵堡塁の一角を占領し、そこを拠点として山頂占領を何度か試みたがことごとく撃退され、ついには占領地も奪還されてしまった。

二十一日にはロシア軍の砲撃で歩兵第十五連隊第一大隊長代理・等々力森蔵大尉と連隊旗手・日比重遠少尉が負傷し、軍旗の一部が焼けてしまったが、午後十時過ぎには夜陰に乗じて予備隊である後備第十五連隊が増援された。一方ロシア軍も二〇三高地の防備を固めるべく一個大隊を増派した。二十二日午前一時過ぎまさに攻撃を開始しようとした矢先に、ロシア軍は日本軍陣地を奇襲し爆弾（手榴弾？）を投じた。そのため後備第十六連隊長・新妻英馬中佐、歩兵第十五連隊長代理・戸枝百十彦少佐、同連隊第三大隊長・田中次郎少佐をはじめ各副官が負傷してしまったが、比較的怪我の軽かった田中少佐が歩兵第十五連隊長代理となってロシア軍の攻撃を撃退した。同五時に後備第十五連隊が、同十時には歩兵第十五連隊が山頂を目指して攻撃を開始したがいずれもロシア軍の熾烈な銃砲火に阻まれて多くの死傷者が出たため、正午には「右翼隊は現在地を固守せよ」という師団命令が発せられ、午後七時半には二〇三高地攻撃中止命令が出された。旅順戦のキーポイントとなるこの高地を、日本軍が完全に占領するのは七十日以上も先のことになる。

だが、占領した南山披山（海鼠山）からは旅順港が部分的に望見できたので港内のロシア艦に対し、より正確な間接射撃が可能となった。この攻撃における乃木第三軍の死傷者は四八八九人、そのうち後備第十五連隊の損害は戦死四〇人（士官・准士官・見習士官五人）、戦傷三九〇人（同一一人）で合計四三〇人、歩兵第十五連隊の損害が戦死一一八人（同一四人）、戦傷六二八人（同二五人）で合計七四六人だから「高崎連隊」の損害（死傷者一一七六人）は乃木第三軍の全死傷者の約二四％に達する。この戦闘では歩兵第十五連隊所属の下士卒三人に個人感状が、また四名連記のグループ（？）感状が一通、乃木軍司令官から授与されている。

後備第十五連隊の戦死者の中には着任したばかりの土橋少佐の名前がある。また中隊長（大尉）も一人戦死しているが、これで動員下令時の「老兵度」の高い中隊長は全員が死傷してしまったことになる。以下に姓名を列記してみる（年齢は戦死・負傷時のもの）

戸波留郎　五〇歳　八月二十日戦傷死　　小林保三　五一歳　八月二十日戦傷死
中村光義　五〇歳　八月七日戦傷死　　松山匡　五一歳　七月二十七日負傷
松坂政一　五三歳　八月十四日戦死　　加藤正修　四八歳　八月十三日負傷
野村九八郎　五二歳　八月十九日戦死　　柳沢祐嗣　四〇歳　九月二十二日戦死

これに動員下令時の連隊長、大隊長二人の負傷を加えると後備第十五連隊の幹部はほぼ「壊滅」である。この時点で出征時の士官三九人中無傷の者は、わずかに大尉一人、少尉七人に過ぎず、高崎出動後わずか百日余りで士官の死傷率は八割近くに達してしまった。また小隊長を務める准士官・見習士官も一六人負傷している。歩兵第十五連隊も出征時の士官五七人のうち三三人が死傷（死傷率約六割）し、准士官・見習士官の死傷者も二一人に達している。各隊とも少尉・中尉といった下級士官が不足し始めた。出動以来の損害合計は、歩兵第十五連隊が戦死三二三人・戦傷一三一四人、後備第十五連隊が戦死二二四人・戦傷一二九八人となった（戦傷者はのべ人数。中には三度（！）負傷した特務曹長が二人もいる）。

戦闘終了直後の、黒崎の二十三日の手記には、着任直後に戦死した「土橋第二大隊長ノ死体到着ニ付キ支那人二人ヲ雇入レ火葬ニ付」したと記されている。このような死屍整理や次回攻撃のための攻撃路掘削作業に忙殺されていた後備第十五連隊に再び補充兵が編入された。二十九日に一〇七人、三十日に二人と計一〇九人（九月の攻撃による第二大隊の死傷者は一〇七人）が新たに編入され次回の攻撃に備えることになった。しかし、二度にわたる日本軍の攻撃をはね返した旅順要塞は、陥ちる気配すらなかった。

こうした膨大な兵力損失を補うため二十九日には徴兵令が改正され、後備役を五年から十年に延長して約五万人を国民兵役から後備役に再編入し、補充兵役の第一・第二の区別を廃止して服役期間を十二年四カ月に延長した。その結果、軍隊経験のほとんどない三十三歳までの補充兵や、軍隊経験はあるが最高齢三十八歳の後備兵（日清戦争の時すでに予備役に編入！）までが召集されることとなった。ここまで拡大しないと兵力の確保が難しくなったのである。こうした戦闘に慣れぬ補充兵たちは戦場に投入された直後に戦死する者が多かったためか、古参兵からは「ちょうちん」と蔑まれていたという。

九月の前進堡塁群攻撃で十分な戦果を得られなかった乃木第三軍に、恐るべきニュースが飛び込んで来た。十月十五日、ついにバルチック艦隊（戦艦七隻、巡洋艦九隻主力）がリバウ港を出港したという。旅順には傷ついたとはいえ太平洋艦隊があり、下手をすると日本の連合艦隊は挟撃され全滅してしまう。そうなれば大陸に展開している陸軍の補給路は寸断され、ロシア軍の反撃が容赦なく襲いかかる。

乃木第三軍の使命は、バルチック艦隊が日本近海に到着する一カ月前までに旅順要塞を攻略することとなった。旅順港封鎖中の艦艇の修理には最低でも一カ月は必要と見られていたからだ。十月二十六日、乃木第三軍は第二回総攻撃を開始した。この攻撃から有名な二八サンチ榴弾砲が参加したが成功せず、十一月一日に攻撃は中止されてしまった。この間の乃木第三軍の死傷者は三八三〇人、一方ロシア軍の死傷者は四四五〇人（他に失踪者七九人）と日本側の損害を上回っている。日本軍と異なり、補充兵力のないロシア軍も苦境に立たされ始めたのであった。黒崎の手記によると、直接攻撃に参加しなかった後備第十五連隊は「友軍ノ牽制ガ目的ナルヲ以テ損害ナカリキ」とあるものの砲撃などにより戦死三人・戦傷二五人という損害を受けた。また歩兵第十五連隊は第二大隊が第九師団の松樹山堡塁攻撃を援助した程度だったため戦死三人・戦傷一〇人と比較的軽微な損害で済んだ。

八、二〇三高地の戦闘

この時期、旅順のロシア軍は乃木第三軍の攻撃日時が「ある規則性」に基づいて設定されていることに気付き始めた。六月末から開始された攻撃の日付を列記すると以下になる。

三十七年六月二十六日
（七月三〜五日）
七月二十六日〜二十日
（八月七〜八日）
（八月十三〜十五日）
八月十九〜二十四日
九月十九〜二十二日
十月二十六〜三十一日

（　）内は戦闘地域が限定された比較的小規模の戦闘なので、それらを除くと本格的な攻撃は「二十六日もしくはその一週間前の十九日」に集中している（ちなみにロシア暦では十三日と六日に相当）。だから当然、ロシア軍は次の総攻撃は十一月十九日（太陽暦）もしくは二十六日に行われるであろうと読んでいた。守備するロシア軍が圧倒的に優位に立っている。十八日までに守備体制を調え、銃砲弾を十分に蓄えて日本軍の攻撃を待ち構えればいいのだし、もし十九日に攻撃が無ければ一週間ゆっくりと休んでいればいいのだから。

さすがに大本営も乃木第三軍の攻撃日時についての奇妙な「規則性」に気付き、その理由を問いただすべく参謀・森邦武少佐（山田郡桐生町〈現桐生市〉出身。前橋中・攻玉社・成城学校を経て陸士一期、陸大十三期卒、のち少将）

を乃木第三軍司令部に派遣した。『機密日露戦史』に掲載されている司令部の回答は三カ条から成っている。以下要約すると、

一、坑室の火薬準備の関係と導火索の有効時日が一カ月に相当する

二、南山の陥落が五月二十六日であったので、将卒はこの縁起を祝う

三、偶数は割り切れるので兵卒は喜ぶ

「開いた口が塞がらない」とはまさしくこの回答のことを言うのだろう。一はともかく、二や三の理由（それも司令部の判断でなく部下の感情によって攻撃日を決定したなどという常軌を逸した責任転嫁）に至っては、司令部幕僚の知能を疑われても仕方ないだろう。このように無能な軍司令部の命令で攻撃を続行しなければならなかった将兵こそ悲惨である。

大本営が気付いたならロシア軍も攻撃日の規則性を察知したのではと疑い、例えば、十七日や二十四日などイレギュラーに攻撃日を設定できる軍司令部だったら、将兵の犠牲は最小限に食い止められたかもしれず、もっと言えば戦局もかなり変わっていただろう。

黒崎の手記に戻る。十一月二十日、後備第十五連隊第二大隊に補充兵一六七人が編入されたのだが「此ノ補充兵中サキノ戦闘ニ於テ負傷シ内地ニ帰リ全治シテ再ビ出征セル者約半数ニ達セリ」という驚くべき記述がある。補充兵も枯渇寸前だったのであるが、第三軍司令部はこの事実を知っていたのかどうか。ともあれ第三回総攻撃はロシア軍の予測通り「馬鹿正直に」十一月二十六日に開始された。十一日に戦闘序列に加えられた第七師団（旭川）を総予備とし、各師団の配備は従前と変更はなかった。

ただ各師団から抽出した約三〇〇〇人からなる「特別予備隊」を編成し、夜間攻撃用に待機させたことが新機軸であった。歩兵第十五連隊・歩兵第二連隊から各四〇〇人ほどを選抜した四個中隊編制の「第一師団特別歩兵連隊」（歩兵第十五連隊長・大久保直道中佐が指揮）、歩兵二十五連隊（札幌）の二個大隊、歩兵十二連隊（丸亀）の一個大

隊、工兵第九大隊（金沢）の一個小隊、第七師団（旭川）衛生隊から成るこの部隊は、暗闇でも敵味方を識別できるように隊員全てが白い襷をかけていたので「白襷隊」と名付けられた。後に、この攻撃隊は第三軍の旅順攻撃の象徴の一つとなるが、与えられた使命は夜間、軍刀と銃剣による強襲で旅順要塞最強の松樹山砲台を奪い、できうれば旅順市街に突入せよ、という凄まじいものであった。

数度にわたる総攻撃でロシア軍の要塞の堅固さを骨身にしみて熟知しているはずなのに、このような戦国時代の戦法を強いた司令部の頭脳は一体どうなっていたのか。そのうえ、起死回生のための切り札・無傷の第七師団から二個大隊を、この白襷隊に編入してしまったのだから、ただただあきれるばかりである（当時の北海道は人口が少なかったので、おもに第一師団管区の将兵が第七師団に配属されている。戦没者数から逆算した群馬出身の第七師団所属将兵は約一二〇〇人と見られる。なお、白樺隊に群馬県人が何人参加したかは不明）。

司令部がこんな状態なら、隊長・中村覚少将の訓示ももの凄い。「敵ノ猛射ヲ受ケルモ、一発タリトモ応射スルヲ厳禁ス」「故ナク後方ニ止リ、又ハ隊伍ヲ離レ、若クハ退却スルモノアラバ、幹部ニ於テ之ヲ斬殺スベシ」。一発も撃たずに砲台を占領し市街に突入せよ、という現実味のない無謀な計画を、あえて実行してしまった第三軍司令部の無能さの原因は一体何なのだろう。ロシア軍に読まれていた総攻撃日時といい、無謀な白兵突撃といい、このような戦い方をしていたのでは、将兵は次々に死傷するし、またいくら補充したところで勝利の糸口をつかむことさえできないだろう。

二十六日の夜間に行われた「白襷隊」による攻撃は、当然のことだが、一つの堡塁も奪えず、わずか数時間の戦闘で中村少将・大久保中佐が負傷するなど四分の三近くの将兵を失ってしまう。所属部隊と戦死場所・日時から類推すると、群馬県出身の「白欅隊」員二三人（軍曹一・伍長七・上等兵八・一等卒六・二等卒一）が戦死、また歩兵第十五連隊では大久保連隊長以下約一一〇人が死傷しているが、彼ら「白襷隊」の戦死者は、ロシア軍の銃砲火と日本軍の苛酷かつ無能な命令との挟撃にあって、「殺され傷つけられた」と言っていいだろう。「退ク者ハ斬レ」と命じた中村は、膝を負傷して後送され戦後の論功行賞では功二級金鵄勲章と爵位（男爵）を授けられ、後に侍従武官長、大将にまで昇進した。中村が戦後、白襷隊員やその遺族のために何かをした、という話は云わっていない。

この前後の乃木の日記には「廿六日朝ヨリ豊島山ニ登ル（一泊）」「同廿七日　日夕二〇三攻撃ヲ第一師団ニ命ス」とあり、「白襷隊」もふくめて従前通りの正面攻撃の失敗が攻撃目標を転換させたことが窺える。

十一月二十七日、第一師団・後備第一旅団は二〇三高地（ロシア軍守備兵力五一六人）とその北東に連なる老虎溝山（同九七七人）・化頭溝山（同六九二人）を攻撃した。後備第一旅団が二〇三高地西南部を目指し、後備第十五連隊第一大隊が右攻路から、同第二大隊左攻路から攻撃を開始、また同高地東北部は歩兵第一連隊第三大隊、老虎溝山は同連隊第二大隊、化頭溝山は歩兵第十五連隊第二大隊の攻撃目標とした。歩兵第十五連隊本部及び第一・第三大隊は師団予備隊となり、第三大隊は松樹山堡塁、第一大隊は二〇三高地攻撃に参加した。午後六時、各隊は二十八サンチ榴弾砲の集中砲撃後に突撃したものの増援されたロシア軍の激しい反撃で撃退された。翌二十八日に攻撃を再開、激戦を繰り返しながらも、午前十時三十分、後備十五連隊がついに二〇三高地西南部を占領したが途端にロシア軍の逆襲を受け、奪回されてしまった。その後数日間この山頂では何度も熾烈な争奪戦が展開されるが、その際、日本軍の主力となった後備第十五連隊の損害は想像を絶するものであった。二十九日には総予備隊である第七師団を二〇三高地攻略に投入し、同師団長の大迫尚敏中将が指揮を執ることになった。

熾烈な戦闘は続く。三十日、化頭溝山を攻撃した歩兵第十五連隊第二大隊第六中隊は奮戦し、中隊長吉野有武大尉はのちに乃木軍司令官から個人感状を授与された。

明治三十七年十一月三日（注・三十日）赤城山（注・赤坂山。化頭溝山を日本軍はこう呼んだ）攻撃の際歩兵第二十六連隊と共に突撃を決行し敵火猛烈大隊長（注・第二大隊長・秀島七郎少佐）以下多大の損害を受くるや代て大隊を指揮し徐に攻路の開設及攻撃計画を定め午後六時二〇三高地攻撃開始せらるるや進で散兵壕を占領し更に予備隊を提げて一時山頂の敵塁を占領し敵の逆襲を支へ以て二〇三高地の攻撃を容易ならしめたり。

同じ日、旅順にいた地理学者・志賀重昂は日記に二〇三高地の様子をこう記している。

（略）二〇三高地は元来素直な二子山なりしに、二子の上に幾百の極小なる山が出来て、凹凸の多い醜い山となり、其形を一変した。尤も初め七日間は此の凹凸も判然と見えたるが、味方の屍の上に敵の屍が累なり、其上に味方の屍が累なり、其上に敵の屍が累なり、其上に味方の屍が累なり、敵味方の屍が五重になつて赤毛布を敷き詰めたる様になりしより、七日目以降には再び従前の素直なる形に返つた様に見えた。こは屍を平面的に敷きたることとなるが、味方が山の西南嘴を占領して陣地を作らんとせし時は、土嚢が無くなりたる故屍を積みに積みて累々と高く胸墻を築きたるなど、殆んど小説を読むの感がする。ナント十一月二十七日夜より十二月六日朝まで全九昼夜の間、一小地点に於て間断なく戦闘、否短兵接戦し、格闘し、爆薬の投合いをなせしとは、世界の歴史に比類は無い（略）

黒崎の手記によると、十二月一日、第七師団の第十四旅団と交代して陣地に引き上げてきた後備第十五連隊第二大隊の生存者は、

第五中隊　二六人　　第六中隊　一九人
第七中隊　二三人　　第八中隊　一〇人
大隊本部　　六人　　衛生部　　二四人

で、合計一〇八人。つまり、九割近くの将兵が死傷してしまったのだ。また無傷の将校は任官したばかりの少尉が

一人にすぎなかった。彼らに水と握り飯を支給するため陣地に赴いた黒崎は、そのあまりの惨状に「生存セル将卒ノ顔ヲ見シニ涙続出シ男泣キニ嘆キ暫ク言語ヲ発スルヲ得ザリキ」と記している。

このように最前線で将兵が苦しんでいる最中、乃木第三軍司令部内には「異変」が起こっている。一つは満州軍参謀長・児玉源太郎大将による乃木第三軍の指揮権代行であり、もう一つは二〇三高地攻略に失敗した後備第一旅団長・友安治延少将の辞任である。前者は司馬遼太郎の『坂の上の雲』『殉死』（共に文春文庫）等に詳述されているので概略にとどめるが、一口でいうと、十二月一日以降の乃木第三軍の作戦指導は乃木から一時的に指揮権を借用した児玉が行い、重砲陣地の変換を命令して、ついに二〇三高地を陥落させたのである。歴史に「もしも」は許されないが、児玉の登場がなかったら、旅順の戦局はどうなっていただろう。

後者の友安旅団長の辞任は不可解な「事件」である。友安は一度占領した二〇三高地を奪回された責任を感じて軍司令部に辞意を申し出、司令部が承認した形となっているが、総攻撃の最中に指揮官が指揮権を放棄するのはほとんど「敵前逃亡」に匹敵する重罪ではないのだろうか。友安は、旅団副官である乃木保典少尉（乃木第三軍司令官の次男、長男勝典中尉は南山で戦死）の戦死（十一月三十日）にも責任を感じた上での辞任だったのかもしれない。ともあれ、一般の将兵には、自分の持ち場を離れる権利など一切なかったにもかかわらず、職場を去った旅団長とそれを許可した司令部の頭脳は事の正否を客観的に判断できないほど疲弊しきっていたのだろう。十二月二日の黒崎の手記にはこうある。「友安旅団長ハ旅団ノ全滅ニヨリ一時任務ヲトカレ軍司令部ニ赴ケリ」。もちろん将兵には真相を知る術はない。この後、友安は後備十一旅団長に復帰し、戦後は中将に進級のうえ、後備役に編入された。旧長州藩出身の士族であった友安は「長州陸軍」閥の一員であったために、事なきを得たのだろうか。ちなみに、日露戦争中の陸軍の将官（少将・中将・大将）は総数一九二人、うち山口県出身者は四二人で約二二％を占める（群馬出身の将官は戦時中に少将に進級した石原応恒第十一旅団長ただ一人である）。この一事をもって「長州陸軍」閥がいかに強大だったかがわかる。

児玉指揮下の乃木第三軍は猛烈に二〇三高地を攻め立て、五日に至ってようやく占領に成功する。黒崎の手記には午後四時十分頃、ロシア兵三人が降伏してきた、とある。占領直後に山頂に登った黒崎はそこでバラバラになった手、足、頭、胴を見、「イズレガ日本軍人ノ足カ手カ露兵ノ手足カ判別出来ザル悲惨ノ状態」があまりに凄絶だったので涙も出ないほどであったと記している。また、歩兵第一連隊の連隊旗手・猪熊敬一郎少尉が、戦闘終了直後にこの高地で目撃したシーンを記した『鉄血』の一節には心を打たれる。

何たる惨状！散兵濠付近の戦死者は爆薬の為め焼かれて全く裸体となり、或は砲弾に粉砕せられて形を失ひ、首なきあり、手なきあり、下体尽く砕け去れるあり、面部を焼かれたる者、剣尖相刺して共に斃れたる者、千態万状筆紙の尽すべきに非ず、殆ど呆れ果つるの外はない。殊に憐れを覚えしめたのは、敵味方、互いに繃帯し合ふて斃れたものである。互いに格闘して戦闘力を失ふに至り、互いに繃帯し合ふて共に死す。あゝこれ人の至情ではないか。

極限状況の中で、敵とはいえ、お互いを思いやりつつ死んでいった兵士も、確かにいたのである。

第三回総攻撃における乃木第三軍の損害は戦死五〇二〇人・戦傷一万一七二六人で、そのうち歩兵第十五連隊の戦死一四〇人（士官・准士官・見習士官八人）、戦傷四〇四人（同一六人）で合計五四四人（同二四人）、また後備第十五連隊の戦死者は一四一人（同五人）と歩兵第十五連隊とほぼ同数だが、戦傷者は倍以上の九一七人（同二三人）で戦死傷者合計一〇五八人（同二九人）は乃木第三軍の全死傷者の六・三％となり、歩兵第十五連隊の戦死傷者と合わせると、二つの「高崎連隊」の損害は乃木第三軍全体の約一割にも達する。野戦連隊の三分の二規模の後備第十五連隊の損害は甚大であった。

同連隊がいかに奮戦したかを表す数字がある。第三回総攻撃に関して、同連隊には中隊感状一通、個人感状三二通

表３－④　旅順攻撃における第三軍死傷者の創種別人数・割合

	砲創	銃創	爆傷	白兵創	その他	合計
高崎山・北大王山の戦闘（8・13～15）	178（14.6%）	832（68.5%）	0	39（3.2%）	167（13.7%）	1216
第一回総攻撃（8・19～24）	3029（20.6%）	10730（72.8%）	25（0.2%）	80（0.5%）	873（5.9%）	14737
前進堡塁群攻撃（9・19～22）	1161（23.8%）	2688（55.2%）	203（4.2%）	29（0.6%）	787（16.2%）	4868
第二回総攻撃（10・26～31）	973（26.8%）	2207（60.7%）	219（6.0%）	16（0.4%）	222（6.1%）	3637
第三回総攻撃（11・26～12・6）	2750（16.4%）	9371（56.0%）	2791（16.7%）	146（0.9%）	1688（10.0%）	16746
戦闘全期間（6・26～1・1）	9998（19.7%）	32093（63.2%）	3809（7.5%）	362（0.7%）	4528（8.9%）	50790

（『日露戦役統計集　7』より作成）

が授与された。感状とは、戦功をほめたたえて司令官が与える賞状で、金鵄勲章よりも希少なものである。同時期の歩兵第十五連隊に与えられた感状が一通（前掲の吉野大尉）、また、戦争全期間を通じて発行された総数が二〇四二通ということから、後備第十五連隊の将兵が、二〇三高地でいかに奮戦したかが窺える。階級別に見ると曹長一、軍曹二、伍長九、上等兵九、二等卒二というから、ほとんどが職業軍人ではなく召集された老兵だったろう。

そしてもう一つ、この戦いの凄まじさを示す数字を紹介したい。表3―④を見ると乃木第三軍の将兵が、どのような創種が原因で死傷したかがわかる。敵との距離が近づくにつれて砲創から銃創・爆傷・白兵創の順で増えていくと考えられるので、爆傷や白兵創による死傷者が多い第三回総攻撃は相当の接近戦であったことが数字から読み取れる。白兵創の割合はやや高くなっているが、具体的内容は切創戦死一人・同負傷五〇人・刺創戦死三人・同負傷九二人の計一四六人で戦死はわずか四人に過ぎず、「白襷隊」のような白兵強襲突撃がほとんど意味のない無謀な攻撃であったことがわかる。日露両軍とも九月の戦闘から手榴弾を大量に使用したためか、爆傷の割合が急上昇している。導火索に点火して投ずる日本軍と比べて、ロシア軍の手榴弾は着発式信管を備えたもので、はるかに優秀であった。

ともあれ、二〇三高地は陥落し、そこから港内に停泊するロシア艦隊を砲撃指導できるようになった。ために二八サンチ砲による砲撃で港内の艦艇は撃破され、あるものは自沈した。こうなるとロシア軍は急速に戦意を失い、要塞の主要堡塁は次々と占領され、ついに一九〇五年（明治三十八年）一月一日午後、ロシア軍は降伏を申し出、二日の「水師営の会見」となる。攻防約六カ月、旅順の全戦闘を通じての「高崎連隊」の損害は歩兵第十五連隊の戦死四三八人（士官・准士官・見習士官二八人）・戦傷一五九一人（同六八人）、後備第十五連隊の戦死三七九人（同一八人）・戦傷二二八九人（同六七人）に達した。

三日午前八時、歩兵第十五連隊第三大隊長・粟野陽二郎少佐が第三大隊と徒歩砲兵第三連隊の一部を率いて、椅子山・大案子山・小案子山及びその周囲の砲台・堡塁を開城担保として受領し、午後一時半から守備勤務に就いた。九日には乃木第三軍参謀長・伊地知幸介少将が旅順要塞司令官に補せられたが、乃木第三軍を代表して（？）拙劣な作戦指導の責任を取らされた、事実上の左遷だろう。ちなみに伊地知は旧薩摩藩出身の士族で、妻は大山巌・満州軍総司令官の姪であった。戦後は中将に進級し、爵位（男爵）も与えられた。新参謀長を迎えた乃木第三軍はやがて次の戦場、奉天（現・瀋陽）に向かって北進を開始することになる。それは将兵にとっては新たな「地獄」の始まりを意味することになるが、実際に北進を開始するまでは久々に安息の日々となった。だが、それもつかの間、二十一日には歩兵第十五連隊は旅順を発ち、金州・得利寺・蓋平・海城を経て二月五日に北沙河に到着し、北大溝・大蛇子附近に露営し出撃の準備をしていた。

旅順や遼陽で失った兵力の増強を図るために、一九〇四年（明治三十七年）九月二十九日に改正された徴兵令により、補充兵が次々と前線に送られた。また従来の国民兵役から後備役に再編入された将兵を中心に「第二次後備隊」が編制され、師団ごとに後備第四十九連隊から同六十連隊まで一二個の後備連隊（三個大隊編制）が新設された。人口の少ない北海道の第七師団管区では後備連隊を編制せず、その代りに第一師団管区で後備第四十九・同五十連隊の二個連隊を編制、それぞれ歩兵第一・第二旅団が担当したため、群馬県出身の第二次後備兵はおもに後備第四十九連隊に編入、同連隊は十二月五日に動員下令、同十七日に動員完結した。後備第十五連隊からも三人の士官が転属している（表3―⑤）。こうした部隊が続々と奉天戦に投入されていく。

さらに師団を新設するため同年十二月一日には各歩兵補充大隊（一個連隊につき一補充大隊が編制された）に例年より二個中隊分多くの兵員を編入した。この通常より多く徴集された二個中隊分の現役兵を併せて東日本・西日本で

表3ー⑤　後備歩兵第四十九連隊編成人員（動員下令時）

	現役	予備役	後備役	補充兵役
歩兵中佐	1			
少佐	1		2	
大尉	4	1	8	
中尉・少尉	12	7	21	
特務曹長	5	2	5	
曹長	3	1	8	
軍曹・伍長			194	
上等兵			430	
一・二等卒		19	1951	
小計	26	30	2619	
輜重兵下士官			3	
上等兵			3	
一・二等卒			3	
輜重輸卒		1	118	
小計		1	127	
経理部士官		1	2	
下士官		1	2	
小計		2	4	
衛生部士官	1	5		
下士官			3	
看護手	1	2	9	
小計	2	7	12	
獣医部士官				
代用馬卒	18			
小計	18			
合計	46	40	2762	
総合計	2848			

（『明治三十七八年戦役統計　第一巻』より作成）

各一個師団が新設された。つまり東日本では近衛（東京）・第一（東京）・第二（仙台）・第三（名古屋）・第八（弘前）・第九（金沢）の六個の師団留守部隊から各二個大隊（増員された二個中隊×一個師団の連隊数四で八個中隊。四個中隊で一個大隊となる）を編制、それらを併せた二個大隊×六個（師団）で十二個大隊＝四個連隊（歩兵第四十九～同五十二連隊）を第十三師団とし、同様に西日本の六個師団で第十四師団を編制した。

歩兵第四十九連隊は第一大隊（編制担当留守近衛第一旅団）・第二大隊（同留守第二旅団）・第三大隊（同留守歩

表３―⑥　歩兵第四十九連隊第三大隊編成人員
（動員下令時）

	現役	予備役	後備役	補充兵役
歩兵中佐				
少佐	1			
大尉	4			
中尉・少尉	10	3		
特務曹長	4			
曹長	2	1	1	
軍曹・伍長	24	34	6	
上等兵	79	17		
一・二等卒	704			
小計	828	55	7	
輜重兵下士官			1	
上等兵	1		1	
一・二等卒			2	60
輜重輸卒				
小計	1		4	60
経理部士官	1			
下士官		1		
小計	1	1		
衛生部士官	1	1		
下士官	1			
看護手	2			2
小計	4	1		2
獣医部士官				
馬卒	1			4
小計	1			4
合計	835	57	11	66
総合計	969			

（『明治三十七八年戦役統計　第一巻』より作成）

兵第一旅団）からなり、歩兵第十五連隊は第三大隊の二個中隊（第十一・十二中隊）編制を担当した（表3―⑥）。この師団は奉天会戦後の三月三十一日に動員下令となり、七月から始まる樺太作戦の中核部隊となった。両中隊の士官八人中判明しているだけでも大尉一・中尉二・少尉一が旅順戦での負傷が癒えたばかりの士官である。また、第十二中隊の小隊長として十一月一日に少尉に任官したばかりの陸士十六期生・土肥原賢二（のち第十四師団長、陸軍大将。東京裁判でA級戦犯となり絞首刑）の名がある。

九、旅順から奉天へ

一九〇五年（明治三十八年）一月二日の旅順陥落から奉天を目指しての北進開始までの期間は、乃木第三軍将兵にとって久々に休息の日々が続いた。十三日には旅順入場式を、十四日には臨時招魂祭が行われたが、各所で頻繁に宴会が行われたらしい。『新編　高崎市史　補遺資料編　近代現代』所収の歩兵第十五連隊第六中隊の『陣中日誌』一月三日の記述には、一風変わった「宴会」が記載されている。「兵卒勝手ニ散歩シツツアリ不規律ナルヲ以テ厳重ニ取締リヲナス事殊ニ甚タシキモノハ椅子山案子山旅順市街ニ至リ露兵ト酒ヲクミカワシツツアリ尓来ハ公用ノ警戒戦外ニ出ツルヲ厳禁ス」とあるから、各所でロシア兵と酒を酌み交わす兵卒がいたことがわかる。まさに「昨日の敵は今日の友」となった日露の将兵が酒を飲みながら身振り手振りで談笑する様子は、全力を尽くして戦ったスポーツ選手の試合後の抱擁の姿がオーバーラップし、想像するだけでも清々しさを感じるのだが、上官には、兵としてあるまじき姿と映ったのだろう。一方で、兵士による刑事事件も起こっている。六日の記述には「昨日歩兵第二聯隊の兵卒三名ハ旅順巷（注・港）ニ出タリ□□（二字不明）ヲ行ヒ其結果捕ハレテ遂軍司令官ニ伝聞スル処トナリ重ケー（刑）ニ処セラルル筈」「第三聯隊九十六名モ乱暴ヲ動（働）キ捕ハレテ処分セラルル筈」、また八日の記述には「支那市街ニ入ルモノアリ入ルヘカラズ殊ニ露国婦人ヲ殺セシモノアリ」という一節がある。これ以上の説明がないので詳細は不明だが、「占領地における勝利者の犯罪」は古今東西を問わず発生するものであり、武士道精神が残っていると言われた明治の陸軍も例外ではなかったということか。およそ二十日間の「充電期間」を終えた歩兵第十五連隊は二十一日に旅順を発ち、金州・得利寺・蓋平・海城を経て二月五日に北沙河に到着、北大溝・大蛇子附近に露営し次の戦闘に備えていた。

一方、旅順に残っていた将兵は宴会を繰り返していたようだ。黒崎の手記によると一月五回、二月四回と、酒宴はおよそ六日に一回の割合で行われているが、なかでも一月二十八日に開かれた後備第十五連隊第二大隊本部付下士団の祝勝会についての記述が詳しい。献立表を作った黒崎は兵卒二人を連れ、旅順の旧市街に出張し鶏・玉葱・鶏卵・梨・牛肉・牡蠣・コーヒーソース・ミルク等を購入、当日は朝から会場準備にあたった。料理を作るのは中隊の中から選抜された料理に心得のある兵卒三人、会場であるロシア人官舎の大広間に万国旗を飾り、群馬県有志から贈られた手拭い五反を幕とし、テーブル掛けには新しい白布を使用した。

参加者は下士官七人、それに大隊副官（中尉）と一等軍医（大尉相当）が招かれた。午後三時に開会となった祝勝会のメニューは、「牡蠣ノフライ・ビフローフ・チキンカツレツ・チキンチヤプ・シチウ・ビフテキ・コーヒー・水菓子」の計八品。

「互ヒニ杯ヲ重ネ大ニノミ、大ニ食イ各白ノ隠シ芸ヲ演ジ大ニ唄ヒ大ニ踊リ宴半バヨリ当番卒ヲ列席セシメ酒ヲ与エ、閉会シタルハ翌日午前一時」という、大学生のコンパを思わせるこの宴会では一斗（一八リットル）の酒が一滴残らず飲み干され、一人も倒れることなく無事終了。翌朝午前七時に起床後、朝食・会場整理のあとで黒崎を含む四人は「飲み直し」をしたという。なんとも酒豪揃いの酒宴だったようだ。

休息期間中も、主計科下士官としての黒崎の仕事は多忙を極めていた。一月七日には「白分ハ戦死者ノ遺骨其ノ他

ノ還送準備ヲナシ（中略）支那車輌ニ積載シ長嶺子兵站部ニ還送ス。其ノ品目数量左ノ如シ
一、遺骨及び遺髪　一梱包
一、将校遺物　九行李
一、下士以下遺物　二梱包
一、負傷者私物品　二梱包
一、軍刀　一梱包

黒崎の、こうした遺骨・遺品還送業務はなおも続く。祝勝会から四日後の二月一日には「自分ハ死傷者ノ私物品十二梱包及ビ同将校ノ遺品還送ノ物品四梱包、戦死者ノ遺骨遺髪一梱包ヲ整理シ旅順兵站部ニ持参還送ス」とある。こうした戦死者の遺骨・遺品還送という辛い仕事をこなしていた黒崎の心中には、戦死した同僚の顔や彼らと過ごした思い出が渦巻き、酒を飲んでも消せない、いや酒を飲めば一層湧いて来る悲しみが胸を締めつけただろう。そうした点から考えると彼らが酒宴を重ねたのは、「旅順陥落」という喜び以外に故人を偲ぶ鎮魂のためという面があったように思われる。

同じ二月一日、旅順守備として後備第五十連隊本部及び六個中隊が到着した。この連隊はおもに東京（下町）・埼玉（南部）・千葉・茨城・栃木出身の老兵で編成された「第二次後備隊」で、連隊長は西南戦争・日清戦争の項で何度か登場した、旧前橋藩士の亀岡泰辰大佐。亀岡は陸軍大学校に第一期生として入校したものの中退してしまったので、軍人としてのエリートコースからはずれてしまった。陸大の同期生には第一軍参謀長・藤井茂太、騎兵第一旅団長・秋山好古、参謀本部次長・長岡外史（役職は日露戦争時のもの）など錚々たるメンバーが顔を並べていた。ちなみにこの期の首席卒業生は東条英教、すなわち太平洋戦争開戦時の首相・東条英機の父親である。亀岡はその後、旅順要塞衛戍司令官となり、一九〇七年（明治四十年）に少将に進級と同時に後備役に編入され、のち帝国在郷軍人会

表3－⑦　歩兵第十五連隊第六中隊人員数（明治37年12月～同38年6月）

	12・18	12・31	1・8	2・27	3・10	3・17	4・26	5・10	6・11
中尉							1	1	2
少尉	1	2	2	1	1	1	1	1	1
特務曹長	1	2	2	2	2	2	2	2	2
見習士官				1					
曹長	1	1	1	1	1	1	1	1	1
軍曹	4	6	6	9	7	8	8	9	12
伍長	8	9	10	7	2	2	8	8	5
上等兵	13	25	27	27	12	13	25	26	26
一等卒	45	43	59	61	30	34	28	34	35
二等卒	11							26	25
その他	1		1	1		1	1	1	1
補充兵	22	55	58	94	35	80	108	118	133
総数	107	143	166	204	90	142	183	227	243
補充兵の割合	21%	38%	35%	46%	39%	56%	59%	52%	55%

その他は看護手（二重下線）・喇叭手。
（『陣中日誌　歩兵第十五連隊第六中隊』〈『新編高崎市史　補遺資料編　近代現代』所収〉より作成）

常務理事を務めている。

守備部隊の到着は同時に乃木第三軍の出発を意味する。歩兵第十五連隊に遅れること約一カ月、後備第十五連隊もいよいよ奉天に向けて出発することとなった。二月十六日に「二十一日から二十二日には北進を開始する予定」という通報を受けた黒崎は、食糧や輸送車輌の購入に奔走する一方で再び酒宴にも参加するようになる。同連隊第一大隊が出発した二十一日には、上司・同僚と三人で市街へ行き芝居見物をした後「支那料理店ニ案内ヲ受ケ支那芸妓三名ヲ呼ビ来リ大愉快ヲナシ帰路黒塗リノ二頭立馬車ニテ帰舎ス」。美女と美酒・美食という、もしかしたら最後になるかもしれない豪遊で、次の戦場に向かう恐怖心と戦ったのかもしれない。古今東西に共通する将兵の心理だろう。

明けて二十二日午前十時、旅順宿営地を出発した黒崎の属する第二大隊は午後零時半に旅順停車場を発車、大石橋付近の橋をロシア軍に破壊されたため十時間ほど足止めされたが、遼陽を経て二十四日午後六時頃、小紙房に到着し本隊と合流し、翌日、後備第一・同十五・同十六連隊からなる後備第一旅団は第三軍の総予備隊に編入された。

この時期、決戦に備えて次々と補充兵力が最前線に送られてきたが、そのほとんどは戦闘経験の乏しい補充兵役の兵卒であった。歩兵第十五連隊第六中隊を例にその様子を見てみよう（表3―⑦）。『陣中日誌』によると、二〇三高地が陥落した第三回総攻撃後、第六中隊の人員は一〇七人（通常は二〇〇人前後）にまで減少しており、士官は少尉一人（通常は四人）となってしまった。部隊を再編するためにはまず人員の増加を図らねばならず、補充兵の編入と同時に、下士卒の階級を上げた。連隊内部ではまず一九〇四年（明治三十七年）十二月二十三日に一〇人の特務曹長を小隊長とし、二十八日には曹長から特務曹長へ七人、軍曹から曹長へ九人、さらに第六中隊内でも二十八日に伍長から軍曹に四人、上等兵から伍長に六人、一等卒から上等兵に一三人、二等卒から一等卒に一一人を昇進させている。補充兵は十二月十九日（三九人）・一月八日（二三人）・二月二十五日（二六人）・同二六日（一八人）と数度に渡って編入された。一部他部隊への転入・病気入院もあるが、こうした昇進・異動・補充をへて奉天会戦が本格的に始まる直前の二月二十七日には中隊の総員は二〇四人となり、一応は部隊としての体裁は整ったが、本来、戦闘要員向きではない補充兵の割合が五割近くに達しており、開戦当初の部隊編制人員と比べると、その練度・士気はかなり劣っていたろう。

十、奉天会戦・上

中国東北地方（旧満州）の中心都市・奉天は函館とほぼ同緯度にあるが、大陸性気候のため真冬は零下二十度近くまで冷え込むこともある。その奉天一帯を守備するロシア軍は約三二万、それに対して約二五万の日本軍が包囲する形になった。合計参加兵力約五七万人の陸上会戦は、近代戦史上最大規模の戦闘であるが、少数の日本軍が多数のロシア軍を包囲するという、一歩間違えると大敗を喫する可能性の高い作戦に、日本軍はあるだけの兵力を投入したのである。

これより規模の大きな戦闘は一九一八年（大正七年）のベルダン攻防戦（参加兵員は独軍と英仏軍合計一六〇万人）と一九四三年（昭和十八年）のクルスク攻防戦（参加兵員は独ソ両軍合計で二二〇万人）の二例しかない。近代国家として歩み始めたばかりの新興国・大日本帝国にとって「関ヶ原」ともいうべき奉天会戦は、国力の限界を越えていたかもしれない。その戦場に投入されたすべての将兵の体力・気力も限界に近かっただろう。老兵はもちろん、一度負傷して再び原隊に復帰した将兵、ビタミンB１不足による脚気に苦しむ将兵、戦場経験の無い補充兵が多数いたはずだ。両軍で五七万人と一口に言うが、戦争は、その数倍の肉親・妻・恋人・子供たちの運命をも容赦なく巻き込んでいく…。

日本軍は、奉天の東側つまりロシア軍の左翼から時計回りに鴨緑江軍（本来は韓国駐箚軍所属であったが軍司令官川村景明大将の独断で満州軍の所属となった）・黒木第一軍・野津第四軍・奥第二軍と布陣し・乃木第三軍がロシア軍の北方への退路を断ち包囲殲滅するという作戦をたてた。通常の戦闘では前線の背後にその数割の予備兵力を配置するのだが、日本軍は無謀にも持てる兵力をすべて前線に配備した。ためにロシア軍は日本軍にはまだ予備兵力があるにちがいないと過大評価したが、その誤解は日本軍にとっては幸運だった。

まず作戦は鴨緑江軍の行動から始まった。鴨緑江軍の役割は、一足早く行動を起こし、ロシア軍に主力軍と思わせることである。他の軍に比べ兵力も劣る上、その半数は後備兵である鴨緑江軍は、雪の積もった山岳地帯の移動に難渋したものの、二月二十四日に清河城を占領した。その翌日、黒木第一軍も行動を開始、ここに至ってロシア軍総司令官クロパトキンは、東側から攻めてきた鴨緑江軍を乃木第三軍と思い込み、これこそが日本軍の主力であると誤認し、予備兵力をこの方面に移動させた。日本側の作戦はあたった。

二十六日、乃木第三軍に対して北進命令が発令され、同時に黒木第一・奥第二・野津第四軍による牽制攻撃が開始された。いよいよ本格的な戦闘が始まったのである。

同日午後八時、黒崎は一一カ条からなる命令を受け取った。その三を見ると兵卒の装備がわかる。「出発ノ服装ハ悉皆ノ防寒具ヲ着用ノ上、背負袋毛布一枚飯倉ヲ携帯シ、携帯口糧ハ精米六合重焼麺包《じゅうしょうめんぽう》二日分（注・合計三日分）ヲ携帯シ弾薬ハ一九五発ヲ携帯スベシ」。重焼麺包とは乾パン＝ハードビスケットだが、「ジュウショウ」という音《おん》が「重傷」を連想させるため戦後は乾麺包と改称された。日本軍の防寒具は襟だけ毛皮をつけた茶褐色毛布製防寒外套が代表的なものであり、将校・下士卒ともに同じ品を使用していた。また二十八日には防寒用毛皮胴着、三月一日には藁靴・寒用靴下・綿ネル腹巻きを受領し、各中隊に配給している。こうした防寒具は、開戦二年前の歩兵第五連隊（青森）による八甲田山雪中行軍の悲劇の教訓を取り入れたものである。

三月一日、日本軍は総攻撃を開始した。二日、歩兵第十五連隊は第一師団右縦隊の基幹部隊として進撃、奉天西方の沙嶺堡付近でロシア軍騎兵集団と遭遇し撃ち合いが始まった。両軍とも援軍を得たため戦闘は拡大し、ロシア軍は日本軍を包囲しようとしたが、日本軍砲兵の攻撃によってロシア軍砲兵が制圧されたために退却した。この戦闘で同連隊の損害は戦死六人・戦傷四三人（士官一人）であった。

二日から四日にかけてロシア軍は各方面で頑強に抵抗したため、日本軍の進撃は止まった。頼みの綱は乃木第三軍の迂回攻撃である。黒崎の六日の手記を見てみよう。

隊ハ後民屯西方畑地ニ出動ノ命ヲ待テリ。第一線ハ各方面トモ益々猛烈ニ戦闘中ナリ。我ガ軍ハ全ク奉天城ヲ包囲シ見渡ス限リ被（彼）我ノ砲撃ニテ昼ハ黒煙ニ、夜間ハ火焔ニテ戦線約五十里ニ亘リ大煙火ヲ見ルガ如シ。第三軍ハ敵ノ右側背ヲ突クベク敵ヲ駆逐シツツ大迂廻中ナリ。

ロシア軍は北方に展開しようとする乃木第三軍に対し阻止攻撃を開始するとともに、七日、主戦線に後退命令を発した。ロシア軍の阻止攻撃は熾烈であった。「頑強ニ抵抗スル敵ト目下激闘中ナリトノ報ヲ聞キ」（七日）「敵弾ノ為、後藤連隊副官（注・大尉）戦死シ岡部大尉負傷ス。其ノ他下士卒ノ死傷十六名ヲ出セリ」（八日）と黒崎は綴る。

八日払暁、歩兵第十五連隊は、奉天—鉄嶺間の戦略上の要地「三台子」占領を目指して攻撃を開始したが、ロシア軍は村落を囲む囲壁を改造して銃眼を築き、要所には散兵壕まで設けるなどして日本軍の攻撃を待ち受けていた。折からの濃霧が観測を妨げて砲撃の効果は上がらない。また周囲に掩護物の無い平坦地を進撃したためロシア軍の砲火にさらされ、敵前約九〇〇メートルで停止を余儀なくされ、死傷者は増加する一方だった。この日だけで同連隊第六中隊の戦死戦傷死一五人・戦傷者四八人、じつに中隊総員の三割を失った。その間にもロシア軍は鉄道を利用して北方に退却している。一刻も早く鉄道を押さえるべく、同連隊は九日午前零時半、第一・第六・第十一中隊を第一線としてロシア軍陣地に夜襲をかけた。激しい戦闘が繰り広げられ、ついに囲壁内に突入し、同十時頃には村落の過半を占領した。この日の戦闘では、連隊長・戸枝百十彦中佐が狙撃されて戦死するなど同連隊は多大の損害を被った。第六中隊の戦死一三人・戦傷二二人・行方不明七人（一人は五日後に帰還〈！〉、六人は戦傷と判明）、中隊の人員は定員の半数以下になってしまった。

同日午後、奉天付近に、突如、砂嵐が吹き荒れた。強風とそれに乗った黄塵が日露両軍に襲いかかったのである。風は南方から吹いて来たために奉天の南側に展開した日本軍の主力、つまり第一・二・四軍にとっては追い風となり、それと向き合うロシア軍には逆風となった。一方、北部戦線では、奉天を北側から攻撃しようとしていた乃木第三軍にとっても、この風は向かい風となって行く手をはばんだ。つまり、日露両軍で南から攻撃をかけた部隊には「神風」となり、北から攻めた部隊にとっては最悪の「逆風」となった形だ。黒崎はこの風について「朝来ヨリ大風トナリ砂塵吹キマクリ午後二至リ愈々強ク強風トナル」と記している。以下、この風についての将兵の証言を出来るだけ拾ってみた。そのとらえ方に微妙な差異があるのが面白い。

まず第一軍に属していた多門二郎大尉（第二師団第三旅団副官）の証言。

この風は実に奇妙で、吹き始むるや実に猛烈で、砂塵濛々として咫尺を弁ずること能わざる光景となった。連日の晴天で雪は更になく、土地は乾き切っているので、畑地や道路の挨塵が立ち登る有様は、真に支那人の形容する黄塵万丈という景況であった。

（『日露戦争日記』）

奥第二軍第八師団所属の加藤健之助三等軍医の証言。同師団は第二軍の最左翼に布陣していたため、西側から奉天を攻撃する形となった。つまり強風は右側から吹いてきたことになる。

此ノ日ハ西南風烈シク猛塵ヲ飛シテ百米突（注・メートル）前方ハ全ク視界ヲ遮ルニ至リシヲ以テ彼我共ニ銃声ナク。

（『日露戦争軍医の日記』）

同じ奥第二軍に属していて管理部長であった石光真清大尉の証言には黄塵にまみれた戦場の様子がリアルに描かれている。

この日は未明から南風が強く、文字通りの黄塵万丈、太陽の光も被われて漏れず、天地暗澹として三、四間（注・約五・五〜七・三メートル）先の物さえ見えないほどであった。（略）傷ついて力尽きた将兵たちは黄塵を浴びて随所に群がり横たわっており、死屍もまた黄塵に半ば埋もれて識別困難であった。

（『望郷の歌』）

次に乃木第三軍第一師団の猪熊敬一郎少尉（歩一連隊旗手）の証言。

午後一時頃でもあったろう。突然狂風大に起り、砂礫を捲き上げ天地暗澹として咫尺《しせき》を弁ぜず黄塵空を蔽いて白日僅に光を洩らすのみ、上陸以来嘗て経験したことのない大旋風となって時経てども凪む様子もない。

（『鉄血』）

これらの証言には「黄塵万丈」「天地暗澹」「咫尺を弁ぜず」といったステレオタイプの表現が目立つ。「咫」は周尺で八寸のこと、つまり近い距離の意、だから「咫尺を弁ぜず」とは「暗くて近くのものでも見分けがつかない」という意味だ。この表現は多くの連隊史でも使われている。

当時、奉天に在住していたスコットランド人医師・クリスティーの証言にはそうした便利な表現はもちろん使われていない。

三月九日、記録にもなかった程の最悪の砂あらしが両軍を蔽い、ロシア軍の不利に働いた。暖かい南の強風が吹き、それが此の土地特有の細かい砂塵を濛々と運び、時とするとその為め、我々の窓から十八ヤード（注・約一六・五メートル）離れている煉瓦塀が、五分間もつづけて一しきり見えないことがあった。ロシア軍はこの眼潰しの砂あらしを顔に受けて戦わねばならなかった。

（『奉天三十年』）

奉天の北方に展開しようとしていた乃木第三軍の将兵も砂塵の眼潰しをもろに受けていたのである。

十一、奉天会戦・下

三月九日昼頃に吹き始めた砂嵐は、奉天を北から攻撃しようとしていた乃木第三軍将兵にとっては逆風となり、相対していたロシア軍には追い風となった。この日、第一師団及び後備第一旅団に与えられた命令は「東清鉄道及びその東側を並行する奉天鉄嶺街道の遮断[illegible]であった。この二つの「道」を押さえれば、ロシア軍の北方への退路を完全に封鎖できる。それだけにロシア軍の反撃も熾烈になり、さらに猛烈な砂嵐がその攻撃を後押しすることになるのだが…。日本軍の配備は第一師団の左翼に後備歩兵第一連隊、そしてその左側に同十六連隊となっており、同十五連隊はその中間やや後方に予備隊として布陣し、鉄道手前の文官屯攻略に向かった。午前八時頃より開始された攻撃は思い通りには進まなかった。『後備歩兵第一連隊歴誌』によると、「敵ノ歩砲火頗ル優勢ニシテ死傷続出シ我砲火劣勢ニシテ前進頗ル困難」な状況となり、連隊長・余語征信中佐は重傷を負い、さらに第一大隊長・長山武俊少佐も負傷し、連隊副官が指揮をするほどの激戦になった。

そこに狂暴な砂嵐が突如として吹き荒れた。同書からその様子を引用する。

> 此時（注・午前十時半）暴風沙塵ヲ揚ゲ暗黒ノ裏ヲ利用シ前進セシ三千余の敵兵我旅団ノ左側背ニ逆襲シ来リ我左翼ニアリシ第十六第十五連隊（注・共に後備連隊）退却ヲ始メタリ我連隊ハ全力ヲ挙ゲテ之ガ防止ニ力メタルモ衆寡敵セズ遂ニ多大ノ損害ヲ蒙リツツ一時田義屯ニ向テ退却スルノ止ムヲ得サルニ至レリ

とあり、退却は左翼の後備歩兵第十六連隊・同十五連隊から始まったらしいことがわかる。黒崎の手記からこの日の記録を見てみると、

> 午後二時ニ至リ敵ハ大挙我ガ前面約二百メートルノ地点ニ押シ寄セ来リ遂ニ之ヲ支ウルアタワズ、田義屯ニ退却セルニ……

とあるが実際に文官屯を襲撃したロシア軍は五個連隊程度であったというから驚くほどの大兵力ではなかった。日本

軍にとって砂塵とともに襲いかかってきたロシア軍は何倍もの兵力に見えたであろう。左翼の後備歩兵第十六連隊の将兵は浮足立ち、敗走を始めた。その動きは後備第一旅団はおろか第一師団までをも巻き込んだ大潰走となってしまった。銃はもちろんのこと背嚢や帽子まで投げ捨て、中には裸足で逃げてゆく兵士までいる有様だった。田義屯まで後退した日本軍だが、一旦はロシア軍を撃退した。しかしロシア軍の反撃も執拗であった。午後六時半頃「敵ノ新鋭ナル歩兵約二千余其主ナルモノハ密集隊形ヲ以テ逆襲シ来リ」（『後備歩兵第一連隊歴誌』）またしても多くの将兵が後退を開始した。第一師団長もこの苦境を見て退却命令を出した。実に同じ部隊が一日に二度も退却したのである。

この局面では完全に日本軍の「敗北」であった。しかし、ここに救世主が現れた。旅順で日本軍を徹底的に苦しめ続けた機関砲（機関銃）である。巷間、日本軍は機関砲（銃）を全く持っていなかったかのように伝えられているが、これは誤りで、奉天戦の際にはロシア軍の五六挺に対し、日本軍は二六八門を所有していたというからロシア軍の約五倍の量である。日本軍は空冷式のホチキス機関砲（フランス製）を採用、一方ロシア軍は水冷式のマキシム機関銃（イギリス製）を採用していた。機関砲（銃）に関しては、「日仏同盟」「露英同盟」になっていたのは面白い。ともあれ、第一師団及び後備第一旅団の苦境をホチキス機関砲が救った。黒崎の手記にはその様子が以下のように記されている。

　此ノ時天ノ恵トモ言フベシ機関砲二門此ノ地ニアリシヲ以ツテ直ニ掃射ヲ加エ、敵ノ大軍ヲ撃退スルヲ得タリ

密集隊形で攻めてくるロシア軍に、一分間五〇〇～六〇〇発の発射速度を持つ二門の機関砲は大打撃を与えた。が、この日の日本軍の被害も甚大であった。

奉天戦全期間の「高崎連隊」の被害は、歩兵第十五連隊の戦死二八八人（士官・准士官・見習士官五人）・戦傷七

二二人（同二一人）、後備第十五連隊の戦死一四一人（同三人）・戦傷二二二人（同八人）で、合計すると戦死四二九人（同八人）・戦傷九四四人（同二九人）に達した。乃木第三軍の奉天戦における全戦死者（四五八八人）の約九・四パーセント、全戦傷者（一万三九九〇人）の六・七％を「高崎連隊」が占めている。

第一師団及び後備第一旅団が遮断に失敗した鉄道と道路を使ってロシア軍は北方へ向かって退却を開始したが、兵力・弾薬ともに限界に達していた乃木第三軍には追撃する余力は残っておらず、後退するロシアの大軍に打撃を与えることはできなかった。奉天会戦における日本軍死傷者約七万人、ロシア軍死傷者約六万人（他に約二万二〇〇〇人の捕虜とおよそ七五〇〇人の行方不明者あり）。近代戦史上最大規模のこの戦闘の勝敗は、日本軍にとっての当初の目的である「包囲殲滅」は逃したものの、三月十日に奉天を占領したことで「かろうじて勝った」と言えるだろう。国際世論も「日本の勝利」と判断した。以後三月十日を「陸軍記念日」とし、その栄光をたたえていた（一九四五年〈昭和二十年〉三月十日、アメリカ軍は日本国民の戦意を挫くため、結果的には最後となった陸軍記念日を狙って「東京大空襲」を行った）。

一方、最終防御ラインをハルピンに設定していたロシア軍総司令官クロパトキンにしてみれば、奉天からの撤退はかつてナポレオン率いるフランス軍を奥地に引き込んで壊滅させた、ロシアのお家芸「後退作戦」の再現を狙ったのだろうが、おりから盛んになった革命運動がロシアから余裕を奪ったために、クロパトキンの消極的作戦は陸軍上層部に受け入れられず、彼はまもなく総司令官を罷免されてしまった。結果的にロシアもまた奉天会戦を自軍の敗北と判断した形となった。

翌十一日から後備第一旅団は奥第二軍の指揮下となり、十四日には奥軍司令官から奉天会戦に関する次のような通報が発せられた。

鴨緑江軍ノ清河城攻撃（注・二月二十四日）以来三月十日ニ至ルマデ敵ノ損害ハ
死者　十三万余
捕虜　約五万余
軍旗　二旒
砲　五十四門
其ノ他武器弾薬糧食　被服　多数

実際のロシア軍の被害は死傷・捕虜・行方不明を合計しても約九万人なので、この通報は二倍近くの数字になっている。戦闘終了から日が浅く、戦場の実態は総司令部で把握できなかったのか、それとも繊維高揚のために意識的に過大報告をしたのか…そのあたりは「藪の中」である。「軍旗　二旒」とは捕獲した軍旗の数だろうがこの数値にこだわるのはいかにも日本陸軍らしい。

旅順戦でもそうだったが、後備第十五連隊が所属する後備第一旅団の将兵は奉天戦でも「貧乏くじ」を引いた形になった。二月二十七日から三月十日までの乃木第三軍所属部隊別の損害（表3―⑧A・B）。を見ると、死傷率では同旅団は第九師団に次ぎ、戦死率に限ると他部隊をはるかに引き離している。

これを士官・准士官にしぼって見ると八一人中五八人が死傷、実に七割を超える死傷率である。旅順戦と合わせてみると同旅団の士官・准士官の戦死は五八人、負傷はのべ二一一人に達している。気の遠くなるような人数である。では、出征以来一度も負傷しなかった幸運な士官・准士官は一体、何人ほどいたのだろう。以下は確率の計算である。表2の各戦闘の死傷率を1から引いて掛け続けると出征から奉天戦後までの「無傷率」が算出される。後備第一旅団の場合、士官・准士官の無傷率は約二・九パーセント、つまり出征から一度も負傷しなかった士官・准士官一〇〇人中わずか三人という計算になる。

表３－⑧Ａ　歩兵第十五連隊の戦闘別死傷者数

戦闘名・日時	士官	准士官 見習士官	下士官 兵卒	合計
南山 明治３７年５月２５・２６日	４（１）		２４９（４２）	２５３（４３）
旅順 ７月２６日～３０日	３（０）	１（０）	６８（３）	７２（３）
旅順・高崎山 ８月１３日～１５日	１８（５）	４（０）	４９６（１３９）	５１８（１４４）
旅順・第一回総攻撃 ８月１９日～２４日	２（０）		４６（１５）	４８（１５）
旅順・前進堡塁群攻撃 ９月１９日～２２日	２３（１０）	１６（４）	７０７（１０４）	７４６（１１８）
旅順・第三回総攻撃 １１月２６日～１２月６日	１８（７）	６（１）	５２０（１３２）	５４４（１４０）
上記以外の旅順 ６月６日～明治３８年１月２日	４（０）	１（１）	９６（１７）	１０１（１８）
奉天 明治３８年３月８日～１０日	１０（４）	１４（１）	９３０（２７５）	９５４（２８０）
上記以外の奉天 ２月２７日～３月１８日	２（０）		５４（８）	５６（８）
合計	８４（２７）	４２（７）	３１６６（７３５）	３２９２（７６９）

表３－⑧Ｂ　後備歩兵第十五連隊の戦闘別死傷者数

戦闘名・日時	士官	准士官 見習士官	下士官 兵卒	合計
旅順・南岔溝 ７月２６日～３０日	５（０）	１（０）	２０４（４７）	２１０（４７）
旅順・北大王山 ８月１３日～１５日	１０（４）	４（０）	３９１（６７）	４０５（７１）
旅順・第一回総攻撃 ８月１９日～２４日	１３（２）	６（１）	４５８（６３）	４７７（６６）
旅順・前進堡塁群攻撃 ９月１９日～２２日	８（３）	８（２）	４１４（３５）	４３０（４０）
旅順・第三回総攻撃 １１月２６日～１２月６日	１５（５）	１４（１）	１０２９（１３５）	１０５８（１４１）
上記以外の旅順 ６月６日～明治３８年１月２日		１（０）	８７（１４）	８８（１４）
奉天 明治３８年３月８日～１０日	５（１）	６（２）	３５２（１３８）	３６３（１４１）
合計	５７（１６）	３９（５）	２９３５（４９９）	３０３１（５２０）

（　　）内の数字は死傷者のうちの戦死者の数を表わす。
（Ａ・Ｂともに『日露戦史』第五・六・九巻の付録より作成）

一方、歩兵第十五連隊が所属する第一師団の士官・准士官の無傷率は約五・二パーセント、一度も負傷しなかった士官は一九人につき一人となる。この数値を見るだけでも、下級士官の払底が深刻な事態に達していたことが窺える。この不足は、もはや一年志願兵や下士官からの進級でも補えなくなっていた。戦費・弾薬・動員兵力は限界に近づき、とりわけ下級士官（少尉・中尉）不足という点だけ見ても日本が戦争を継続することは不可能な状態になっていた。

十二、後備第四十九連隊の苦闘

一応は日本側の勝利となった奉天会戦後の動きを駆け足で追ってみる。

十五日　大山巖満州軍総司令官らの奉天入城
十六日　ロシア満州軍司令官クロパトキン罷免さる（後任はリネウィッチ大将）
同日　日本軍、鉄嶺を占領
十九日　日本軍、開原を占領
二十二日　日本軍、法庫門を占領

以後、開原―法庫門ラインに布陣する日本軍と、その北方の四平街―八面城ラインで待ち構えるロシア軍とのにらみ合いが九月の休戦まで約半年間続くことになる。この方面では大規模な戦闘は以後起こっていないので奉天戦で全兵力の約三割の死傷者を出し継戦能力の低下した日本軍にとって比較的平穏な日々が続いた。下級士官が払底し、補充の見込みのない状態ではハルピンでの主力決戦など不可能であったため、日本軍がこのラインより北上することはなかった。

戦争の行方は、連合艦隊とバルチック艦隊との海上決戦の結果にかかっていた。もし・この海戦で連合艦隊が敗れるようなことになると、日本海の制海権はロシア海軍のものとなり、満州に展開した陸軍部隊への補給が断たれ、将兵たちはロシア軍に包囲されてしまうことになる。だが冷静に両艦隊を比べてみると、装備・練度・戦闘経験・将兵の士気とすべての面で日本側が秀でていた。たとえれば・何日もマラソンをし続けて競技場へ駆け込んだチームと、その間に十分な練習を積み重ね、かつゆっくり休養して待ち構えたチームとの決戦だった。連合艦隊は勝つべくして勝ったのであった。なお、最新の研究では東郷平八郎連合艦隊司令長官が採ったのは丁字戦法（一般にはT字戦法といわれている。敵艦隊の前で回頭し、敵の進路をおさえ、全艦隊が右舷または左舷のすべての砲で敵を攻撃する）ではなかったことが明らかにされている。確かに敵前で回頭を行ったが、それは同航戦（敵と並行して進みながら攻撃する）に持ち込むための手段であった。勝利を劇的に喧伝させるためか「幻の」丁字戦法だけが一人歩きしたというのが事実らしい。陸軍の「日本軍は機関銃を持っていなかった」と並ぶ「神話」だった。

日本海海戦直前のこの時期に、前線のロシア軍に動きがあった。さらなる北上を目指す（と思われる）日本軍の機先を制するため、ミシチェンコ将軍率いる騎兵団（約五五〇〇騎・砲六門・機関銃二挺）が、法庫門南西二〇～四〇キロ地点に展開する後備第四十九連隊の各部隊を急襲した。ロシアのコサック騎兵は、騎馬民族の血をひく将兵で構成され、その移動は迅速かつ大規模で一糸乱れず、彼らの持つ数百、数千の長槍の動きから『マクベス』ではないが、さながら森が動くようであったという。その世界最強の騎兵部隊の攻撃をまともに受けたのは、前年九月二十八日に改定された徴兵令で国民兵役から後備兵役に戻された満三十三歳から最高齢三十八歳までの「超」老兵三個大隊（計二八四四人）からなる新設の後備第四十九連隊で、前年十二月十七日に動員が完結したばかりであった。下士卒の出身地は歩兵第一旅団（歩兵第一連隊・同十五連隊）の編制地、つまり東京（山の手・多摩）・神奈川・山梨・と群馬・長野・埼玉（北部）であり、後備第十五連隊から三人の士官が、この後備第四十九連隊に転属になっていた。この老兵部隊とロシアの精鋭騎兵団との戦いでは日本軍の敗北は火を見るより明らかであった。この戦闘を「大辛屯・

芹菜泡の戦闘」という。

五月二十日、同地区を守備していた後備第四十九連隊の第六・七・八中隊（約七〇〇人）は左右から攻撃をかけられた。この部隊の大半の将兵にとってロシア軍、ましてや最強の騎兵団との戦いは初めてで、長槍やサーベルを振りかざして突撃してくるコサック騎兵の集団を見れば、戦意はくじけ恐怖に足がすくんだだろう。戦闘というより一方的な攻撃の結果は惨憺たるものだった。日本軍の被害は、戦死一〇六人、戦傷八八人、捕虜一八一人（うち第七中隊が一二五人）、さらに糧食を積んだ車両約八〇〇台が焼き払われた。捕虜に関して言うと、戦争全期間の日本人捕虜（二〇八八人）の約八・七％がこの戦闘で生じたことになる（なお、休戦間近の八月末の老営廠の戦闘でも後備第二十九連隊〈仙台〉が惨敗を喫し、一三九人が捕虜となっている）。

この壊滅した部隊の中に数奇な運命をたどった、群馬県出身の士官がいる。彼の名は鈴得巌中尉。鈴得は佐波郡伊勢崎町（現伊勢崎市）出身で、下士官養成機関の陸軍教導団を出て二等軍曹（伍長）に任官し日清戦争に参加した。一八九八年（明治三十一年）には少尉に任官（同日後備役編入）したのだから、よほど優秀な下士官だったのだろう。日露戦争が始まるや後備第十五連隊に召集された三十八歳のベテラン少尉は小隊長として旅順戦を戦い抜き、出征以来一度も負傷しなかった同連隊所属の五人の士官のうちの一人であった。二〇三高地占領直後に中尉に進級とほぼ同時に後備第四十九連隊附となった。新設の老兵部隊には鈴得のような歴戦の士官が一人でも多く必要であったのだ。鈴得は第六中隊に属し、中隊長が敵弾に倒れるや直ちに部隊をまとめ応戦したが、ついに左大腿部に貫通銃創を受けた。「敵兵勢ニ乗シ白家窩棚及小雷其堡子方向ヨリ肉薄シ小隊長中尉鈴得巌傷ツキ尋テ全員敵騎ノ蹂躙スル所ト為レリ」（『日露戦史』第十巻）という状況の中で鈴得は自刃しようとしたが果せず失神したところをロシア軍の捕虜となった。蘇生した鈴得の枕頭で、通訳を介してその勇戦をたたえたのは、ミシチェンコ将軍その人であった。将軍の副官は、貴官ト重傷ノ兵一名・衛生部員一名トヲ此ノ処ニ残留セシム、貴官等ハ自已ノ所属スル軍隊ニ復帰スル自由ヲ将軍ニ依テ与ヘラレシナリ、将軍ハ特ニ貴官ノ剛胆ヲ表彰ノ意味ニ於テ、貴官ニ貴官ノ軍刀ヲ返付セヨト命ゼラレタリ。

コサック二等大尉マリウコフ

と書いた書状を与えた。ロシア騎兵団は去り、鈴得らは部隊に戻った。苛烈な戦場にも、のちの十五年戦争では想像もできないようなこんなヒューマンなエピソードがあったのだ。部隊に戻った鈴得は、一時的にではあったが捕虜になったことを咎められることはなく、戦後の論功行賞では功五級の金鵄勲章を与えられている。鈴得は除隊後、一九〇七年〈明治四十年〉十一月から約二年半、佐波郡三郷村の村長を務めた。鈴得が与えられた書状については数種類の和訳があるが、ここでは長谷川伸の『日本捕虜志・下』より引用した。なお、後備第四十九連隊所属で群馬出身の戦死者は『上毛忠魂録』によると曹長一・伍長二・上等兵四・一等卒七の計一四人で、同連隊の全戦死者（一〇六人）の約一三%にあたる（十日後に一人戦傷死）。ということは、数字上、群馬出身の一一～一二人の戦傷者と二三～二四人の捕虜がいた計算になるのだがこの点は調べる方法がない。

猪熊敬一郎の『鉄血』には「後備四十九連隊の如き大半数の捕虜となり、我軍の捕虜を多く出したること此の時の如きはない」との一節があるのだから他部隊の日本軍将兵もこの戦闘の結末を知っていたにちがいない。

十三、戦争末期の軍の内情

歩兵第十五連隊第六中隊『陣中日誌』（残念なことに出征から半年間分の前半部分が未発見）には一九〇四年（明治三十七年）十二月から翌年七月までの約七カ月半の記録が綴られており、特に奉天会戦前後の軍の内情が詳しい。

以下、「兵の練度の低下・風紀の乱れ」「食事内容」という二点を中心に戦争末期の陸軍の様子を見ていきたい。

奉天会戦に投入された第六中隊は、三月九日〜十一日の戦闘で戦死二八人・戦傷七八人計一〇六人という損害を出し、半数以上の将兵が前線から消え、中隊総員が九〇人となってしまったが、次の戦闘に備えて次々と補充兵が前線に投入された結果、補充兵の割合が一時は六割近くとなったこともあった。士官の補充も急務だった。初級士官の補充として、少尉任官前の一年志願兵出身の予備役見習士官六人と後備役特務曹長四人（国民兵役から後備役に再編入？）が五月八日に歩兵第十五連隊に編入されている。頭数は揃っているとはいえ軍隊としての「質」は低下する一方であった。特に奉天戦後は補充兵に対する注意が多くなっている。四月二十九日の大隊長（第二大隊長・吉野有武少佐）からの注意として「補充兵到着ノ状況ヲ見ルニ今日迄ニ殊ニ不完全ノ如ク見ラル依テ之ガ上官タルモノハ総テニ付テ兵卒指導ニ重キヲ置ク事（術科ニ付テ）」「不動ノ姿勢ハ下ヲ見ルヨリモ上ヲ見ル方良シトス殊ニ補充兵ニハ之レガ注意ヲ要ス」とあり、基本動作の習得されていない様子が窺えるが、銃器の扱いが出来ない補充兵もいた。「補充兵三十年式銃ノ名称手入分解法等ヲ知ラズ宜敷教育ヲナスベシ又装填ハ将校監視ノ上ニナサシムル事」（五月十五日）とあり、十分な訓練を受けないまま大陸の戦場に送られたようだ。さらには上官に敬礼せず、苦役二日間の処分を受けた補充兵、上官の名前や勤務先に於ける任務を知らない兵卒、言葉遣いが適切でない兵卒（上官に方位を問われて「北ですか。北はこの方でやす」と答えた）、などもいた。

民間人に対する暴行など、日本軍の風紀が乱れていることを暗示する事件も少なからずあった。四・五月には中国人に対する暴行事件の記述（「兵卒婦人ノ室へ入ル事ヲ厳禁ス支那人ノ物品ヲ取ルモノアリ」〈三日〉、「野戦砲兵ノ兵卒三名支那婦人ニ暴行ヲナセリ之レラハ刑法処分アリ取締ヲスル事」〈四日〉、「軍ノ憲兵長ヨリノ報告、本月八日センカンポ部落巡察ノ際土人ノ言ニヨレバ該村落ニ村落日本兵十名程乱暴ヲ行ヘタト云フ向キニ付各隊ハ充分ノ取締ヲ行ウ事」〈十六日〉、「追而昨日当聯隊内ニ酒ノ為メ支那婦人ニ暴行ヲ加ヘ為ニ或ハ軍法会議ニ附セラルバカリノ事件ニ相成居ル由」〈五月十三日〉もある。長らく戦場にいたために心が荒んでしまったのか、あるいは勝利者としての驕りが「切り取り勝手」と思い違いをしたのか、奉天戦後の将兵の風紀は乱れる一方であったようだ。また、賭博で儲けた金一〇〇円を為替で送って重罪に処せられた輸卒（六月一日）、補充要員として上陸して一カ月もたたないうちに性病（三等症）で入院した後備役軍曹（三日）、勤務を怠って重営倉二十日（のち苦役六十日となる）の処分を受けた一等卒二人（二十五日）、背嚢腋下皮を窃取したことを悩んで自殺を図った（頸部貫通銃創で入院）補充兵（七月十九日）など荒んだ将兵の行状が列挙されている。

このような未教育の補充兵や「犯罪将兵」の増加を最前線で見た開戦以来の歴戦の士官は、これ以上の戦闘継続は困難と悟ったのではないか。ちょうどこの時期に、日本海海戦でロシア艦隊を完膚なきまでに打ち破った海軍の将兵と陸軍将兵の戦闘要員としての質は天地ほどの差があった、いわば「完全勝利」の海軍と「満身創痍」の陸軍の差が下級兵士に如実に現れたといえるだろう。この日誌の最終日（七月三十日）の記述には、「補充兵上等兵ヲ下士ニナス事ヲ得」との一節があり、補充兵を下士官にせざるをえない深刻な下士官適任者不足が窺われる。

『陸軍軍医学校五十年史』によれば、日露戦争に出征した全陸軍軍人の階級別死傷率は准士官以上一一・八％、下士以下八・八％となるが、歩兵科将兵に限定すると、准士官以上二二％、下士以下一四・五％にも達する。これは特に歩兵科の少尉・中尉クラスの初級士官の死傷率が高いことを意味する。現役陸軍士官は通常なら陸軍士官学校出身者のみが任官した（日清戦争時の特別昇進もあったがあくまでも例外的措置）が、このように大量の初級士官が戦場に倒れ、また補充部隊拡充のためもあって初級士官をいくつかのルートを使って増員せざるをえなくなった。開戦から翌年十二月三十一日までのおよそ二年間に任官した歩兵少尉は四九四九人だが、陸士出身者は一〇六二人で二割強に過ぎず、一年志願兵（一四一四人）をかき集めても足らず、准士官（特務曹長）を昇進させ（現役一三六八人・予備役三八五・後備役六六六人、合計二四一九人）、さらに「士官適任証ヲ有スル下士」（予備役四七人・後備役七人）を少尉とした結果、半数近くが准士官・下士官からの昇進となった。こうした特別昇進に伴い下士官がそれぞれ一階級昇進したこと（六月二十四日の大隊長査閲の結果講評には「曹長ノ刀ノ保持法悪シ中隊長ハ教ユル事ヲ望ム」とあり、歩兵銃装備だった軍曹が曹長進級に伴い軍刀を初めて吊ることに戸惑った様子が窺える）、さらに、多くの准士官・下士官の戦死（准士官四八三人・下士官一万七三二人）並びにその数倍の負傷者・病気入院患者が出たことが深刻な下士官不足の原因となり、この補充を現役・予備役・後備役の下士官適任者（上等兵）でまかなうことができなかったため補充兵まで下士官昇進の対象とした。だが、こうした昇進が下士官の「質」の低下を招いたことも事実だろう。

通常、兵が下士官に任官するまでにどの程度の年月がかかるものなのか。三年の現役を終えて上等兵として除隊した予備役兵の一例だが、彼は開戦と同時に召集され、七カ月後に伍長に昇進しているから下士官任官までの軍隊生活は約四十三カ月となる。ところが、九〇日間の教育召集の義務を果たした「第一補充兵役」の二等卒が一九〇四年（明治三十七年）二月の開戦と同時に召集されたとしても『陣中日誌』に「補充兵上等兵ヲ下士ニナス事ヲ得」と書かれた翌年七月末までの軍隊生活は二十カ月足らずである。こうした、軍隊に慣れているとは言い難い補充兵までも下士官にせざるをえなかったという点からみても陸軍が戦闘を継続することは困難だったことがわかる。

『陣中日誌』の六月二十一日以降の記述には、将兵一人当たりの一日の食事が詳細に書かれている。陸軍では一日白米六合と副食が基本だったが、この時期は脚気対策のためか精米四合に割（ひき割麦＝あらくひき割った大麦）二合が基本となっていた。副食として二十一日は「醤油エキス五匁目、福神漬十匁目、鯡（注・にしん）四十目、カンピヨウ十五匁目、生野菜六十目、砂糖二匁目、茶一匁目、薪三百目」（注・匁は三・七五グラム）を給与されている。醤油エキスとは、缶入りの半生状のもので水で溶いて使用したという。以下、主だった副食を紹介する。二十三日「醤油四勺、粉味噌四匁目、生肉六十匁、卵二十目、生野菜六十目、乾燥野菜十五匁、味噌漬大根十匁目、砂糖二匁目、茶一匁目、薪三百目」、二十四日「醤油エキス五匁目、生鯛五十目、イリコ十匁目、蓮根十匁目、生野菜百二十目、梅干十匁目、砂糖三匁目、茶一匁目、薪三百目」。魚と肉が交互に出され、野菜や漬物、調味料、お茶まで支給されている。従軍記者・田山花袋が乗り込んだ輸送船の食事は「半熟の飯、臭い魚と馬の小便のような茶」とあるから、味はどうかわからないが戦場の食事としては質量ともにまずまずと言ってもいいのではないか。七月一日には副食「醤油エキス五匁目、赤味噌二十目、牛肉九十目（骨付）、奈良漬十五匁目、野菜六十目、乾物野菜十五匁目、砂糖三匁目、茶一匁目、薪三百目」の他に特別加給品として「清酒一合、煙草二十本、甘味品十五匁目」まで支給されている。また、魚・肉が支給されない日は缶詰（当初は牛鑵（牛缶・牛肉の大和煮）が中心だったが、品不足となった後半は鮭鑵、サバ鑵・鰯鑵が代用された）が副食となった。同じ戦争末期でも第二次大戦時の日本軍の食事とは雲泥の差だ。

しかし、こうした食事内容にも陰りが出始めた。実際に配給量が減少したわけではないが、戦争二年目の一九〇五年（明治三十八年）は春から気候が不順で、麦の収穫時期に長雨が続き、田植えの時期をすぎても気温がなかなか上がらなかったため、天保以来という冷害が原因となる大凶作となった。東北地方の太平洋岸三県（岩手・宮城・福島）は特に酷く、米の生産量が前年度の二割以下という深刻な事態に陥った。群馬でも冷害の影響は甚大で、生産量対前年度比は米が三割強、麦が約九割となってしまった。生産量が伸びているのは飢饉対策用のトウモロコシ・サツマイモ・ジャガイモなどである。

ここで単純な計算をしてみよう。戦争末期の陸軍軍人は内地・外地を併せて約一〇九万人いたが、これに一日の白米消費量四合を掛けると、約四三六〇石という一日当たりの陸軍の米の消費量が算出される。この値を三十倍した一三万八〇〇石が一カ月の消費量となるが、明治三十八年の群馬県の米の生産量一七万二八二〇石の七六パーセントに達する。「入営前の兵隊だって米を食べていただろうから消費量は大きく変化しないのではないか」という反論もあろうが、米四合という消費量は当時の日本人の食生活の平均を大きく超えていただろうし、またすべてが軍優先となっているために生産量が減っても軍の消費量は変わらず、「米価高騰」などのつけは一般国民に回ったはずだ。

当時の日本の総人口はおよそ四六六二万人、米の年間生産量は約三八一七万石で単純に割ると一人当たり〇・八二石となるが、陸軍軍人に限ってみると一人当たり一日四合配給された米は一年で一・四六石（当初は一日六合だったから二・一九石）となり、かなり優遇されていたことがわかる。よって、この凶作は陸軍の食糧補給計画に大きな影響を与えたのではないかと思われる。冷害の予兆はすでに初夏の頃（日本海海戦の前後）から現れ始めていたから、膨大な財政支出はもちろんだが、「初級士官・下士官不足」「兵の質の低下」と並んで「凶作」が「これ以上戦争を続けられない」という流れを作った一因となったのではないだろうか。

九月五日、ポーツマスで日露講和条約が締結（公布は十月十六日）されると、二十七日に第一師団では戦没者の招魂祭を行い、第一師団師団長・飯田俊助中将が祭文を朗読、玉串を捧げた。「高崎連隊」では歩兵第十五連隊の戦死戦傷死一〇八三人（士官・准士官・見習士官四〇人）、病死一三五人（同・一人）計一二一八人、後備第十五連隊は戦死戦傷死六七二人（同二五人）、病死五六人で計七二八人、両連隊の合計は戦死戦傷死一七五五人（同・六五人）、病死一九一人（同・一人）、総合計は一九四六人となった。戦傷者・病気入院患者数は詳らかではないが、おそらくこの数倍と思われる。

歩兵第十五連隊の出征時の連隊長・千田貞幹中佐は高崎山の戦闘で負傷、後を継いだ中原渉大佐は病気入院し、連隊長代理となった戸枝百十彦少佐は海鼠山の戦闘で負傷、田中次郎少佐が連隊長代理（の代理）となり、次の連隊長・大久保直道中佐は白襷隊に参加して負傷、代わった戸枝中佐は奉天・三台子で戦死し、凱旋時の連隊長は出征時から数えて五代目の五十君弘太郎中佐であった。また後備第十五連隊も、出征時の連隊長・高木常之助中佐が北大王山の戦闘で負傷したため、その後は第二大隊長・横山軍治少佐が連隊長代理を務めていたが大頂子山攻撃の際に負傷、それ以降は連隊副官・小山田勘二大尉が連隊長代理（の代理）兼第二大隊長代理となっていたが、海鼠山攻撃の直前に香月三郎中佐が二代目の連隊長に着任し、凱旋まで任務を全うした。最高幹部の連隊長がかくも戦場で傷を負っていることからしても、下級士官・下士卒の損害の多さは推して知るべしであろう。

これ以降、前線の将兵は続々と帰国することとなったが、後備第十五連隊は十一月二十六・七日に高崎に凱旋、三十日には復員が完結している。二〇三高地の激戦のちょうど一年後となる。また、歩兵第十五連隊の帰国は少し遅れて、一九〇六年（明治三十九年）一月となった。十五～十七日に宿営地を発し、二十二・三日に大連を出発、二十五・六日に宇品に上陸、同連隊は広島から鉄道に乗り、二月一～四日にかけて高崎に凱旋した。動員下令から一年十一カ月経っていた。

十四、戦争終了後の「戦闘」

一九〇五年（明治三十八年）七月、新設の第十三師団は、講和条約を有利に進めることを目的とする樺太攻略戦を開始した。樺太南部占領を目指す第二十五旅団（歩兵第四十九連隊・同五十連隊基幹）は四日に青森の大湊を出港、七日にコルサコフの東方のメレイに上陸し一二日にはロシア軍主力約一〇〇〇人を打ち破り、樺太南部を完全に占領した（その際、百数十人のロシア人捕虜を虐殺したことが最近の研究で明らかにされている）。二十四日に北部に上陸した第二十六旅団は八月一日にロシア軍を降伏させた。日本軍の損害は戦死三九（士官六）・戦傷一〇七（同六）・生死不明一、合計一四七人で、群馬県出身者は歩兵第四十九連隊所属の曹長（戦傷死）・輜重輸卒（病死）の二人であった。同師団はポーツマス条約締結後も復員することなく「樺太残留部隊」「台湾派遣部隊」「韓国派遣部隊」と三分割され、一九〇六年（同三十九年）四月に全部隊が韓国に集結してからは韓国一帯の守備を命じられ、第六師団（熊本）と交代する一九〇八年（同四十一年）十一月までの約三年間韓国に駐留した。

この時期、日韓関係は非常な緊張状態にあった。一九〇四年（同三十七年）八月に結ばれた第一次日韓協約（日本政府の推薦する財政・外交顧問の任用を定めた）に続き、翌年十一月には、韓国の外交権を奪い統監府の設置を定めた第二次日韓協約を締結したため各地で義兵運動が再び始まった。一九〇七年（同四十年）六月ハーグで開かれた「第二回万国平和会議」に韓国皇帝・高宗（妃は一八九五年〈同二十八年〉に日本人に殺害された閔妃）が密使を送って日本の侵略の不当性を訴えようとした「ハーグ密使事件」を機に伊藤博文統監は高宗を退位させ、さらに内政権まで掌握する第三次日韓協約が同年七月に結ばれ、その直後に軍隊が解散させられたため、解雇された軍人も義兵運動に参加、反日武装闘争は全土に拡大した。高宗から皇帝を譲られた純宗は八月に即位式を行い、十一月には純宗と皇太子・李垠（純宗の異母弟・妃は梨本宮方子）は高宗の住む徳寿宮から昌徳宮に移された。なお、両国が緊張関係にある十月には、両国の融和を図るためか、皇太子（のちの大正天皇）が渡韓し、韓国の皇太子・李垠が十一月に日本に留学している。

第十三師団が韓国に駐留していた三年間は、日本の植民地化が進みそれに対する義兵運動が朝鮮半島一帯に拡大した時期と重なる。義兵の抵抗は猛烈だった。軍隊解散直後の一九〇七年（明治四十年）八月から十二月までの四カ月で三二三回の衝突があり、翌年は一四五一回の衝突があった（海野福寿『日韓併合』岩波新書）。実に一日に三〜四回の衝突が韓国各地であった計算になる。この義兵運動では一九一〇年（同四十三年）までに義兵側の戦死一万七六八八人・戦傷三八〇〇人・捕虜一九三三人、日本側の戦死一三三人・戦傷二六三人という記録が残されている。この間の朝鮮半島における群馬県出身の戦死・戦傷死・病死者は、歩兵第四十九連隊一人（上等兵）・同五十連隊六人（上等兵三・一等卒三）・韓国駐箚憲兵隊二人（憲兵上等兵二）・韓国派遣騎兵隊一人（一等卒）の計一〇人、『上毛忠魂録』には「韓国暴徒鎮圧事件」という項に掲載されている。

この状況は、日清戦争直後の台湾での武力制圧とオーバーラップする。いや、「東学党の乱—日英通商航海条約—日清戦争—台湾の武力制圧」という日清戦争前後の流れと「義和団事件—日英同盟—日露戦争—韓国の武力支配」という日露戦争前後の構図が期せずして相似形となっているのは単なる偶然ではあるまい。それにしても日清戦争開戦から日露戦争をはさんだ、一八九四年から一九一〇年までの一六年間に、日本軍の銃砲弾と銃剣で命を落としたのは清国兵・ロシア兵だけでなく、数万人（一説では二〇万人以上）の朝鮮半島の民衆（東学党・義兵）であったことは東アジアの近代史を考える上で非常に大きな意味があり、また当時の日本が戦争を通じて何を目指していたかが窺えると思う。

韓国に駐留した第十三師団の行動をみると外国軍と戦うことだけが軍隊の任務ではない、ということがよく分かるが、こうした軍の将兵はタガが緩み、気持ちが荒むのだろうか、駐留期間中に歩兵第四十九連隊における軍旗焼失事件（一九〇六年〈同三十九年〉十月）や歩兵第五十二連隊第八中隊の下士官二人による中隊長殺害事件（一九〇七年〈同四十年〉七月）など、考えられない不祥事が続発した。この両事件に関して『第十三師団歴史』には以下の記述がある。

〈明治三十九年〉十月二日午後十時二十分歩兵第四十九連隊連隊長室火ヲ失シ軍旗ヲ焼失ス依テ丸井歩兵第二十五旅団長以下関係者各処罰セラル
〈明治四十年〉七月十七日歩兵第五十二連隊中隊長衣笠大尉ハ其守備地道楚山ニ於テ部下曹長菅原収全並ニ伍長大石雄吉ノ為小銃ヲ以テ殺害セラル

この上官殺害事件は十月に軍法会議が行われた。同書の記述を引用する。

十月十日歩兵第五十二連隊歩兵曹長菅原収全同伍長大石雄吉ハ上官持凶器暴行罪ニヨリ本日軍法会議ニ於テ死刑ノ宣告ヲ受ケ同日刑ノ執行アリ

軍法会議では連隊長も管理責任を問われたのだろう、「軽謹慎七日」の処分を受けている。しかし、何の理由で中隊長を殺害したのか。曹長と伍長という軍隊の裏表を知り尽くしている下士官二人が犯人というのだから、偶発的な事件ではなく、ある程度は周到に準備された事件だったのではないか。殺害された中隊長は熊本生まれで陸士七期、部下の下士卒は、岩手県出身者で編制された歩兵第三十一連隊から新設の歩兵第五十二連隊に編入されていた。

戦場から帰った兵士たちの精神疾患、いわゆるPTSD（心的外傷後ストレス障害）はベトナム戦争帰還兵対象の調査から明らかになった。それ以前は「戦争神経症」「シェル・ショック」などと言われていたが、日露戦争に従軍した将兵にはこうした精神疾患はなかったのだろうか。『明治三十七八年戦役統計』に記載された、精神病入院患者二三六人・同死亡（自殺か？）一四人というデータが気になる。

特に旅順戦は約六カ月にもわたる長期の攻防戦でロシア兵と接近戦を戦い抜き、多くの敵味方の将兵の屍を見た将兵にとっては深いトラウマが残ったと思われるのだが……。

才神時雄は朝日新聞（昭和五十二年五月四日夕刊）に掲載した「あるロシア将校の供養碑」と題した小文で、旅順戦の際ロシア将校を刺殺した歩兵少尉（歩兵第二十二連隊〈松山〉所属）が身内に続いた不幸はロシア兵のたたりかと思い、自分の家の墓にロシア兵の名を刻んだ供養碑を建てたことを紹介している。また、『現代民話考Ⅱ　軍隊』には、やはり旅順戦でロシア兵を惨殺した元兵士（高知県出身）が戦後二十年も経ってからロシア兵の悪夢に苦しめられ加持祈祷の効果なく死んでしまった話が掲載されている。

戦争のトラウマが長い間兵士を苦しめた例である。そうした心の傷を癒すため、酒色におぼれ、自己の感情を制御できずに犯罪者となった兵士も少なからずいたようだ。大濱徹也の『乃木希典』には、日露戦争後の「平民新聞」に特集された「軍人の犯罪」が紹介されている。「帯勲窃盗」「軍人の淫売買」「脱営兵の兇暴」「強姦兵士」「賭博軍人」「墜落軍人」といったセンセーショナルな小見出しで紹介された軍人も、戦争が原因で精神のバランスを崩してしまった犠牲者なのではないだろうか。たまたま群馬県関連の記事が二本あったので紹介する。

▲酔ふても職務を忘れぬ軍人　高崎第十五連隊の後備特務曹長川〇某は一昨夜八時半頃其の友人二名と共に何処かで大酒を飲み、錦町二丁目三番地先にて通行の人々に乱暴を為し、通り合せし南喜十郎なる者之を制止せしに、川〇は怒りて南に斬り付け長さ二寸の傷を負はせたりと、之れも亦酔ふても軍人の職務を忘れざるエラ者と云うべし（平民新聞・明治四十年一月二十四日）

▲墜落軍人　上州桐生町御召揚撚業金〇〇七郎と云ふは、卅七八年役に出征して負傷を為し扶助金百五十四円一時賜金百五十円外に勲八等を下賜せられし軍人なるが到つての親不孝者にて是れ迄両親を泣かせし事大方ならず。殊に凱旋以来は軍人を鼻に掛けて茶屋小屋這入り無銭飲食酒狂詐欺あらゆる背徳汚行到らざる無しと云ふ。（同・同年三月九日　いずれも原文は実名記載）

いずれも復員から約一年後の「事件」である。戦場体験が兵士の心に残したトラウマはかなり深く、かつ広範囲に広がっていたように思われる。兵士の受けた心の傷の影響を究明することは、日露戦争後の日本社会を考える上で大きな意味を持つのではないだろうか。

第四章　日露戦争後の高崎連隊

兵士の肖像Ⅳ

一、足尾暴動（上）

歩兵第十五連隊の高崎帰還から、ちょうど一年後の一九〇七年（明治四十年）二月、栃木県足尾銅山で、「足尾暴動」と称される、明治期最大の労働争議がおこり、日本近代史上初めて労資の紛争に軍隊が介入した。鎮圧部隊として出動したのは歩兵第十五連隊であった。秩父事件から二十三年後、日清・日露戦争を挟んで、歩兵第十五連隊は再び日本人に銃口を向けることとなった。この二十九年後の二・二六事件でも歩兵第十五連隊は鎮圧部隊として出動するが、三度も大規模な治安出動をした連隊はほかに例がない。

この事件は、当時の「足尾銅山」の状態から書き始めないと全貌が見えないので、まずは、近代以降の足尾から話を始めたい。

古河財閥の創始者・古河市兵衛は一八七六年（明治九年）、旧大名の相馬家（実際の名義は志賀直道・志賀直哉の祖父）とともに足尾銅山の買収に乗り出し、翌年四万八三三〇円で経営権を握ったものの、年間の産銅量は五〇トンに満たず、早くも経営危機に陥った。だが、明治実業界の中心人物・渋沢栄一が経営に加わり、また新鉱脈の発見・最新技術の積極的導入が奏功、一八八四年（同十七年）には足尾の年間産銅量は二二八六トンに達し、全国の約四分の一の銅を産出する日本一の銅山へと発展した。同時に大量の鉱毒物質が渡良瀬川に流され、鮎・鮭・鱒・鯉・鯰など豊かな漁業資源に被害を及ぼし、これら魚類の大量死が始まった。

また、当時、銅山のエネルギーは、付近の森林から作った木炭に頼っていた（当時の直利精練所での木炭の年間使用量は約一万二〇〇〇トン）ため、大量の木炭を生産するための乱伐と洗練所の煙突から出る亜硫酸ガスによる枯死が原因となって、山の保水能力が衰え、また川に流れ込んだ土砂や廃棄された鉱石の滓が川床を埋め、その結果、渡良瀬川は以前にも増して洪水の起こりやすい河川となった。特に一八九〇年（同二十三年）の大洪水は「鉱毒」を群馬・栃木両県の田畑一六五〇町歩に撒き散らし、漁業だけでなく流域の農業にも甚大な被害を与えるようになった。「足尾鉱毒事件」である。これに対し古河は一〇〇〇万円以上の巨費を投じて鉱毒防除設備を整えたが、鉱害は収まらず、一九〇〇年（同三十三年）には東京に直訴に向かう被害民と警官隊が衝突した「川俣事件」が、翌年には田中正造の明治天皇への直訴事件が起こり、国民の関心が高まった。

一八八八（同二十一年）、古河市兵衛はフランスの銅シンジケートの代理店（ジャーディン・マセソン商会）と三カ年一万九〇〇〇トンの売銅契約を結んだのだが、古河にとっては思わぬ幸運となった。翌年シンジケートが瓦解し銅が大暴落したが、この契約のために古河は巨額の利益を収めた。なおこれ以前に、共同経営者であった相馬家、渋沢栄一は経営から手を引いていたため、銅山の利益は古河が独り占めし、市兵衛は「銅山王」とまで称されるようになった。

当時の「銅」は、生糸・綿糸・石炭と並ぶ代表的な輸出品であり、一八九〇年（同二十三年）の銅生産量は約一万八〇〇〇トン、その八割近くを海外に輸出（全輸出額の約五・三パーセント）する世界でも有数の産銅国であった。中でも足尾銅山は明治二十年代後半からは毎年五〇〇〇トン以上を産出する日本一の銅山となり、全国生産量に対するシェアは二～三割だったが、最大で四割に達した年もあった。古河は他にも銅山を所有していたが、それらをすべて合わせても足尾の半分にも満たなかった。古河、いや、日本にとって足尾銅山は外貨を獲得する「打ち出の小槌」的存在だったといえよう。

古河市兵衛と政界・官界とのつながりも強力だった。渋沢栄一との共同経営の件は前に触れたが、市兵衛はより強固なパイプを作った。後継ぎのなかった市兵衛は、一八八三年（同十六年）に陸奥宗光（のち農商務大臣・外務大臣）の次男・潤吉を養子としたが、この縁組に関して服部之総は『明治の政治家たち』の中で「いわば古河が陸奥に贈ったリベートのようなもの」と記している。また、一九〇〇年（同三十三年）には、三年前の足尾銅山の鉱毒予防工事を監督した東京鉱山監督署長・南挺三が入社し、一九〇三年（同三十六年）には足尾鉱業所々長となった。「天下り」もここまで露骨にやられると、あいた口が塞がらない。この年、市兵衛は七十一歳で没したが、潤吉は事業を継承し二年後には古河鉱業株式会社（資本金五〇〇万円）を設立、病身の潤吉の補佐役として副社長に就任したのは、かつての陸奥の秘書官、そして後に「平民宰相」となった原敬であった。

一八九七年（明治三十年）には七二八一人だった足尾の労働者も年を追うごとに増加し、日露戦争後の一九〇六年（同三十九年）には一万二七八八人となった。当時盛んになりつつあった社会主義運動家は東洋一の銅山・足尾に入って労働組合結成を企てたが、そのために一九〇三年（同三十六年）の暮れに足尾に入ったのが永岡鶴蔵であった。一八六三年（文久三年）、奈良県の漢方医の四男として生まれた永岡は、十七歳のころから坑夫として働き始め、足尾に入る前年、北海道・夕張炭鉱でのちに足尾でともに活動することになる南助松とともに「大日本労働至誠会」の結成に参画、二人は中心人物として活躍していたが、そのとき来道していた労働運動家・片山潜に、鉱山労働者の組織を近代的な労働組合に組み換えることを勧められ、永岡は内地で、南は夕張で活動することとなった。

当初、永岡は社会主義関係の書籍・新聞の販売、幻燈会の開催などをしながら労働組合結成を呼び掛けた。だが、坑夫たちは耳を貸してくれない、生活も苦しくなってくる、そこで永岡は坑夫となって本山坑で働きながらオルグ活動を展開し、徐々に賛同者を増やし、翌年四月、当初の目的だった「日本労働同志会」を結成した。

この当時、足尾は揺れていた。一八九六年（同二十九年）から一九〇三年（同三十六年）にかけて、五回にも及ぶ鉱毒予防工事命令を受け、脱硫塔や沈澱池の建設に莫大な費用を要したため、足尾鉱業所は労働者の就業時間二時間延長・罰金制の強化・公休の廃止などの合理化によってこの費用を労働者にかぶせることとしたうえに、賃金は一八九五年（同二十八年）以降、「一日五〇銭」が据え置かれたので、労働者の不満は急激に高まった。一九〇四年（同三十七年）二月、朝鮮半島・中国東北地方の権益を巡って日露戦争が始まった。この戦争と銅に関しては興味深いエピソードがある。当時の銅は黄銅製の弾薬類の原料として必要不可欠な「軍需品」であった。しかるに、この貴重な銅を握っている古河・三菱などの四大銅山業者は、外国との輸出契約をタテにとって軍需に応じようとしなかった。銅が手に入らなければ戦争継続は不可能であるため、寺内正毅陸軍大臣は、自ら銅山業者と交渉し、同年十二月にやっと軍需銅供給の契約成立にこぎつけた。この際、政府はこの契約の見返りとして、何らかの便宜を図ったに違いない。その一つと思われるのが、遊水池化案が進んでいた栃木県下都賀郡谷中村の買収計画の急速な進展である。軍需銅供給の契約成立の直前（十二月十日）に、栃木県臨時議会・秘密会で谷中村買収案が可決され、数日後には買収の国庫支出金（二二万円）が第二十一回帝国議会で可決された。大江志乃夫は『日露戦争と日本軍隊』の中で「帝国議会での谷中村買収予算の成立を見届けた翌日に公式の供給契約締結の通牒が発せられたという事実を偶然というにはあまりにタイミングが合いすぎる」と書いている。政府は銅山業者に「借り」ができた形になった。日露戦争を機に、銅山業者と政界・官界との癒着に軍も加わったとも言えよう。

その銅山業者のシンボルともいえる足尾銅山では、日露戦争後のインフレが坑夫たちの生活を直撃していた。一九〇四年（同三十七年）には一俵四円三六銭で買えた白米は翌年五円二八銭へと急激に値上がりしていたが、彼らの賃金は日給五〇銭で据え置かれたままだった。もちろんインフレで値上がりしたのは米ばかりではなく、生活は困窮する一方であった。もっとも坑夫たちの常食は白米ではなかった。

ちょうどこの時期、「伝道行商」と称して社会主義関係の書籍を販売するため十七歳の荒畑勝三という少年が足尾に入った。その前に谷中村で田中正造に面会し、正造が土地買収調査に来た吏員や警官を「この村泥棒め！」と追い払った姿を見て感激したこの勝三少年こそ、明治・大正・昭和に渡って社会主義運動の中心人物となった荒畑寒村の若き日の姿で、代表作『谷中村滅亡史』を発表するのは二年半後のことである。寒村の自伝・日記には一九〇四年（同三十七年）七月の足尾の状況が以下のように記されている。

私は足尾で、はじめて南京米の味を知った。二日めの朝、前日の疲労にグッスリ熟睡している私を、永岡君（注・鶴蔵）がまだ暗いうちから無理に起して飯を食えという。私が眠いからあとにすると答えると、飯を食ってまた寝ろというのである。その理由を問うと、銅山の事業所から配給されるのは南京米なので、冷めたらもう箸にも棒にもかからなくなるという話であったが、実際お義理にもうまいとはいえなかった。

二十日　雨、銅山の坑口や坑夫が労働の状態を見た、彼等は真暗な冷めたい坑内に終日営々労働して、そして喰ふものは南京米ばかり、医師の診断なければ日本米は喰へぬとか、僕も初めて南京米を味ふた。賃金が安い上に何とか云ふて中々に仕払はぬとの事古川（注・古河）といふ奴は何処まで悪い奴だらふ。

その南京米の不味さは、夏目漱石の小説『坑夫』の中でリアルに紹介されている。

そうして光沢のない飯を一口掻き込んだ。すると笑い声よりも、坑夫よりも、空腹よりも、舌三寸の上だけへ魂が宿ったと思う位に変な味がした。飯とは無論受取れない。全く壁土である。この壁土が唾液に和けて、口一杯に広がった時の心持は云うに云われなかった。

永岡が組織した「日本労働同志会」は鉱業所や官憲の弾圧を受け、衰微の一途をたどっていたが、一九〇六年（同三十九年）十月、夕張の同士・南助松が足尾に入って永岡と共に新たに「大日本労働至誠会足尾支部」を結成するや、インフレに苦しむ坑夫たちの心をつかんだのか、彼らの運動は活発化し、翌年にかけて何度も演説会を開くと会員数はついに四〇〇〇人を超え、坑夫たちは彼らを「南永岡大明神」と称するようになった。「至誠会足尾支部」が急成長した理由について、『足尾銅山の社会史』を上梓した龍蔵寺住職の太田貞祐は「①日露戦争後のインフレで坑夫たちの生活が苦しくなった　②南挺三所長の労務管理の失敗　③永岡や南など至誠会幹部の優れた指導力」の三点を挙げている。南は一八七三年（同六年）、石川県に生まれ、日清戦争時には軍夫として大陸にわたり、帰国後は夕張で運搬夫となった。当時としては長命で、一九六四年（昭和三十九年）に九十一歳で没した。

坑夫の窮状を救うべく、至誠会は一九〇七年（明治四十年）二月六日を期して「賃金引上げ・間代（能率給）の適正化・安全および衛生管理」など二十四カ条の請願書を鉱業所に提出することを決定した。だが四日に通洞坑で坑夫と職員が間代のことで言い争いを始め、怒った坑夫が見張所を破壊した。この小暴動は警察から依頼を受けた南・永岡が説得にあたり、事なきを得た。しかし、翌五日には簀子橋坑と本山坑でも暴動が起こった。前日の小暴動の際、通洞坑は休業になったのに坑夫たちに賃金が支払われたが、他の部署では就業させられたことで不満が爆発したのだった。この日も至誠会の説得で坑夫たちの怒りはひとまず収まった。だが、請願書提出を目前に控えた足尾銅山は、まさに一触即発の危機にあった。坑夫たちが小規模とはいえ暴動をおこした理由は何か。太田さんによると、当時の足尾では、坑夫たちの友子組合（技術指導と相互扶助を目的とする組織）と、会社と坑夫の間に立つ飯場頭との間で、飯場割（飯場経費や友子の交際費）のピンはねを巡って緊張関係が続いており、こうした両者間の亀裂に乗じ、至誠会は友子組合と密接な関係を築き始めたという。四日の小暴動については飯場頭によって挑発、煽動されたという説もあるが、危機感を強めた飯場頭が、新興の至誠会潰しのために暴動のきっかけを作った可能性は十分に有り得る。

四日の小暴動以来、足尾には警官が増派されたが、それでも合計八〇人に満たなかった。だが、のちの暴動を予測していたのか栃木県第四部（警察部）部長・同警務課長が、また宇都宮地方裁判所からは検事・予審判事・書記がこのとき足尾に派遣されている。体の芯まで達する寒さが足尾全山を覆っていた。坑夫も鉱業所員も警察官も、異常な緊張感に包まれたまま、二月六日の朝を迎え、請願書提出の時間は刻一刻と迫ってきた。

六日午前九時、至誠会が鉱業所に「二十四カ条の請願書」をまさに提出しようとした時、本山坑の坑夫約一〇〇〇人が暴徒と化し、四カ所の見張所を襲撃、ダイナマイトの爆発を合図に、坑外でも破壊活動を始めた。休業中の通洞坑でいまだに賃金が払われていることが不満だったのだ。この暴動は社会主義者が中心の至誠会幹部が起こしたものと判断した警察は、永岡・南ら同会のメンバー八人を兇徒嘯集罪で検挙したものの、知事から「如何なる場合にも抜剣を禁じられていた」八〇人足らずの警官では到底鎮圧できる規模の暴動ではなかった。午前十一時過ぎ、鎮圧不可能と判断した植松金章・栃木県第四部（警察部）部長は中山巳代蔵・栃木県知事宛てに、至急出兵を要請する電報を打った。永岡らの検挙を知った坑夫たちは激高し、暴動はさらにエスカレートした。もはや、足尾には坑夫たちを説得できるものは一人もいなかった。本山倉庫が襲撃され、米・味噌・酒は略奪され、会社役員の住宅も次々に襲われた。南所長も負傷し一時は死亡説が飛び、鉱山本事務所・選鉱場は破壊され、午後五時半には石油庫・火薬庫にダイナマイトが投げ込まれ、同八時頃には役宅が放火されるなど、足尾全山はまさにパニック状態になった。激高した坑夫は、消火しようとする消防組の行動を妨害し、「もし消すならお前らを殺し、町にも火を付ける」と大騒ぎしたため消防組は活動できず、火災は翌朝まで続いた。

出兵要請を受けた中山知事は原敬内務大臣と連絡を取り、原内相が寺内正毅陸軍大臣相談して足尾への出兵が決定された。当時の「地方官官制」には「知事ハ非常急変ノ場合ニ臨ミ、兵力ヲ要シ又警備ノ為メ兵備ヲ要スルトキハ分営ノ司令官ニ移牒シテ出兵ヲ請フコトヲ得」とあり法律的には問題ないが、原・寺内と足尾の結びつきは多分に「政治的」である。『原敬日記』二月七日の記述には「昨日議院内にて寺内と協議し、高崎の聯隊より三中隊を急に派遣し」とあるが、原内相は、前年一月まで古河鉱業株式会社副社長を務め、内相就任と同時に同社顧問となっており、また寺内陸相は日露戦争中に古河ら銅業者と軍需銅供給の約束を成立させた当事者であった。足尾銅山と因縁浅からぬ二人は足尾の騒動をどう見ていたのだろうか。

二、足尾暴動（下）

出兵命令は、寺内陸相から第一師団（東京・師団長は閑院宮載仁親王）へ出され、さらに同師団参謀長・星野金吾大佐から六日午後三時半、歩兵第十五連隊の連隊長・渡辺湊大佐宛てに「警戒ノ為大隊長ノ指揮スル三中隊（一中隊百名）ヲ足尾ニ出ス筈　直ク準備シ置ケ」との電報が発せられた。これを受けた渡辺大佐は直ちに部隊編制に取り掛かった。派遣大隊は午後八時過ぎに編制を終え、下士卒は各自弾薬一〇発、空包三〇発、携帯口糧二日分と毛布一枚の装備とした。派遣大隊の指揮を執る第二大隊長・吉野有武少佐は、栃木県知事と交渉するため、副官高野中尉とともに午後七時二十分高崎発の列車で宇都宮に向って既に出発していた。日本史上初めての「労資紛争への出兵」という未曽有の難題を課せられた吉野少佐は日清・日露両戦争に小隊長・中隊長として出征し、日露戦争の二〇三高地攻略戦では連隊所属将校の中でただ一人、乃木第三軍軍司令官から「個人感状」を授与されたベテラン将校であった。

午後九時、連隊本部西側に整列した派遣大隊を前に、渡辺大佐は「今后暴徒ハ如何ナル事ヲ為スモ軍隊ニ対スル敵ニアラザルヲ以テ残酷ノ処置アルベカラズ」という告諭と「暴徒鎮定圧ノ為メニハ先ヅ口頭ヲ以テ説諭シ之ニ服セザレバ銃剣ヲ擬シテ威圧シ已ムヲ得ザレバ空包ヲ以テ先ヅ鎮圧ヲ計ルベシ　万已ムヲ得ザルニ非ザレバ実弾ヲ使用スベカラズ」という訓示を述べた。当時の歩兵第十五連隊の下士卒は群馬・長野両県の出身者がほとんどだった。寒風吹きすさぶ営庭に整列した将兵の中には、鉱毒被害に苦しむ渡良瀬川流域出身の者も、あるいは足尾に親戚・知人のいる者もいたかもしれない。前年十二月に入営したばかりの初年兵は約二カ月しか軍隊生活をしていないため、おそらくは編制から外されたであろう。一九〇五年（同三十八年）十二月に入営した二年兵は実戦の経験はないが、中隊の指揮を執る三澤活水大尉・土橋真三大尉以下、日露戦争に出征した士官・下士官・三年兵（同三十七年十二月入営）はどんな思いで連隊長の訓示を聞いたのだろう。かつてロシア兵に向けた剣や銃口を今度は同胞に向けなければならない彼らの胸中は複雑だったに違いない。午後十時、派遣大隊は高崎停車場に集合したが、真冬の寒気が深々と身をさす中、一時間後の出発を待つ将兵約三〇〇人の身体だけでなく心の中にも寒々とした風が吹き抜けていたのではなかろうか。午後十一時五分、派遣大隊は客車九両・有蓋貨車二両編成の臨時列車で高崎を発し、大宮・宇都宮経由で日光に向かった。足尾の出兵要請からちょうど十二時間後のことであった。

七日午前二時、宇都宮に到着した吉野少佐は、師団司令部から派遣された小泉六一参謀と会って師団長からの訓令を受領し、また栃木県の中山知事と面会して足尾の状況を聞いた。それによると本山は暴徒のために焼失し、通洞・小滝も襲撃されたとの情報もあるが交通が遮断されているため詳細は不明、だが足尾町は無事という。

前日の至誠会幹部の検挙に続き、この日未明には日本社会党の機関紙「平民新聞」（日刊）の特派員・西川光二郎も逮捕された。政府・警察は、この暴動はあくまでも社会主義者が中心となって起こしたものと考えていた。しかし、もともと計画的に組織されたわけではなかったこの暴動は七日に入ると、軍隊の到着前にはほぼ終息に近づいていた。

午前八時半、大隊は日光に到着、細尾の銅山出張所を経て、午後零時三十分、栃木平から「平常銅塊其他ノ荷物ヲ運搬スルニ供ス」鉄道馬車に乗り、足尾に向かった。この時期の足尾の平均気温はマイナス五度というから、凍てつく寒気は満州の広野を想起させただろう。

午後一時過ぎ、おりから開会中の第二十三回帝国議会（衆議院）では、山田郡休泊村（現・太田市）出身の代議士・武藤金吉が「足尾銅山ノ暴動取締リニ関スル質問書」を提出し、古河と陸奥宗光や原敬との関係、東京鉱山監督署長から足尾鉱業所々長へと「天下り」した南挺三のことを鋭く指摘し、さらに警察力だけで取り締まれず出兵した件に関して原首相の責任を追及した。これに対して原内相は「今回の暴動の原因は、南何某（注・南助松）というものが至誠会なるものを組織し、坑夫たちを教唆、煽動したことにある。ただ暴徒の数が多いので警察力だけでは手が足りず、知事から第一師団に出兵要請があったのでこれに応じた。これは今日の法律的の仕事である」と回答、至誠会が暴動の中心であると断定した上で「如何ナル人ヲシテ局ニ當ラシメテモ（中略）兵ヲ出ス外ニ方法ハナイノデアリマス」と政府の対応を正当化した。この日の原の日記には「午後衆議院の議場にて質問するものありしに因り、即時答辯をなして足尾の現況を述べ、兵力を動かすの已むを得ざる理由を辯じ置きたり」と記されている。かつて古河鉱業株式会社の副社長だったとはいえ、原が一鉱山の労働運動の中心人物の姓名や動向まで把握しているのには驚かされる。

午後三時過ぎ、派遣大隊は足尾に到着した。大隊到着直後の街の様子は「同地ノ情況平穏ナリ」とあり、この時点で事件は概ね沈静化していたことがわかる。だが、この日の様子を伝える新聞『万朝報』には、同三時五十分、足尾全山に「戒厳令」が発令されたという記事が見られるが、果たして本当に戒厳令が出されたのだろうか。足尾暴動に関する書籍の中にも、新聞記事と同様に戒厳令の発令があったと記すものもある。逮捕された西川光二郎に代わって、八日朝、足尾に到着した平民新聞の第二特派員・荒畑寒村も自伝の中で「戒厳令下の足尾に入ると」という一節がある。しかし肝心の現地に派遣された部隊の『派遣大隊詳報』にも、原敬の『原敬日記』にも戒厳令に関する記述は一行もない。奇妙な話である。九日付の『万朝報』の記事を見て疑問が氷解した。足尾にいた植松警察部長の談話として「既に軍隊も到着し、我が勢力も三百六十名となり且戒厳令と同一の効力のある保安警察条例第十八条を執行したれば」（傍線筆者）との記述がある。記者がこの談話を聞いた時刻はわからないが、派遣大隊到着後であることから、恐らくは植松部長の話が誤って伝わり、「戒厳令」という言葉が一人歩きを始めたのではないだろうか。

足尾に到着した派遣大隊は、直ちに各地に部隊を分散（小滝へ一個小隊、本山へ二〇人、赤倉精練所へ一個小隊、小学校へ五人、細尾に一個分隊）させ大隊本部は足尾町に在って付近の警戒にあたっていた。午後四時から同九時までに各地からは「本山古河橋ニ到着ス当方面目下平穏ナリ」「小滝村ノ情況ハ目下平穏ナリ」「暴徒ハ目下鎮静ニ帰シアルモノト認ム」といった平穏無事な様子を伝えている。

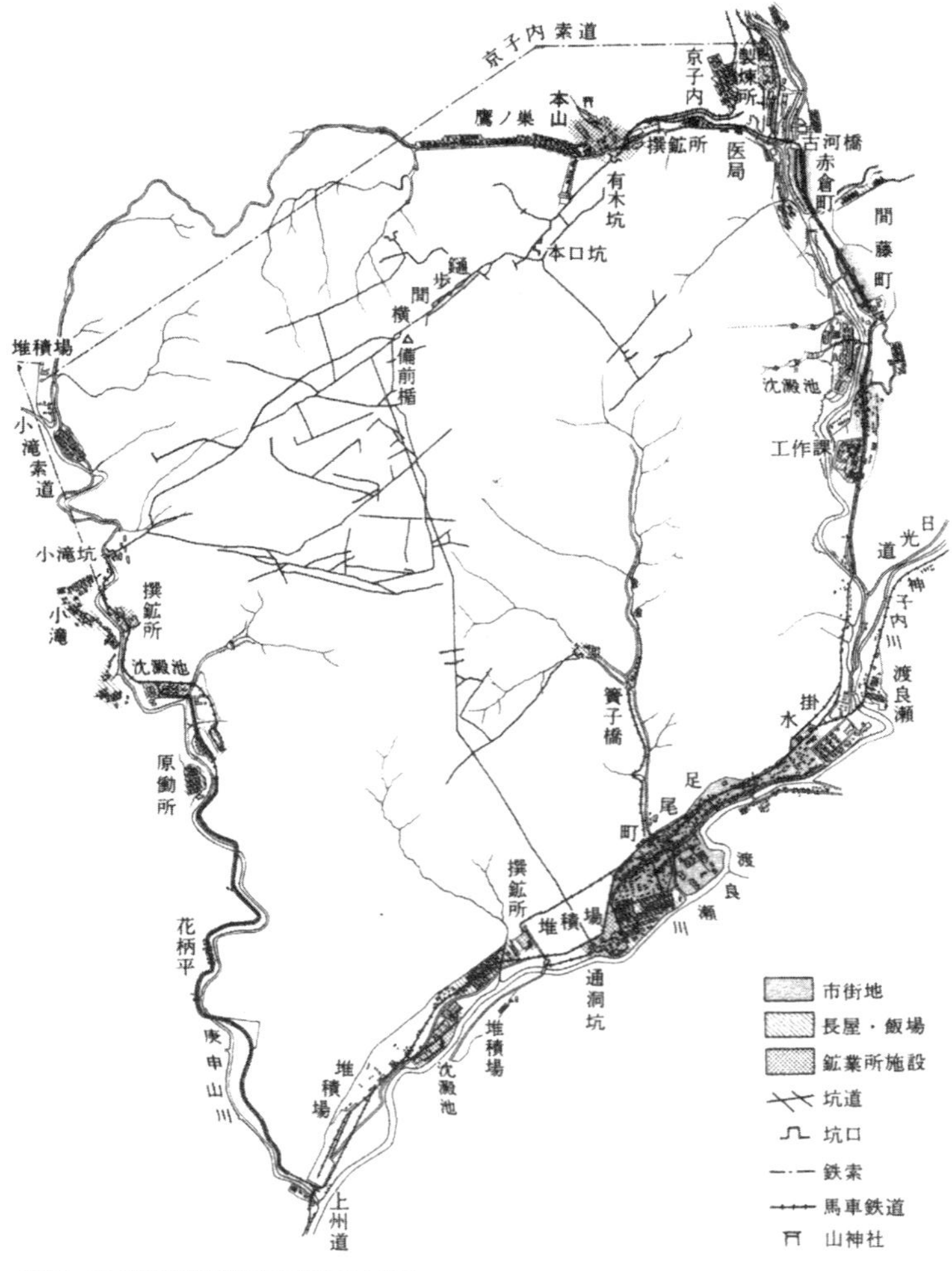

〔備考〕 1908年足尾鉱業所発行の地図により作成.

図4-1　足尾銅山略図
(『足尾暴動の史的分析』(東京大学出版会) より)

午後四時半、この暴動は社会主義者と関係があると睨んだ警察は、東京・新富町にある平民社を家宅捜索し、南助松や西川光二郎からの手紙・ハガキ・電報を押収した。
午後九時二十分の大隊命令には「本日中ニ警察官ニ於テ逮捕シタル暴徒嫌疑者実ニ百五十名ニ達ス」とある。

翌八日未明の様子を寒村は自伝にこう記している。

宿屋という宿屋は軍隊の司令部、裁判官、警察官、新聞記者であふれている。そしてすでに検挙された坑夫と、護送の巡査と、まだダイナマイトをかかえて坑内に潜む坑夫の逮捕に向かう警官の決死隊と、新聞記者とが雪どけの泥濘をふみ返して狭い街路を右往左往し、さながら戦場のような騒ぎであった。

八日午前十時、吉野少佐は警察官から「坑夫数百名ハ坑内ニ潜入シアルモノノ如シ　目下坑口及ビ山上ニ於テ続々警察官ノ手ニ依リテ逮捕セラレツツアリ」と通報を受け、同十一時に渡辺連隊長宛に「坑夫数百名坑内ニ入リタル如シ　目下漸次警察官ノ手ニ捕ヘラレツツアリ　人民行衛不明約百名ナルモ全般ニ静ナリ」と電報を打った。そして半小隊を率いて小泉参謀と共に本山方面を巡察し、また半小隊を率いる副官に小滝方面の巡察を命じた。

この暴動で倉庫・役宅・精錬所など六五棟が破壊され、うち四八棟が焼失し、付近の民家三棟も被害を受けた。負傷者は鉱業所が南所長以下一一人、警官三人、坑夫二十数人で酒に酔って焼死した坑夫が一人いた。容疑者の検挙は九日まで行われ、最終的には六二八人が検挙され、うち一八二人が起訴された。同日午前八時に土橋大尉からの報告によれば、

一、昨日午后七時ヨリ同九時迄ニ本口ニ出シタル独立下士哨ヨリ坑夫七名ヲ捕獲シ来リ警察官ニ引渡タリ

二、昨日午后八時五十分細尾下士哨ヨリ左ノ報告ニ接ス　土民ノ言ニ依レバ細尾峠ヲ上ルコト約二千五百米《メートル》突ノ地点ニ於テ逃走セル坑夫通行人ノ提灯ヲ奪ヒ之ヲ破棄シテ遁走セリ　但シ其坑夫ノ人員不明

三、午前七時細尾ノ下士哨ヨリ左ノ報告ニ接ス　昨夜哨所附近ノ土民大ニ喧噪ナリシガ為辺ニ注意シアリシモ異常ヲ認メズ

とあり、九日の朝には暴動が沈静化に向かっていたことが窺える。暴動が完全に終焉した十日、鉱業所は関係者の処分を発表した。その内容は、暴動を起こした本山坑と通洞坑の坑夫を一旦全員解雇とし、再雇用を望むものは十一日正午までに採用願を提出せよ、というものだった。この結果再雇用を拒否されたのは通洞坑では一〇六二人中九一人、本山坑では一一五八人中一人（拘留中の坑夫は含まない）、至誠会の活動が活発だった通洞坑への報復措置だろうか。

十二日午後三時三十分、大隊命令「（一）暴動事件平定ス　（二）大隊ハ任務ヲ了ヘ明日午前五時三十分当地ヲ出発　日光ヲ経テ帰還セントス　各中隊ノ為馬車十六臺（台）準備ス（以下略）」が出され、事件そのものが完全に収束したことが兵士たちにも伝えられた。

十三日午前五時半、吉野少佐率いる派遣大隊は足尾を出発、帰路についた。足尾滞在の七日間、二十三年前の秩父事件の時とは違って、一発の銃弾を撃つこともなく役目を無事終えた派遣大隊は、日光で一泊（大隊本部は小西別館）、十四日午前九時に乗車し、午後四時十五分高崎停車場に帰還した。派遣大隊の出張中の患者は皮膚病（以前の病気の再発）二人と帰路の細尾峠で転倒し打撲傷（軽症）を負った一人であった。

これで事件は落着した形となったが、「暴動の原因は社会主義者の煽動」との政府の予断を受けた警察が至誠会員を検挙したために、暴動が激化したと言えるだろう。結果だけを見ると、事件を未然に阻止できなかったという点で

政府・警察の落度を指摘することは可能だが、角度をかえて見ると暴動が激化したことによって生じた、政府にとっての三つのメリットが浮かび上がってくる。まず一点は「日本一の銅山・足尾から社会主義者およびシンパを一掃したこと」であり、次に「新聞等を通じて事件の狂暴性を知らせることによって、社会主義に対する嫌悪感を植え付けたこと」である。そして最も重要なことは「労働争議の鎮圧のためには出兵も辞さないという政府の強硬姿勢を示したこと」だろう。もしかすると冷徹なリアリスト・原敬はこうしたことを全て見通したうえで、至誠会幹部の検挙へと踏み切らせたのかもしれない。原にとって「足尾暴動」は社会主義運動に痛撃をあたえる「一石三鳥」の好機だったのではないか。南京米を常食とし、死と隣り合わせの、低賃金・重労働に耐えかね、人間らしい生活を求めて請願書に一縷の望みを賭けた坑夫たちの姿は、原には見えなかったのだろう。

この暴動から逃れて山伝いに逃げた坑夫の話が『浅草博徒一代』という本に紹介されている。暴動に参加した坑夫が足尾から赤城まで逃げたものの空腹で動きが取れなくなり、木こりの老人に助けられ、正直に「足尾から来た」というと握り飯と鍋汁を食べさせてくれたうえに、その恰好じゃ怪しまれるからと百姓の着物まで貰ったという。助けてくれた理由はわからない、とあるが、足尾銅山の坑夫の悲惨な状況は山奥に住む木こりにまで知れ渡っていたのだろうか。

この事件は日露戦争後の不景気に苦しむ各地の鉱山労働者に影響を与えた。同年四月には幌内炭鉱、六月には別子銅山でも鎮圧に軍隊が出動するほど激しい争議が起こった。それに加えて誕生直後の「日本社会党」の政策を根幹から揺さぶることにもなった。二月十七日、東京・神田区錦町の錦輝館で開催された第二回党大会において、幸徳秋水を中心とする「直接行動派」と田添鉄二らの「議会政策派」が、さらには折衷派が三つ巴の論戦を展開した。以前から直接行動を主張していた幸徳は足尾暴動によってその信念を強めたのか演説でも事件のことに触れ、「田中正造翁が、廿年間議会に於て叫んだ結果は、何れ丈の反響があつたか、諸君あの古河の足尾銅山に指一本さすことが出来なかつたではないか。然して足尾の労働者は三日間にあれ丈のことをやつた、のみならず一般の権力階級を戦慄せしめたではないか」と熱弁を振るったが、結局は折衷案が党決議となった。この幸徳演説を掲載した「平民新聞」十九日号は発禁処分となり、二十二日には日本社会党に解散が命じられた。当初は社会主義に宥和策を取っていた第一次西園寺公望内閣だったが、足尾暴動の影響もあってか、一気に弾圧策に転じた。その後、直接行動派は先鋭化し、翌年六月の「赤旗事件」（荒畑寒村・大杉栄ら一四人検挙）、一九一〇年（同四十三年）の「大逆事件」（幸徳秋水ら一二人死刑）で徹底的に弾圧され、社会主義はいわゆる「冬の時代」を迎えることになる。

幸徳に「古河に指一本さすことができなかった」とまで言われた田中正造は足尾暴動をどう見ていたのか。当時、遊水池設置のため強制買収された栃木県下都賀郡谷中村に一〇〇人余の村民とともに留まっていた田中はこの事件には全くと言っていいほど関心を持っていなかったようだ。事件真っ最中の二月九日に黒澤酉蔵に宛てたハガキには「○谷中もいよいよ盗賊腕力にて侵来せり。今ハ総理大臣までくり出しの総掛り。谷中残留民皆出京。」との谷中村の記述と並んで「○足尾の騒ぎ恐懼々々」と暴動事件に関する記載もある。「恐懼」とは「恐れ入ってかしこまる」という意味だが、正造は一体何に対して「恐れ入ってかしこまっていた」のだろうか。

その谷中村残留民の家屋一六戸は、一九〇七年（同四十年）六月二十九日から七月六日にかけて強制破壊された。この時の指揮者は足尾暴動の際、現地に派遣された植松金章栃木県警察部長だった。また、暴動鎮圧のため出兵を決定した内相・原敬の日記にはこの強制破壊に関して次の記述がある。「（七月）三日、参内拝謁して（略）栃木県谷中村残留家屋十三戸（注・正しくは一六戸）破壊の状況を奏上せり、（略）要するに法律を無視し、田中正造等の教唆によりて頑として動かざるものなり」と記されている。出兵時の議会答弁といい、この日記の内容といい、後に「平民宰相」と呼ばれた原の、もう一つの冷酷かつ官僚的な側面が窺えて興味深い。

最後に、この事件に影響された二人の文学者について書いてみたい。事件直後の二月二十日、『近時画報』というグラフィック雑誌（日露戦争中は『戦時画報』と名を改め、発行部数を伸ばしたが戦後は低迷していた）の臨時増刊号「足尾銅山暴動画報」が発行されたが、この本の奥付には「編集者・國木田哲夫」とある。自然主義文学の先駆者・國木田独歩の本名である。会社（獨歩社）の資金難に苦しんでいた独歩の身体はまた結核に冒されていた。恐らく独歩はこの臨時増刊号に社運と人生を賭けていたのではなかろうか。しかし、会社は四月に破産、独歩も翌年六月、茅ケ崎の南湖院で病没した。享年三十七歳という若さだった。

事件から三年後の一九一〇年（同四十三年）八月、第一高等学校文科の学生が足尾銅山での取材を基に『穴』という一幕物の戯曲を書いた。坑夫たちの過酷な労働の様子をリアルに描いたこの戯曲はすぐに雑誌に掲載され、また上演もされた。栃木町（現栃木市）出身の山本勇造、のちに『路傍の石』や『真実一路』『波』などの傑作を著した作家・山本有三の処女作であった。山本は当時、二十三歳だったが坑夫たちの現状を鋭く観察しており、その眼差しは限りなく優しい。後年の傑作の原型を見るような佳作である。

三、新設第十四師団に編入

一九〇七年（明治四十年）、新たな国防方針が制定され、仮想敵国をロシアとし、次いでアメリカ・ドイツ・フランスにも備えるものとし、必要な兵力として陸軍は平時二五個師団・戦時五〇師団、海軍は二万トン級戦艦八隻・一万八千トン級装甲巡洋艦八隻（いわゆる八八艦隊）とした。当時の陸軍は近衛師団を併せて一三個師団と日露戦争後期にかき集めた四個師団（第十三～第十六師団）の合計一七個師団であったが、第十三師団以下の急造師団は衛戍地が決まっておらず、朝鮮半島や中国東北地方の警備に当たっていた。同年九月に陸軍の平時編制および常備団体配備表が改正され、新たな衛戍地が確定した。なお、師団設置による経済波及効果が大きいため、新衛戍地が確定するまで、各地で熾烈な師団誘致運動（陸軍省への働きかけ・土地の無料提供など）が起こった。

同年三月五日の『東京朝日新聞』は、「新設六師団の所在地決まる」と題した以下の記事を掲載している。

新設師団基地はその筋に於いて調査済みとなり、本月中には発表する由なるが、確聞する処によれば実に左の如しとなり。

久留米、岡山、福知山、岐阜、宇都宮、新発田。

しかして歩兵連隊候補地は、今なお運動激烈にして決定を見ざる所もあるが、東京以北の分は、宇都宮師団に於いては宇都宮の二個連隊、水戸及び高崎の二個連隊、仙台師団に於いては仙台の二個連隊、盛岡、福島の二個連隊、弘前師団に於いては現在の通り、新発田師団に於いては新発田に二個連隊、新庄、村松の二個連隊にして、高崎の十五連隊は長野か松本（目下大競争中）に移転さるるはずなりと。

これによると、歩兵第十五連隊は長野もしくは松本への移転が検討され、高崎には新たな連隊が設置されるということになる。また、新発田師団の構成からすると、長野（または松本）連隊はどの師団の所属になるか不明だ。実際の師団の設置は「福知山→京都」「岐阜→豊橋」「新発田→高田」となり、所属連隊の構成は、宇都宮師団（宇都宮二・水戸・高崎）、仙台師団（仙台二・会津若松・山形）、弘前師団（弘前二・青森・秋田）、高田師団（高田・新発田・村松・松本）で「盛岡連隊」「新庄連隊」は実現しなかったが、陸軍省の発表半年前にかなり正確な情報が公表されていることに驚いてしまう。

同年九月、第十三師団は高田（新潟）、第十四師団は宇都宮（栃木）、第十五師団は豊橋（愛知）、第十六師団は京都、そして新設の第十七師団は岡山、第十八師団は久留米（福岡）常駐が決定された。これにより歩兵第四十九連隊から同七十二連隊までの移転先が決まり、歩兵連隊が置かれない県は、岩手（盛岡に騎兵第三旅団司令部・同二十三・二十四連隊・工兵第八大隊設置）・埼玉・神奈川（横須賀に重砲兵旅団設置）・沖縄の四県のみになり、ほぼ全府県に歩兵連隊が設置された形になった。また、台湾には台湾歩兵第一連隊（台北）・同第二連隊（台南）が置かれた。

当時、関東地方には近衛師団と第一師団があったが、北関東の宇都宮に第十四師団が設置された（同師団関係の敷地総面積は約一五九町＝約四七万七〇〇〇坪！）ことにともない、所属する連隊は大きく入れ替わった。歩兵第一旅団（歩兵第一連隊・同十五連隊）・同第二旅団（同二連隊・三連隊）からなる第一師団は、歩兵第一旅団（同第一連隊・同四十九連隊〈甲府〉）・同第二旅団（同三連隊・同五十七連隊〈佐倉〉）に改編された。一方新設の第十四師団は、第一師団所属だった歩兵第十五連隊・同第二連隊（佐倉から水戸へ移転）と新設の同五十九連隊・同六十六連隊（ともに宇都宮に設置）の編制（同第二連隊・同五十九連隊が第二十七旅団、同十五連隊・同六十六連隊が第二十八旅団）となり、第二十八旅団司令部・砲兵第二十連隊・騎兵第十八連隊・輜重兵第十四大隊が宇都宮に、第二十七旅団司令部・工兵第十四大隊が水戸に置かれた。一九〇八年（同四十一年）十月二十三日、鮫島重雄師団長以下各部隊が新築の兵営に入ったが、以後宇都宮は、東日本では有数の軍都となった。

なお、長野県松本市に歩兵第五十連隊（第十三師団）が置かれたため、今まで歩兵第十五連隊に入営していた長野県出身の兵卒（歩兵）は中南部出身者が同第五十連隊にまた北部出身者は同五十八連隊（高田）に、埼玉県北部出身の兵卒（同）は同第六十六連隊に入隊することになり、群馬県出身者は歩兵第十五連隊、栃木県出身者は同五十九連隊、茨城県出身者は同第二連隊所属と「一県一連隊」なって各連隊の「郷土色」がこれ以降ますます強まった。

この師団増設を契機に、軍隊内部でも改革があり、それが悪名高い「私的制裁」につながったようだ。大江志乃夫の『凩の時』には、一九〇七年（明治四十年）から、師団増設に伴って歩兵に限り現役二年・帰休一年に制度を改めたことにより、同年十二月一日には前年の一・五倍の新兵が入営した結果、三十八年入営兵（三年兵）の半数が過剰人員となり二年で除隊、残された半数の三年兵が荒れ始めた、という一節がある。また、戸部良一の『逆説の軍隊』によると、一九〇八年（同四十一年）の軍隊内務書によって、「内務班」が設けられ、その結果「内務班に代表される兵営生活は、自由を束縛し、しばしばプライバシーの余地さえ認めなかった。私的制裁が横行した。」とある。ただ、暴力が支配する上下関係は、それ以前からあったらしい。『明治・大正・昭和軍隊マニュアル』には以下の記述がある。

三浦秋水『兵営実話　剣光燈影』（教王社出版部、明治３３年［一九〇〇年］、定価一五銭）は、軍隊の内実を描く過程で軍装検査の様子に言及、軍靴に「一点の土が付いていてさえ折が悪いと二つ三つ横面をはられるのが哀さに力を入れて、一生懸命に磨て居る」と描写している。おそらく筆者の三浦は兵士として軍隊生活を経験した者なのであろう。彼はかかる私的制裁について、「隊の申し送り」と唱えて旧兵が代々残して置くもので、「自分がやられたから人をもいじめると云うは所謂怨恨を罪なきものに移すのであって、君子の取らぬ所である」（五八頁）と批判しており、その意味で同書はけっして軍隊を手放しで賛美したものではない。

どうやら日露戦争前から私的制裁はあったようだが、この文からは「口より早く手が出た」程度の印象で、顔面が変形し、歯が折れ、はては鼓膜が破れるほど殴りつづける制裁とは異なるようだ。以上から考えて明治の陸軍にも日露戦争以前から多少の「私的制裁」はあった、ただ現役二年・帰休一年制導入・内務班の設置によってエスカレートしたというのが実情だろう。

この時期の、歩兵第十五連隊の動きを見てみよう。日露戦争で中止された第一師団名誉射撃は一九〇六年（明治三十九年）に再開、この年は歩兵第十五連隊の連続優勝はならず同第二連隊第六中隊が栄冠を勝ち取ったが、翌年は同十五連隊第五中隊が優勝した。第十四師団の設置によって、旧第一師団最後の名誉射撃となった一九〇八年（同四十一年）は同第一連隊第九中隊が優勝した。最後の名誉射撃で優勝するため、猛訓練を重ねた同第一連隊では同年三月に第五中隊の兵卒三七人による脱営事件が起きている。事件が起きた第五中隊は中隊長が休職中で、中隊長代理を『鉄血』を著した猪熊敬一郎中尉が務めていた。

一九〇八年（明治四十一年）六月六日、歩兵第十五連隊第一大隊第三中隊（一五一人）が清国駐屯軍として中国に派遣された。清国駐屯軍とは、北清事変後の北京議定書で駐屯を認められた陸軍部隊で一九〇一年（同三十一年）五月に設置され、その任務は「帝国公使館、領事館及帝国臣民保護」、司令部は天津にあり兵力は約二〇〇〇人。各連隊から交代で中隊が派遣されたこの軍は俗に北清駐屯軍・天津駐屯軍とも呼ばれたが、一九二三年（大正二年）に支那駐屯軍と改称された。一九三七年（昭和十二年）七月の盧溝橋事件を起こしたのは同軍配下の支那駐屯歩兵第一連隊第三大隊（大隊長・一木清直少佐はのちガダルカナル島で自決）であった。歩兵第十五連隊第三中隊は約半年間の任務を終え、同年十二月二十六日に高崎に帰還するが、この時は師団の編制替えが済んでいたので第十四師団第二十八旅団所属になっていた。以後、歩兵第十五連隊からは、第二中隊（一九一六年〈大正五年〉九月～一九一七年〈同六年〉十月）、第一中隊（一九二四年〈同十三年〉九月～一九二五年〈同十四年〉九月）が支那駐屯軍に派遣されている。

清国駐屯軍以外にも、国外に派遣された部隊があった。一九〇七年（明治四十年）六月のハーグ密使事件を機に全土に拡大した義兵運動に対抗するために、一九〇九年（同四十二年）に編制された臨時韓国派遣隊である。当時、朝鮮半島には韓国駐箚軍（一九一〇年十月朝鮮駐箚軍に、一九一八年六月朝鮮軍に改称）が置かれていたが、その兵力は一個師団と駐箚憲兵隊だけであったため、各連隊から一個中隊が派遣された計二四個中隊から成る臨時韓国派遣歩兵第一・同第二連隊（一個旅団規模）を増派した。歩兵第十五連隊からは、「韓国併合」の翌一九一一年（同四十四年）四月（？）から翌年四月まで第十中隊、一九一三年（大正二年）三月（？）から翌年三月まで第三中隊、一九一五年（同四年）三月から翌年三月まで第十二中隊が臨時韓国派遣隊に編入されている。義兵運動は一九〇八年をピークに下火になっているとはいえ、一九一一年には、日本軍と義兵の衝突事件は四回あり、五〇人の義兵が捕虜となっている。発砲せずに済んだ「足尾派遣大隊」とは違って、最初に派遣された第十中隊が戦闘に関わった可能性は否定できない。

第五章　大正時代の高崎連隊

兵士の肖像Ⅴ

一、第一次世界大戦

一九一二年七月から一九二六年十二月まで約十四年六カ月間の「大正時代」を象徴する言葉に「デモクラシー」を挙げる人は多いだろう。確かに二度の大規模な護憲運動があり一九二五年（大正十四年）には、満二五歳以上の男性に衆議院議員の選挙権を与える「普通選挙法」（一九二八年実施）も成立しているが、第一次世界大戦終結直後は、中国はおろかシベリアにまで大軍を展開する軍事国家としての一面も併せ持っていた。

軍拡の面から見てみよう。大正時代は「陸軍のストライキ」から始まった。一九一二年（大正元年）十二月、二個師団増設を財政難を理由に拒否された陸軍はあくまでも「帝国国防方針」に固執し、上原勇作陸軍大臣の単独辞職で第二次西園寺内閣を総辞職に追い込んだ。後を継いだ第三次桂太郎内閣に対する護憲運動（第一次）が強まり、桂は在職わずか五十日余りで辞職した。いわゆる大正政変である。

だが、陸軍は師団増設をあきらめず、まず一九一六年（大正五年）四月には朝鮮北部に第十九師団（司令部は羅南・第七十三〈羅南〉・七十四〈咸興〉・七十五〈会寧〉・七十六〈羅南〉連隊）と馬山重砲兵大隊を設置、一九一八年（大正七年）には朝鮮駐箚軍を朝鮮軍と改めた。翌年三月の三・一独立運動では鎮圧に出動、また四月には朝鮮南部に第二十師団（司令部は竜山・第七十七〈平壌〉・七十八・七十九〈龍山〉・八十〈大邱〉連隊）を設置し、両師団は朝鮮半島内の治安維持を担当するとともに独立運動鎮圧にも出動、さらに満洲地方・沿海州地方にすぐ出動できるようにしていた。実際、「シベリア出兵」「満州事変」「張鼓峰事件」の際にも出動している。なお、朝鮮軍には内地で召集された兵卒が入営したが、その当時の事情は一九二〇年（大正九年）、第十九師団第七十三連隊に入営した落語家・柳家金語楼の名作『落語家の兵隊』に詳しい。

連隊区司令官の前へ呼ばれた時、司令官はしげしげ身体を打ち眺めて、落語家などというものは、いずれもなっちょらん身体の所有者が多いにもかかわらず、お前は実に立派な身体だ、すなわち甲種合格であるとポーンと判を捺された時には、思わずしめたーッと叫ばざらざらざらんとするも豈得べけんや……でございました。しかし多くの中にはくじのがれということがあるから、どうかのがれねえようにと八百万の神々に起請をかけておりました甲斐あって、いい按配にのがれねえで……入営はおおかた麻布三連隊ならんと思っていると、少しばかり遠方の朝鮮、しかも羅南という山ん中の守備隊であると聞かされた嬉しさよろこばしさ。

と、甲種合格を喜び、入営できるように願をかけ、朝鮮の連隊と聞いて嬉しがったなどと自身の心情と正反対の思いを皮肉たっぷりに語っていた。

さらに一九一九年（大正八年）四月にはリャオトン半島の租借地・関東州にあった関東都督府を廃して関東庁と関東軍司令部を新設した。関東軍は内地から交代で駐箚する一個師団と独立守備隊六個大隊、旅順重砲兵大隊を基幹とした。また八月には台湾総督府陸軍部を廃して台湾軍司令部を設置、配下の台湾守備隊（台湾歩兵第一連隊・同第二連隊基幹）のほか、馬公と基隆に重砲兵大隊を配置した。

また、日露戦争後に日本領となった樺太南部には一九一三年（大正二年）五月まで樺太守備隊が置かれ、第一次世界大戦中の一九一四年（同三年）十一月には、山東半島にあるドイツの膠州湾租借地に青島守備軍が置かれた。ワシントン条約の結果、山東半島は中国に返還され、同守備軍は一九二二年（同十一年）十二月に廃止されたが、その間の中国には、天津（支那駐屯軍）・関東州（関東軍）・青島（青島守備軍）と三カ所に日本軍が駐屯し、なおかつシベリア出兵中で沿海州・黒龍州・ザバイカル州・北部満州に大軍を展開させていた。一見すると大きな戦争がなく平和そうな大正時代だが、軍が展開している地域は日露戦争時より遥かに広大だ。大陸進出は着々と進んでいたのである。

一九一四年（大正三年）六月のオーストリア皇太子が暗殺された「サラエボ事件」に端を発した第一次世界大戦に、日英同盟を理由に参戦した日本軍は、海軍の南遣支隊がマリアナ・パラオ・カロリン・マーシャル諸島など赤道以北のドイツ領南洋群島を十月に占領、一方、九月末に攻囲陣地を編制した第十八師団（久留米）・歩兵第二十九旅団（静岡）およびイギリス軍（インド軍も含む）が十月三十一日に山東半島にある青島要塞総攻撃を開始、十一月七日に要塞は陥落しドイツ軍は降伏した。日本軍の損害は戦死四一六人・戦傷一五四二人、イギリス軍の死傷者は五六人。また海軍の損害は二等海防艦「高千穂」（戦死者二八〇人）など計五隻沈没・一隻大破、戦死二九五人・戦傷四六人であった。

このいわゆる「日独戦争」では、群馬県出身の戦死者は一〇人、うち八人は撃沈された「高千穂」（日清・日露戦争のおもな海戦にほとんど参加した二等海防艦。イギリス・アームストロング社製、三六五〇トン）に乗り組んでいた機関中尉・三等厨宰・一等水兵（二人）・一等機関兵（二人）・二等水兵・二等機関兵で、他に南遣支隊の「山風」に乗り組んでいた二等兵曹と重砲兵第二連隊所属の砲兵中尉が病死（？）している。第一次世界大戦の日本軍の損害はヨーロッパで激戦を展開している列強と比べれば遥かに軽微であった。その隙に、日本は大陸進出を目論み、翌年、袁世凱政府に「二十一カ条の要求」を突き付けてその大部分を承認させて山東半島のドイツ権益などを手に入れ、さらには袁世凱のあとを継いだ段祺瑞内閣に確実な担保なしに約一億四五〇〇万円という多額の「西原借款」を与えて、中国における日本の権益拡大を図ろうとした。こうした露骨な日本の姿勢に対し、中国民衆は反日運動を展開していくことになる。

二、シベリア出兵宣言

大戦末期に起こった「ロシア革命」もまた日本に多大の影響を及ぼした。一九一七年（大正六年）に誕生した世界初の社会主義国家・ソビエトを危険視する列強は露骨な干渉を開始した。一九一八年（同七年）一月十二日、日本はウラジオストクの居留民保護を名目に一等海防艦「石見」（日露戦争で捕獲した旧ロシア戦艦『アリョール』・一三五一六トン）と戦艦「朝日」（一五二〇〇トン）を派遣、四月四日に同地の日本人経営の商店が襲撃される事件（日本軍の謀略の可能性が高い）が起こると翌日には日英の陸戦隊が上陸を開始した。一方でイギリスは三月三日にソ連とドイツ・オーストリアがブレスト・リトフスク条約を結ぶとすぐにロシア北西部のムルマンスクへ干渉軍を上陸させている。八月には、日・米・英・仏・中・伊連合軍が、シベリアにいたチェコ軍（同盟国側のオーストリアの下でロシア軍と戦っていたが、ロシア軍に加わり革命後は反革命軍側の指揮下に入った約五万人の軍団）救出を大義名分とし共同出兵に踏み切ったが、実際はソビエトに対する干渉戦争以外の何物でもない。各国が一万人未満の小規模出兵だったにもかかわらず、北満州や沿海州にまで勢力を広げようとしていた日本は最初から約七万二〇〇〇人という大軍を送り込んだ。当時のウラジオには三二〇〇人以上の日本人居留民が住み、日本人学校・本願寺布教所まであったが、一九二二年（同十一年）十月の日本軍のウラジオ撤退と共に大半の居留民は帰国を余儀なくされた。その経緯は堀江満智『遥かなる浦潮』に詳しい。

政府がシベリア出兵を宣言した、一九一八年（大正七年）は、日本にとっては激動の一年だった。開戦を契機に輸出超過に転じた日本経済は空前の好景気に沸き、この年の大阪証券取引所の年間取引額は開戦の年の三倍となる投機ブーム（バブル経済）となった。一方では物価は上昇し、特に米価は投機とシベリア出兵を見込んだ思惑買いとで急騰、一月は一石一五円だったが、七月には三〇円となった。これに対して八月三日に富山県の漁村から始まった「米騒動」は自然発生的ではあったが瞬く間に全国へと広がった。だが、米価はさらに上昇、八月にはついに一石五〇円を超え、騒動は九月中旬まで続いた。参加した民衆は六〇〜七〇万人、鎮圧のために軍隊まで動員されたがその兵力は約一一万人、三一人が軍隊によって刺殺・射殺され一〇〇人以上が負傷し、二万五〇〇〇人以上が検挙され、七七八六人が起訴された。

ちょうどこの時期は、「スペイン風邪」と名付けられた流行性感冒（インフルエンザ）が日本全土に猛威を奮い始めた時期と重なる。八月下旬から始まった第一回の流行では翌年一月中旬までに全国で罹患した患者数一九二三万二六七五人（国民の三人に一人の割合）、そのうちの死亡者は二〇万四七三〇人に達していた（当時の人口は現在の約半分だが今死者四〇万人を超える感染症が発生すれば日本中がパニックに陥ってしまうだろう）。これはあくまで仮説だが、この流行性感冒と米騒動の勃発と収束には密接な関係があったのではないか。東北地方でいちばん激しい米騒動は福島県で起こっており、軍隊が鎮圧に出動しているが、ここでは早くも八月に感冒が流行し始めている。「米価は上がる、そのうえ死者まで出る感冒が流行り始めた、いつ死ぬかわからぬ身なら、せめて白米を腹一杯食べたい」と思うのが人情ではないか。また政府もシベリア出兵を開始したため兵隊への感染を恐れて敢えて強硬に対処し短時間で騒動を収束させようとしたのではないだろうか。米騒動以前の治安出動（たとえば足尾暴動に対する出兵）と比べると、出動した各地の軍隊の民衆への対処法は、民衆側の行動が過激だったとはいえ、実弾を発砲するなどかなり乱暴である。それにしても感冒感染の恐怖と米価高騰の二重苦に苦しんだ当時の民衆の苦しみは察するに余りある。

民衆に銃口を向けた各地の軍隊は、やがてその銃口を革命軍（「赤軍」「過激派」とも呼ばれるが革命軍で統一する）に向けるべくシベリアに送られていく。なおスペイン風邪は、シベリア出兵とほぼ同時期に三度流行し、一九二一年（大正十年）七月に終息するまでの約三年間の国内患者総数二三八〇万四六七三人、死者は三八万八七二七人に達した（この数値は明治時代全期間のコレラ死亡患者数を上回る！しかし速水融は死亡者は少なく見積もっても四五万人に上ると推計している）というから、国民のほぼ半数が罹患し、そのうちの一・六三パーセントが死亡したことになる。全世界で約二五〇〇万～四〇〇〇万人が死亡したと言われる「スペイン風邪」は二〇世紀最大の猛威をふるった最悪の感染症であるが、第一次世界大戦を終結に導いた要因の一つとも言われている。

余談となるが、ロシアには二度行ったことがある。最初はソ連解体直後の一九九三年（平成七年）八月、外国人に開放されたばかりのウラジオストクに行った。海軍博物館を見学したとき、一枚の写真に目を奪われた。ロシア人のさらし首を前にした日本軍人の写真だ。案内の水兵に片言の英語で「これは日露戦争のものか」と尋ねると「いいや、シビル・ウォー時代のものだ」という。「シビル・ウォー？　市民戦争とは何だ？　内戦！　ロシア革命のことか、この日本兵はシベリア出兵で派遣されたんだな。殺されたのは革命軍の兵士か」と写真の意味がわかった。シベリア出兵の時も日本軍はこんな残虐なことをしていたのかと、初めて見る写真の前に立ちすくんでいると、案内の水兵が「戦争は残酷」とぽつりと言った。翌年八月には日露戦争の現地調査も兼ねてサハリンへ行った。その一年前「一ドル＝一〇〇〇ルーブル」だった為替レートはなんと二〇〇〇ルーブルに暴落、いわゆるハイパーインフレが進んでいた時期だったのだ。そんなどん底の経済事情の中でも、ウラジオで出会ったロシア人ガイド、昼食を御馳走してくれた一家、海岸で出会った子供たち、そしてサハリンでは自家用車（日本製中古車）でユジノサハリンスクからホルムスクまで案内してくれたホテルマン、街頭でピロシキを売っていたみごとに太ったおばさん、みんな陽気で親切だった。日本の近代軍事史はロシア（ソ連）との戦争（日露戦争・シベリア出兵・ノモンハン事件・第二次世界大戦）抜きには語れないが、なぜ我々の先祖はあんな気のいい陽気な民族と何度も戦ったのだろうという素朴な疑問が湧いてくる、生涯心に残るだろう旅であった。

静岡で高校の教員をしている友人にウラジオとサハリンに行ったぜと言うと、『それって、シベリア出兵で日本軍が進出したところだよな。日本史の授業でシベリア出兵を教えるのがいちばん苦労するんだよ』と言われた。たしかに、とらえどころの無い『戦争』で、資料は他の戦争に比べてはるかに少ない。公刊戦史は一応ある、しかし、兵士の肉声ともいうべき手記・日記の類は二冊しか刊行されていない。題材にした文学作品も、古くは黒島伝治の『渦巻ける烏の群』『橇』、戦後の堀田善衛『夜の森』、高橋治『派兵』（未完）くらいしかない。邦画でも第一次世界大戦物では『青島要塞爆撃命令』（一九六三年・東宝）という作品が一本だけあるが、シベリア出兵を題材とした映画は一本もない。これはいったいどうした事だ。一九一八年（大正七年）八月の陸軍部隊のウラジオ上陸から一九二五年（同十四年）五月の北樺太撤兵まで六年九カ月もの長期間（同年一月の「石見」「朝日」のウラジオ入港から起算すると七年四カ月＝大正時代の半分以上！）に及び、出兵宣言からウラジオ撤兵までに内閣は寺内正毅―原敬―高橋是清と変わり、完全撤退までにさらに加藤友三郎―山本権兵衛―清浦奎吾―加藤高明と四つの内閣を要し、日清戦争時の動員兵力に匹敵する約二四万人という大量の将兵を派遣し、約一〇億円の戦費を費やし、三〇〇〇人以上の戦死者を出したにもかかわらず、何ら得るもののなかった愚行の実態が明らかにされていないのである、たかだか九〇年前の事件なのに……。

娘が通っている太田市立宝泉小学校の一隅に、一九三四年（昭和九年）九月に「帝国在郷軍人会宝泉村分会」によって建てられた、陸軍大臣・林銑十郎揮毫の「彰忠碑」があるが、その裏面には各戦役に参加した旧新田郡宝泉村出身者の名前が刻まれている。一部苔に覆われていて判読不能な個所もあるが、一八九一年（明治二十四年）当時の戸数五六五・人口三七三七人のこの村から、日清戦争に七人、日露戦争に九九人、日独戦争に五人、シベリア出兵に一九人が出征していることがわかる。日独戦争（青島要塞攻撃）には海軍四人（一等兵曹・一等機関兵曹・三等兵曹二人）と陸軍一人（工兵一等卒）が、シベリア出兵には海軍三人（一等機関兵曹・三等機関兵曹二人）と陸軍一六人（歩兵軍曹・同上等兵・同一等卒一〇人・工兵上等兵・同一等卒・看護手・輜重輸卒）が出征しているが、日清戦争の倍以上の出征者数からシベリア出兵の規模の大きさが推し量られるし、また農家の次三男が下士官志願をして軍隊

（特に海軍）を就職先に選んでいる様子も窺える。この中でも歩兵科の下士卒のほとんどは歩兵第十五連隊に属し、一九一九年（大正八年）五月のウラジオ上陸から翌年十二月に復員するまでの一年六カ月間、シベリアに派遣されたはずである。

高校で広く使用されている山川出版社の『詳説日本史B』（二〇〇六年文部科学省検定済）から「シベリア出兵」に関する記述を引用する。

寺内内閣は、これ（筆者注・ロシア革命）を好機とみて、旧ロシア帝国支配下の北満州・沿海州にまで勢力圏を拡大しようとした。社会主義を危険視する列国はロシア革命への干渉に乗り出し、一九一八年、シベリアにいたチェコスロヴァキア軍将兵の救援を名目とする共同出兵をアメリカが提唱すると、日本はアメリカ・イギリス・フランスなどの連合軍の主力として大軍をシベリア・北満州に派遣した（シベリア出兵）。大戦終了後、列国はまもなくシベリアから撤兵したが、日本だけは一九二二（大正一一年）まで駐兵とシベリアの反革命政権の支援を続け、この出兵に要した戦費は一〇億円に達し、三〇〇〇人の死者と二万人以上の負傷者を出した。

他国の内紛に連合国軍が共同出兵するという構図は、この事件から十八年前の「義和団事件」と似ている。当初シベリアに出兵したのは日（七万二〇〇〇人）・米（九〇〇〇人）・英（五八〇〇人）・仏（一二〇〇人）の他にイタリア（一四〇〇人）・中国（二〇〇〇人）さらにチェコ軍・ロシア反革命軍（白軍）など。大量派兵した日本軍の目的はバイカル湖以東の沿海・黒龍・ザバイカル州に反共政権の「緩衝国」を作ることにあった。

シベリア出兵に出動した部隊は大まかに三方面、四期に分けられる。浦塩派遣軍司令部を核に沿海州・黒龍州方面に派遣されたのが第十二（小倉）→第十四（宇都宮）→第十一（善通寺）→第八師団（師団）、ザバイカル州方面に

表5－①　シベリア出兵出動部隊の変遷

1918年（大正7年）	1919年（同8年）	1920年（同9年）	1921年（同10年）	1922年（同11年）
浦潮派遣軍 8月・第12師団（小倉）	→7月・復員 4月・第14師団（宇都宮）	→11月・復員 7月・第11師団（第10旅団）（徳島） 9月・同師団（第22旅団）（善通寺）	⇒ 12月・第8師団（第16旅団）（秋田）	6月・復員 4月・第8師団（第4旅団）（弘前） →11月・復員
8月・第3師団（名古屋）	→10月・復員 8～9月・第5師団（広島） 8月・第13師団（第15旅団）（新発田）	→8月・復員 1月・第13師団（第26旅団）（高田）	→5月・復員 4月・第9師団（金沢）	→10月・復員
関東都督府陸軍部 8月・第7師団（旭川）	関東軍 →4～5月・復員 4月・第16師団の半分（京都）	⇒	4月・守備地発 4月・第15師団の一部（豊橋）	→9月・守備地に帰還
		5月・北部沿海州派遣隊（第25連隊）（札幌） 7月・薩哈嗹州派遣軍（第7師団第13旅団〈第25・26連隊〉）（旭川）	第2師団（第3旅団〈仙台〉・第25旅団〈山形〉）	⇒（25年5月復員）

（　　）内の地名は連隊・旅団司令部・師団司令部の所在地を示す。
（『戦争の日本史21・総力戦とデモクラシー』より作成）

は第三（名古屋）↓第五（広島）↓第十三師団（高田）↓第九師団（金沢）が順次派遣された。さらに関東都督府陸軍部（第七〈旭川〉↓〈以降関東軍〉第十六〈京都〉↓第十五師団〈豊橋〉）が北満州方面からシベリアに進出、さらに一九二〇年（大正九年）からサハリンへ薩哈嗹《サガレン》州派遣軍（第七師団〈旭川〉↓第二師団〈仙台〉）が送られたが、当時の全二一個師団中一二個師団がシベリアへ派遣されている。第十八師団（久留米）は青島攻撃に参加しており、また第十九・二十師団は朝鮮軍配下のため、これらの師団と近衛師団を除けば一七個師団中一二個師団、なんと三分

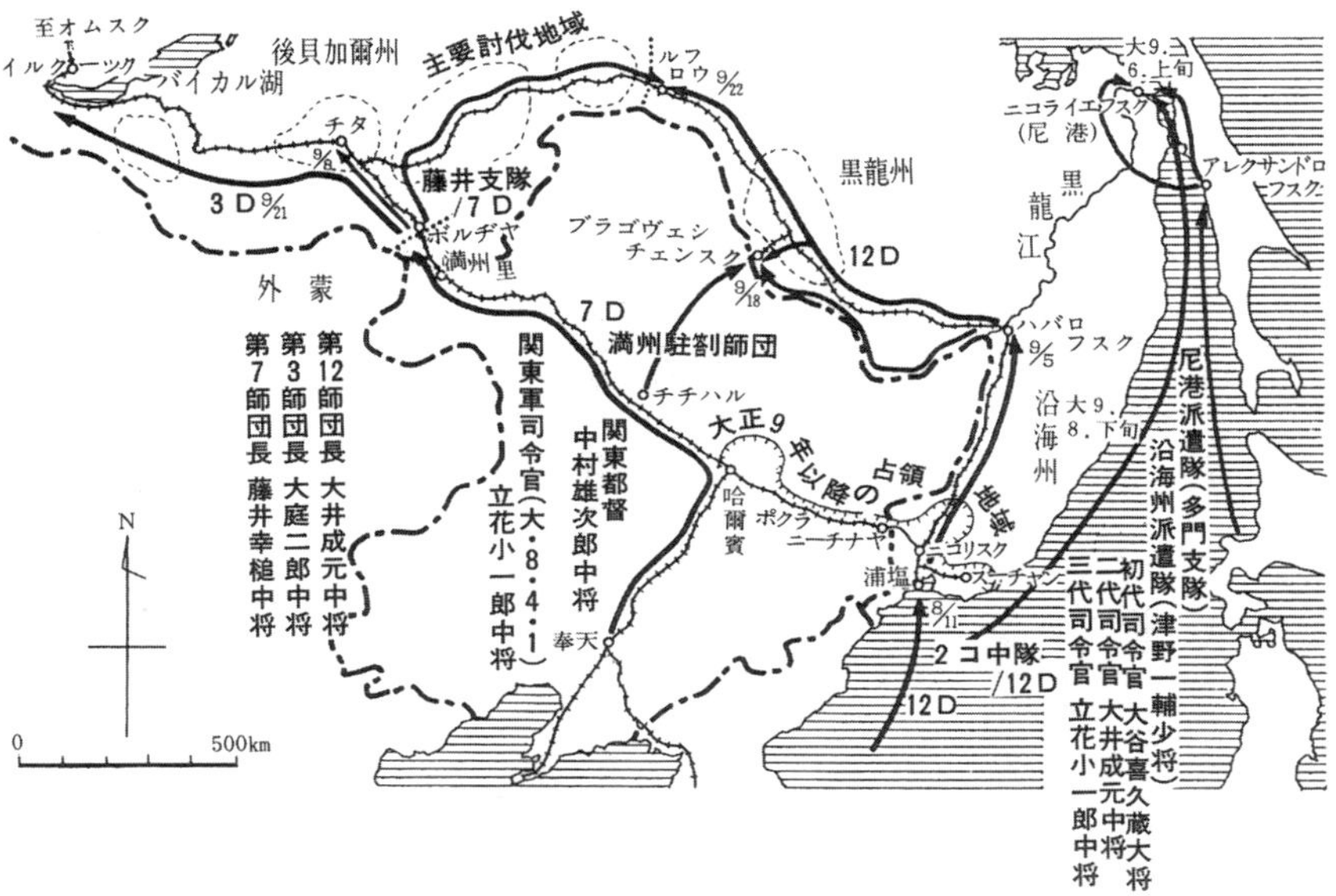

図5-1　シベリア出兵作戦経過要図（大正7年8月～同11年10月）
（『図説陸軍史』（建帛社）より）

の二を超える部隊がシベリア出兵に参加したことになる（表5―①、図5―1）。

規模からいえば本格的な戦争（近年、「シベリア戦争」と呼ぶべきとの主張があるが、期間・動員兵力から考えれば妥当であろう）だが、米騒動やスペイン風邪流行という時期とも重なり、「無名の師」（正当な理由のない出兵）とまで言われ、寄席で噺家が「シベリア失敗」というと大ウケしたというほど国民はこの出兵（戦争）を冷めた目で見ていた。

たしかにこの「戦争」はわかりにくいが、一九二六年（大正十五年）七月から中国で始まった蒋介石率いる国民党軍の北伐と比してみると構造がよく似ているので理解しやすいかもしれない。つまり革命軍＝国民党、反革命軍＝軍閥としてみると、シベリア出兵の際は列強が反革命軍（コルチャックやセミョーノフ）を支持した構図と、北伐で軍閥・張作霖を支援した日本軍が重なる。また規模こそ違うが日本軍は「居留民保護」という名目で三度にわたる山東出兵を行い、国民党軍と武力衝突した済南事変を引き起こしているが、「シベリア出兵」によく似ている。他国の内乱に乗じて「居留民保護」という名目で出兵し反革命軍を支持するという「侵略」を繰り返したと言えよう。

一九一九年（大正八年）一月、前年十一月の休戦成立にともないパリで講和会議が開かれた。その際、民族自決の方針で東ヨーロッパに多くの独立国が誕生したことを受け、朝鮮独立を求める運動が学生・宗教団体を中心に盛り上がり三月一日のソウルのパゴダ公園（現タプッコル公園）における独立宣言書朗読会を機に「三・一独立運動」が朝鮮全土で展開されたが総督府は警察・憲兵・軍隊を動員して徹底的に弾圧した。なお速水融は朝鮮半島におけるスペイン風邪の流行に関して日本人にくらべて朝鮮人の死亡率が高かったことをつきとめ「目の前で日本人は厚遇され、朝鮮人に死亡者が続出する状景は、三・一運動として、朝鮮の人々が、大正八（一九一九）年に蜂起したことの一つの要因となったと考えられないだろうか。」とその著『日本を襲ったスペイン・インフルエンザ』に書いているが、慧眼というべきであろう。

また五月には、中国でベルサイユ条約により認められた「日本への山東半島の旧ドイツ権益の継承」に反対して「山東半島の返還」などを求める学生の街頭運動から始まった「五・四運動」が以後二カ月にわたって各地に広がり、間島（現在の中国吉林省延辺朝鮮族自治州）の日本領事館が朝鮮人に放火されるなど各地で反日運動が広がった。

こうした国際情勢の中、第十二師団と交代して第十四師団（師団長は栗田直八郎中将）は沿海州に派遣されるのだが、出征前後の『上毛新聞』から関連した記事を拾ってみたい。

一月は、やはりというか、県下で流行したスペイン風邪の記事が目立つ。「感冒の死亡者が多い　昨年よりも悪性」「碓氷の感冒　昨今猖獗を極む」（二十三日）、「赤城山麓を襲える悪性感冒　一家全滅の惨状を現出し富士見で一日十二名死亡」（二十五日）、「虎疫ペストより恐しい昨今の悪性感冒　小児の死亡六割を占む　軽症とて油断は出来ず」

（二十九日）などセンセーショナルな見出しの記事が掲載されている。スペイン風邪関連のニュースに触れるたびに出征を目前に控えた将兵は、故郷の家族のことが心配になっただろう。

三月五日には、利根郡川場村出身の第一航空隊長（海軍）・井上二三雄少佐が爆弾投下訓練中に搭乗機の故障で静岡県清水付近の海中に墜落、同乗の山内三郎中尉とともに殉職した事件があったが、関連記事が六日、七日に掲載された。井上少佐は前橋中学沼田分校（現沼田高校）から成城学校（現成城高校）を経て一九〇二年（明治三十五年）十二月海軍兵学校に入学（第三十三期・同期生〈一七一人〉にはのちの連合艦隊司令長官・豊田副武大将や第三次近衛文麿内閣の外務大臣・豊田貞次郎大将がいた。山本五十六連合艦隊司令長官は第三十二期生）、日露戦争中は海兵生徒でポーツマス条約締結後の一九〇五年（同三十八年）十一月に卒業。一九一二年（大正元年）十一月には追浜で練習が開始された第一期航空術練習委員（操縦練習学生・四人）の一人となり、翌年フランスに留学、日本で初めてデベルデッサン式単葉飛行機（百馬力）に搭乗した海軍航空隊草創期のパイオニアの一人であり青島攻略戦にも参加した。事故死後、井上・山内ともに一階級昇進している。

なお七日の記事に「男子揃ひの三人兄弟は各軍人志望であつたが兄一氏は体格不良の為め陸軍士官学校に入学することが出来ず弟の四郎氏亦志望の海軍軍人になれず中佐一人が其の望みを達して」とあるが、この弟の四郎（幼名）とは本名・昭、のちに血盟団事件を指導した井上日召である。日召は明治末年、満洲に渡って満鉄社員となり、さらに参謀本部嘱託として満州での諜報活動に従事、井上少佐の事故当時は中国山東省で革命軍の顧問となっていた。

井上少佐の操縦教官は新田郡尾島町出身で、後年「中島飛行機製作所」を設立した中島知久平（海軍機関学校十五期・機関大尉）であり、中島は一九一三年（大正二年）に横須賀鎮守府海軍工廠造兵部部員を命じられ、輸入ファルマン式水上機を改造した日本海軍式試作水上機を製作したが、これが国産海軍機第一号となった。「新しがり屋」の上州人気質も関係があったのか、草創期の海軍航空隊に井上少佐と中島機関大尉という二人の上州人が関わっていたのは興味深い。

三月二十八日の紙面には「第十四師団の出動　十二師団と交替して西伯利亜に向ふべし」と題した記事が掲載された。

小倉第十二師団の凱旋に付いては二十六日議会に於いて田中陸軍大臣の声明せし如くなるが同日午前當地第十四師団参謀部に重要なる命令下りたる如く歩兵第五十九連隊同六十六連隊は準備を急ぎ居れり松井参謀長は急遽上京せり今回は別に動員に非ず平時編成の儘大部分の諸隊出動する者にて當地は著しく活気を呈し来れり（宇都宮電話）

また「高崎連隊参加して出発せん」というタイトルの短い記事「右と同時に高崎歩兵第十五連隊も右の編成に依り之れに参加して来る（四文字消去）出発派遣さるる事となるべく同地の駐屯期間は約二ヶ年なりと（高崎電話）」が並んでおり、いよいよ歩兵第十五連隊の出発が間近に迫っている様子が窺える。

同月三十一日、第十四師団に臨時編制が下令され、各隊は出発準備に取りかかった。四月五日までに帰休兵の臨時召集も済み、留守大隊・出発部隊の編成も完了、同日第一中隊長・茂木隆吉大尉（高崎中出身・陸士十九期）はウラジオに向って出発、また八日には鈴木高禄中尉・山崎保代中尉・都賀規矩少尉が下士官以下一四人と共に先発隊として出発、宇都宮で師団の先頭として出発する歩兵第五十九連隊第一大隊と合流して青森に向かった。

本隊は十二日に高崎英霊殿で行われた招魂祭に参列、その際余興として太神楽・太太神楽・角力・獅子舞が行われ、連隊の営門には大アーチが建設されて万国旗が飾られ花火が盛大に打ち上げられたが、こうした派手な演出は出征直前の将兵の目にどう映ったのだろうか。出征する士官の中でも日露戦争の参加者は一五パーセント程度で、ほとんどの下士卒にとって実戦に参加するのは初めての経験であった。スペイン風邪が猛威をふるう中シベリアで冬を過ごさねばならないことも心配であり、二月二十五日にシベリアのユフタで全滅した第十二師団田中支隊（戦死約三五〇人）の事が自分たちの近い将来と重なり、せっかくの余興も心から楽しめなかったかもしれない。

三、高崎連隊、シベリアへ

一九一九年（大正八年）四月、歩兵第十五連隊は高崎を発ってシベリアに向かった。同月二十四日（第一大隊・機関銃隊）、二十五日（連隊本部・第二大隊）、二十六日（第三大隊）の三日間にわたり、各部隊は高崎駅に至る道路の両側を埋め尽くした小学生・青年会員・在郷軍人会員・赤十字社員・愛国婦人会員など多数の市民の「万歳」の声に送られ、両毛線に乗り込んだ。二十五日に開場した日本飛行機製作所（のちの中島飛行機製作所）尾島飛行場からは、二機の複葉機が飛来し、何度も宙返り飛行を披露し、「天空より遥かに武運赫々たる高崎連隊の征途を祝福す」と書いた送辞を上空百メートルから投下するなど派手なパフォーマンスで出征兵士を見送った。二十七日の記事によると「出発前に於て各将校下士等は何れも盛んに送別の宴を催したので料理店及び芸妓連も頗る好景気であったが中には出征部隊へ参加することが出来ぬので自暴酒を煽った将校もあったそれから芸妓連は全部早朝から見送ったのであった」とある。出征前の宴会の大騒ぎと沿道に響いた芸妓の嬌声が目前に浮かぶようだ。見送りは高崎だけでなく前橋・伊勢崎・桐生・小山・宇都宮の各駅でも盛大に行われた。出征した歩兵第十五連隊の小隊長以上の幹部は巻末の表に示した通りだが、五十九人のうちほとんどが陸軍士官学校出身の現役将校で、群馬県出身者は七人、日露戦争時の五七人中一四人と比べるとかなり少なくなっている。師団が増えて士官が各地の部隊に分散したためだろうか。

この時に出征した兵士は大正五（帰休兵）～七年（初年兵）の入営者となるが、この三年間に県内で徴兵検査を受けた壮丁の教育程度が『群馬県統計書』からわかる。総計二万六七九五人中、未就学者六四八人（二・四パーセント）、尋常小学校中退二六〇二人（九・七パーセント）、同校卒業一万二三一九人（四六パーセント）、高等小学校卒業九二三二人（三四・五パーセント）、中学校・実業学校卒業一九九七人（七・四パーセント）となり、ひらたく言うと五〇人のうち六人は義務教育を受けておらず、二三人が義務教育修了、十七人が高等小学校を卒業し、わずか四人が中学校・実業学校に進学していることになる。この時代でも「一年志願兵」制度を利用できるのはわずかしかいなかった。

青森に終結した各部隊は、同月二十七日第一大隊・機関銃隊が「越後丸」に、二十九日第二第三大隊が「多聞丸」に乗船して青森港から出帆。三十一日～五月二日にウラジオに上陸、同月六日までにハバロフスクに全部隊が集結し、第十二師団と交代するまで約一カ月間、同地に留まっていた。シベリアの広大さを文章に表わすのは難しいが、ハバロフスクを東京と考えて各都市間の直線距離を日本地図に当てはめてみるとウラジオが広島、ニコラエフスクが函館、ブラゴベシチェンスクが松江となる。この沿海州を制圧するのに一個師団、さらに黒龍州・バイカル湖以東のザバイカル州制圧に一個師団半が配置されたが、ハバロフスクからチタまでは東京—那覇間とほぼ等距離、チタからイルクーツクまでは那覇—台北間の距離に相当することを考えれば日本軍が兵力を展開した地域の広大さが理解できよう（図5—1）。いくら七万二〇〇〇人の兵力を投入したとはいえ、点（都市）と線（鉄道）の確保すら困難であろう。日本軍は浦潮派遣軍の他に関東軍から一個旅団が北満州へ、朝鮮軍からは朝露国境の電信線を確保するため歩兵一個大隊・工兵一個中隊・騎兵二個小隊からなる南部烏蘇里派遣隊が送られている（その見返りか、歩兵第十五連隊を含む同二十八旅団は一九二〇年（大正九年）十月の「間島出兵」に派遣されている）。

『上毛新聞』四月二十八日の紙面には、先発した茂木大尉からの「四月十九日浦潮より」とある手紙（?）が掲載されているが、冒頭は「トルストイの小説で読んだ西伯利亜の様を今更泌々味へる、真に其様は荒涼とでも申すのか、白樺の森、うねりの大きな広野、坦々の路、おこもの様なものを被つた婦人、毛の帽子の男、ペーチカの煙草一々此地独特のものである、今日から二日間が彼のカチューシャで日本人の知って居る復活祭である、市街は賑わって居る、盛装した人が通る、教会は祈祷の鐘が盛んに夕空に響く、さすらひの歌が思い出される」という文学的な文章である。「さすらいの歌」とは北原白秋作詞・中山晋平作曲で一九一五年（大正五年）に発表された「行こか戻ろかオーロラの下を　ロシアは北国はて知らず」という出だしのもの悲しい旋律にのった歌だが、まるでシベリアの広野に送られた日本軍の姿を予言しているかのような「暗い」一節（「人は冷たしわが身はいとし」「流れ流れて果て知らず」「末はいずくで果てるやら」）が続く。異国の風物に接してやや感傷的になっていた茂木大尉だが、「吾人は敢て激励されて事を為すのではないが自身の職務に対する自覚位は大にあると信ずるのだが唯銃後の人の力の大なるを感じて少しでも吾が士卒の激励を希望するのである」と最後は優等生的な発言で締めくくっている。

ハバロフスクに滞在中の歩兵第十五連隊にはこれと言ったニュースはないが、同紙は五月二日の紙面にシベリアで半年間兵舎建築に従事していた同連隊勤務の西形佐五七技手の談話を載せている。「ウラジオからハバロフスクまでは約二〇〇里あり汽車で五昼夜かかる」「この汽車が石炭不足のため薪や槇を燃料とするため進行が頗る遅い」「ハバロフスクにはロシア軍が建築した煉瓦建ての兵舎があるが市街は一般に不潔で水が悪い」「野菜や肉類は満州から供給されるため価格が驚くほど高い」「十月には雪が降り、十一月になると日の出から日の入りまでがわずか八時間しかない」等、実際現地にいた人しか知りえない情報は興味深い。

シベリア出兵に参加した将兵の性病感染率は日清・日露戦争に比べて高かった。シベリアにおける売春婦の多さが感染率の高さの原因と思われるが「西形レポート」にもそれを裏付ける「内地あたりから醜業婦が入り込んで外国人から少なからず金を巻き上げて居る者がありますが中には日本人を情夫に持って其情夫に取り上げられて居る者等もあると聞きましたが醜業婦は皆大胆であります。（略）露国人、支那人にも醜業婦が居りますが支那人は同国人以外には淫を売りませぬ、露人は他国の者にも売淫する様でありますが其何れもが余りに露骨だとの事で何ともお話になりません」という一節があり、多数の売春婦がいたことが窺える。シベリア出兵の経験者でもある黒島伝治の小説

『渦巻ける烏の群』には、兵隊が工面した食糧を持って貧しいロシア人家庭を訪問するシーン、さらにその代償として女性と肉体関係を結んでいることが暗示される一節「肉に饉えているのは兵卒ばかりではなかった。松木の八十五倍以上の俸給をとっているえらい人もやはり貪欲に肉を求めているのだった」がある。この「肉」は食べ物ではなく女性の「肉体」と解すべきだろう。第十二師団所属の山崎千代五郎上等兵著『西伯利亜出征ユフタ実戦記　血染の雪』にもロシア人売春婦が多かったことを窺わせる記述「此奴？同僚達の噂さに上る売笑婦らしい。軽く私が安堵したとき、つかつかと傍近く寄って来た。革命前は、いづれ由緒ある家の夫人か娘でもあつたのだらう。何処かにまだ上品な影を残した顔立をしてゐる。ところところ擦り切れて破れた外套を纏ひ、殆ど使用に堪えぬ程の靴を穿いて、靴下はないらしい。（略）かう云ふ売笑婦は、現在西伯利亜の各所に充満してゐる。そして、乞食のやうな彼女等の生計がたてられてゆく。少し上等の方でも彼等の貯えが盡き、其の日の糧に困ればどうしても、ここまで身を落とさねばならない状態である。彼女等の貞操は飢と寒さの前には、唯だ一片のパン、一塊の角砂糖にも如かない」がある。

実際、シベリアに派遣された日本軍将兵のうち性病で入院した患者数は一一〇九人（『西伯利出兵史』・一九二〇年〈大正九年〉十月末まで）とも一七四〇人（『西伯利出兵衛生史』）とも言われ、戦傷者とほぼ同数、凍傷患者の三〜四倍に相当するが、「三等症」とされた性病に罹患することは不名誉なことであるため症状が出ても隠した将兵も多数いたことだろう（表5―②A・B・C・D）。千田夏光は『従軍慰安婦』の中で、陸上自衛隊衛生学校にあったシベリア出兵中の戦死戦傷戦病に関する全八巻の報告書から一九一八年（同七年）八月から一九二〇年十月までの「性病患者」二〇一二人という数字を見つけ「また軍医の手にかかるほどの罹病者は重症患者であることも容易に想像できる。したがって軽症者を含め、実数は以上の数字の五倍から七倍とするのが妥当だろうという。五倍としたら一万人以上であり、七倍としたら一万四千人以上になる。」と記している。

また、「西形レポート」にはシベリアの砂金に関して「西伯利にも砂金の出る処は此処彼処にありまして之れが採

表５－②Ａ　出動部隊別性病入院患者数①

部隊名	淋病	軟性下疳	梅毒	合計	全入院患者に占める割合
浦塩派遣軍司令部および直轄部隊	７０	８７	８９	２４６	８．５％
第３師団（名古屋）	４８	３５	６４	１４７	４．９％
第５師団（広島）	３６	２３	２７	８６	３．４％
第１３師団（高田）	１６	２２	２４	６２	３．６％
第１２師団（小倉）	７３	７６	４３	１９２	５．７％
第１４師団（宇都宮）	５１	８３	６５	１９９	７．６％
第１１師団（善通寺）	5	9	2	１６	８．９％
第７師団（旭川）	１４	２３	１９	５６	６．２％
兵站諸部隊	４６	４４	１５	１０５	６．１％
合計	３５９	４０２	３４８	１１０９	５．９％

（『西伯利出兵史』第四巻付表より作成）

表５－②Ｂ　出動部隊別性病入院患者数②

部隊名	『西伯利出兵史』	『西伯利出兵衛生史』	差
浦塩派遣軍司令部および直轄部隊	２４６	２９２	４６
第３師団（名古屋）	１４７	２６２	１１５
第５師団（広島）	８６	１４３	５７
第１３師団（高田）	６２	１５９	９７
第１２師団（小倉）	１９２	３０７	１１５
第１４師団（宇都宮）	１９９	３４８	１４９
第１１師団（善通寺）	１６	４１	２５
第７師団（旭川）	５６	６８	１２
兵站諸部隊	１０５	１２０	１５
合計	１１０９	１７４０	６３１

（『西伯利出兵史』第四巻付表・『西伯利出兵衛生史』第二巻より作成）

表５ー②Ｃ　第十四師団部隊別性病入院患者数

部隊名	患者数
第十四師団司令部	9
歩兵第二連隊	64
歩兵第五十九連隊	113
歩兵第十五連隊	45
歩兵第六十六連隊	49
騎兵第十八連隊	23
野戦砲兵第二十連隊	35
工兵第十四大隊	10
合計	348

（『西伯利出兵衛生史』第二巻より作成）

表５ー②Ｄ　出動部隊別戦傷入院患者数

部隊名	銃創	砲創	白兵創	爆傷	その他	合計	凍傷
浦塩派遣軍司令部および直轄部隊	65	2	2	11	7	87	14
第３師団（名古屋）	32				1	33	22
第５師団（広島）	167	10		31	14	222	120
第１３師団（高田）	241	2	1	15	11	270	4
第１２師団（小倉）	302	28	6		2	338	177
第１４師団（宇都宮）	253	4	2	23	9	291	69
第１１師団（善通寺）							
第７師団（旭川）	5					5	1
兵站諸部隊	1				3	4	19
合計	1066	46	11	80	47	1250	426

（『西伯利出兵史』第四巻付表より作成）

集に従事して居る者も少なくないとの事でありますと、砂金でも沢山に採集出来ましたら国の富を幾分増すでありませうが何分にも紙幣を濫発して発行した為め其価格が暴落して今は其回復に手を焼いて居る様な有様です」との記述があるが、後年第十四師団が一〇〇〇万ルーブル相当（約一〇〇〇万円）の砂金を分捕り、金塊として日本に持ち出し、その一部は宇都宮駅前の倉庫に一時保管されたが東京方面に移送されたとか、陸軍軍人が共謀して横領したとかいう噂が広まった。横領したとされる軍人とは田中義一・山梨半造大将らで、金塊だけでなくシベリア出兵の軍事機密費まで横領し、田中はその金を持参金に政友会入りしたとまで言われていた。この「事件」は告発されて検事の取調べが開始されたが、担当の石田検事が怪死し、立ち消えになってしまった。その経緯は松本清張の『昭和史発掘1』に詳しい。「火の無い所に煙は立たない」というがシベリアには「砂金」という「火」は間違いなくあったのである。ただ「日本軍が金塊を持ち去ったという噂」は「煙」のようにかき消えた。

同月七日の紙面には「十四日には大連上陸　南満洲守備派遣兵八十四名」と題する小さな記事が掲載されている。おそらく一部が北満州に派遣された関東軍の「穴埋め」要員として内地の各連隊から小部隊が抽出されたのだろう。

高崎連隊に於ける南満洲独立守備派遣兵神山准尉以下八十四名は昨六日午前七時三十分高崎駅発にて宇都宮方面へ向ひたるが七日歩兵第六十六連隊の同派遣兵を合し横浜に至り乗船し来十四日大連に上陸の予定なりと

当時はまだ「准尉」という階級はなく、正確には「特務曹長」である。この階級は下士官の最高位で、一九三七年（昭和十二年）から「准尉」となった。

六月十二日、歩兵第十五連隊はハバロフスクから黒龍江（アムール川）流域のブラゴベシチェンスクに向かって出発、同地に主力を置き、黒河・イワノフカ・タンボフカ・ゼーヤ河鉄橋に小部隊を派遣、また柴田中佐率いる支隊（歩兵六個中隊・機関銃一個小隊）はブラゴベシチェンスクの北東をはしるシベリア鉄道沿線のザダビヤを中心として主要な駅・鉄橋付近に小部隊を派遣し警戒にあたった。
七月十四日の紙面には柴田支隊最初の戦闘を伝える記事が載っている。それによると六月三十日午後十時ごろ革命軍約三〇人がポセエフカに襲来したが、池田特務曹長指揮の守備隊は、エカテリノスラフカから救援にきた装甲列車とボチカレオから援軍に来た松橋中尉指揮の一個小隊と協力して撃退した。ちょうどこの時期、出征部隊に地方紙を送っていた県庁農務課課員に松橋中尉・茂木大尉から感謝状が届き、十五日の紙面に紹介されている。特に松橋中尉からの手紙から部隊の様子が窺える。

中隊は哈府（注・ハバロフスク）に在りて待命中の処愈々第十二師団の帰還に伴ひ西進之と交代し目下連隊主力と分離しボチカレオ（黒龍本線とブラゴエスチェンスク線との分岐点に有之候）の守備に任じ居候片田舎寒村には候へ共砂白く青松多く水清きは西比利に稀にみる処恰も日本内地の感有之候只兵舎の設備なく地方の学校等を假の兵舎として宿営居る事とて可成不自由に御座候

同月二十七日は、歩兵第十五連隊に軍旗が授与された記念日であった。ブラゴベシチェンスク駐屯の第二大隊・第十一中隊・機関銃隊は酒保南側に集合して軍旗祭を行った。翌二十八日には圓藤連隊長率いる討伐隊（歩兵第十五連隊の歩兵二個中隊・機関銃隊、同六十六連隊の歩兵一個中隊、騎兵一個小隊、砲兵一個中隊）は反革命軍のコサック隊とともにザタビア平原を進撃したが革命軍は姿を隠し、部隊は八月四日に帰還した。歩兵第十五連隊機関銃隊の隊長・小山薫雄大尉は前橋中学出身で陸士第十九期、同連隊所属の同期生は茂木隆吉大尉（高崎中）・大島三喜雄大尉（太田中）・今井仙太郎大尉（富岡中）でいずれも中隊長を拝命していた。同郷ゆえに親密な半面ライバル意識も強かったかもしれない。ちなみに陸士十九期生は一九〇七年（明治四十年）五月に卒業、同期生は一〇六八人、その中には太平洋戦争中の第八方面軍司令官・今村均大将（新発田中）や第十四軍司令官・本間雅晴中将（佐渡中）がいる。

八月二十五日付『上毛新聞』に掲載された小山大尉からの手紙には、シベリアに暮らす民衆の生活が垣間見られて興味深い。小山は初めてみるロシアの風物、特に農村の様子を詳しく書いている。「村落附近は一帯に耕作地多く燕麦、小麦等何の肥料も施さざるに一面繁茂いたし其他は干草用雑草充満いたし居り候、農家には農業に要する農具一式揃い居らざる所なく皆精巧なる器械力を応用し其運転には馬を利用いたし居り候」「モロコー（牛乳）やイエーツオ（玉子）は各人の家に飼ひ置く牛や鶏より求め居る事とて生活費も随分節約し得る事と思はれ候牛乳や卵は頗る安価にして牛乳一枡（注・一升＝一・八リットル）十銭、十銭に〇〇（二字不明）六ケ、胡瓜は十銭に三十本位買い求める程にて調理に難事なる日本食より頗る平易而かも安価に腹を肥やし得るを以って此のパン食に慣るるに至らば軍隊の宿営も頗る容易に実施し得らるる事と存ぜられ候」と物価まで書いているのには驚く。確かに当時の牛乳の国内価格は二〇〇ミリリットルの瓶入りが六銭五厘～九銭七厘（『物価の文化史事典』）とあるから三分の一～五分の一程度の破格の安さである。肥沃で広大な大地に暮らすロシア農民は、極東からやって来たかつての敵「日本軍」の兵隊が農産物価格の安さに驚く様子をどんな目で見ていたのだろうか。

小山大尉は、農村の穀物を見て約一年前の「米騒動」を思い出したのだろう、「近来米価の騰貴に際し内地に於ては代用食を励行し居る今日我々も大に此のパンに馴れ内地に於ても利用し度ものと考え居り候」と内地の食糧事情を心配する文で手紙を結んでいるが、皮肉なことに同日の紙面には「前橋公設市場に於ける奇怪極る白米特売　内地米を標榜しながら其実外米を混じて売る」というタイトルの、いわば「産地偽装」米が売られていたニュースが掲載されている。一升五十二銭で一人一斗（一〇升）までとして販売した米に対し「外米臭い」「不味い」と評判が立ったので業者が調べたところ「内地米」として販売した品物に東京米や台湾米が混じっていたという。偽装してまで儲けようという卑劣な商人はどの時代にもいたという実例だが、こうした「羊頭狗肉」の偽装米事件は群馬県だけではなく、全国各地に見られたことだろう。

十月になるとシベリアには雪が降り始めるが、歩兵第十五連隊の将兵は、想像を絶する寒気の中、初めての本格的な戦闘を体験することになる。この時期、連合軍が支援していた反革命派コルチャック提督のオムスク政府は革命軍の攻撃で総崩れとなったため、イギリス軍は撤兵を決定した。

四、革命軍との戦闘

シベリア出兵における歩兵第十五連隊の出征以来の月別戦没者数は、表5—③Aの通りであるが、戦闘による戦死・戦傷死者は一九一九年（大正八年）十月と翌一九二〇年（同九年）四月に集中している。中隊別および徴集年度別戦没者は表5—③B・Cとなる。

表５－③Ａ　シベリア出兵における歩兵第15連隊の月別戦没者数

	戦死 戦傷死	病死	合計
大正８年８月		１	１
９月	１	１	２
１０月	２０		２０
１１月	１		１
１２月		３	３
大正９年１月		４	４
２月		２	２
３月	１	２	３
４月	３３	１	３４
５月		２	２
６月		３	３
７月		２	２
８月		４	４
９月	１	３	４
大正１０年以降		４	４
	５７	３２	８９

県外出身の士官二人（戦死・病死各一）を含む。
（『上毛忠魂録』『歩兵第十五連隊歴史』より作成）

病死者の場合、死因となった疾病は特定できないが、主な出動部隊の入院患者数で最も多かったのが、この時期世界的に猛威を振るった「流行性感冒」で入院患者二九四三人中二九四人が死亡（第十四師団では五一人死亡）していることから、同連隊三二人の病死者のうち「流行性感冒」で命を落とした将兵も多かったろう（表5—④）。

ハバロフスク駐留以来、歩兵第十五連隊は、革命軍のパルチザン（フランス語で党員・仲間の意。軍隊用語では遊撃隊員と訳される）の討伐を何度も行っていた。パルチザンは小部隊で行動し、鉄道破壊、物資掠奪、壮丁の強制動員を各地で繰り返していたが、その行動はまさに神出鬼没、日本軍の姿を見ると蜘蛛の子を散らすように四散するが、日本軍が引き揚げると又すぐに襲撃を繰り返した。

十月下旬になると冬を味方につけた革命軍は大集団（約一〇〇〇人）で平地を襲撃するようになり、この討伐のためにザタビア守備隊長・三原季吉少佐率いる三原隊（第三中隊一一〇人、

表５—③Ｂ　歩兵第15連隊の中隊別戦没者数

	戦没者数
第一中隊	１５（２）
第二中隊	１７（５）
第三中隊	４
第四中隊	５（２）
第五中隊	４（４）
第六中隊	３（３）
第七中隊	３（２）
第八中隊	２
第九中隊	６（１）
第十中隊	３（２）
第十一中隊	３（１）
第十二中隊	５（３）
機関銃隊	１１（３）
その他	２
計	８３（２８）

群馬県出身者のみ。ただし、所属中隊不明の将兵三人と傭人一人を除く。（　）内の数字は病死・事故死者数（『歩兵第十五連隊歴史』より作成）

表５—③Ｃ　歩兵第15連隊のシベリア出兵戦没者の徴集年と階級

	一等卒	上等兵	伍長	軍曹	曹長	特務曹長	計
大正元年以前					2（1）	1	3（1）
2年					1		1
3年					1		1
4年							0
5年		7（3）	2（1）	1			10（4）
6年	2（2）	22（4）	4（1）	1			29（7）
7年	16（5）	13（6）	5				34（11）
8年	5（5）						5（5）
計	23（12）	42（13）	11（2）	2	4（1）	1	83（28）

群馬県出身者のみ。ただし徴集年不明の将兵三人と傭人一人を除く。
（　）内の数字は病死・事故死者数（『歩兵第十五連隊歴史』より作成）

表５－④　出動部隊別おもな疾病による入院患者数と入院患者総数

部隊名	流行性感冒	胸膜炎	細菌性赤痢	入院患者総数
浦塩派遣軍司令部 および直轄部隊	402 （41）	309 （8）	148 （9）	2892 （135）
第３師団（名古屋）	571 （55）	340 （19）	127 （7）	3015 （169）
第５師団（広島）	388 （44）	241 （9）	181 （14）	2516 （116）
第１３師団（高田）	118 （5）	225 （5）	311 （18）	1716 （63）
第１２師団（小倉）	548 （66）	220 （4）	84 （6）	3370 （199）
第１４師団（宇都宮）	366 （51）	383 （9）	180 （10）	2626 （125）
第１１師団（善通寺）	6	10	73 （4）	179 （4）
第７師団（旭川）	127 （11）	212 （10）	15 （1）	899 （47）
兵站諸部隊	417 （21）	129 （2）	70 （3）	1712 （58）
合計	2943 （294）	2069 （66）	1189 （70）	18926 （916）

下段（　　）内の数字は死亡者（『西伯利出兵史』第四巻付表より作成）

伝騎三騎、機関銃二挺、狙撃砲・山砲各一門、計一七〇人）が、都賀規矩中尉の指揮する小隊（五四人、伝騎三騎、機関銃・山砲各一）を左側衛として三〇日に出発した。この時期の機関銃は空冷式で銃身の交換が容易な「三年式機関銃」（三年とは大正三年のこと）であり、また狙撃砲とは機関銃破壊を目的とする三七ミリの歩兵砲で砲弾装填時と発射後に自動的に開閉する砲尾の「半自動式垂直鎖栓」が特長であった。山砲とは、明治末期に制定された分解搬送可能かつ操作の簡単な「四十一年式山砲」（口径七五ミリ）で、太平洋戦争まで（！）「連隊砲」として使用された。後年の日本軍からは想像できないが、大正

写真5-A　装甲自動車ならびに機関銃を装備せる自動自転車
（『西伯利亜出征第十四師団記念写真帖』より）

時代の陸軍は新型兵器の導入に熱心で、写真5―Aのような装甲車・オートバイ（自動自転車）まで装備していた。

本隊の左側衛となった都賀小隊は同日午前五時、吹雪に視界を遮られながらもペチヤンカを出発、ブラゴベシチェンスクの北方約八〇キロにあるエルコーチビに向かった。この日の気温は零下十六度を下回っていた。この部隊の被服は「軍衣袴・冬襦袢・袴下・防寒覆面・防寒靴下・手套・軍靴」で防寒靴はまだ支給されていなかった。そのうえ外套は馬車に積んでいたためすぐに着用できなかった。このことが大量に凍傷患者を出す一因となった。当時の防寒装備については山崎千代五郎『西伯利亜出征ユフタ実戦記　血染の雪』に詳しい。

今や厳寒の真只中であるから、日本軍も防寒服を着てゐる。が、この防寒服が問題である。表は凡てカーキ色の雲斎、裏は野羊か狗かの房々した毛皮が着いている。先づ普通の軍服の上から、日本の東北地方で用ふる猿袴のやうな袴を穿き、次に胴着を着て頭は頭巾を冠って耳まで包んでしまう。それに目だけを出して鼻覆をかけ、一番上に防寒外套を着、衿を立てて頭巾の垂れと二重になつて領衿に包む。足には素羅紗の防寒靴、手には大小二重の手袋。

かうしてゐると如何にも温かそうだが、此等の防寒具が甚だ不完全で重く、運動には殊に不向きで、僅か一尺ばかりの橇に上るのさへ容易で

写真5-B　シベリア派遣兵の武装
（左より、通常冬服・初冬の防寒服・厳冬の防寒服）（『西伯利亜出征第十四師団記念写真帖』より）

はない。
しかも積雪は股をも、没し徒歩行軍でもしやうものなら一時間に半里位が関の山、無理にも四、五里続けたら身体は疲れ眼は眩み、ばたばた雪の中に倒れてそのまま動かなくなる。
身体の内側は汗で襦袢、靴下まで絞るようになつてゐるから、少しでも止れば直ぐに凍傷になるといふ有様。かふ云ふ状態で當時の日本軍は地形の不利ばかりでなく、あらゆる困難、あらゆる苦痛と戦はねばならなかつた。

写真5―Bによると日本軍の冬装備は通常期・初冬期・厳冬期と三段階用意されていたことがわかる。山崎の記述は厳冬期の装備だが、都賀小隊は初冬期の装備だったうえに防寒靴・外套なしに行動していた。午前十時半、敵の斥候を駆逐した都賀小隊がさらに前進すると堤防の後方に潜んでいた約一〇〇人の革命軍将兵が猛射を浴びせかけてきた。都賀小隊は直ちに機関銃・狙撃砲を散開させ応戦したが、革命軍の歩兵約三〇〇人・騎兵約五〇〇騎が都賀小隊を包囲し始めた。狙撃砲は八十数発発射したところ寒さのため半自動式の閉鎖

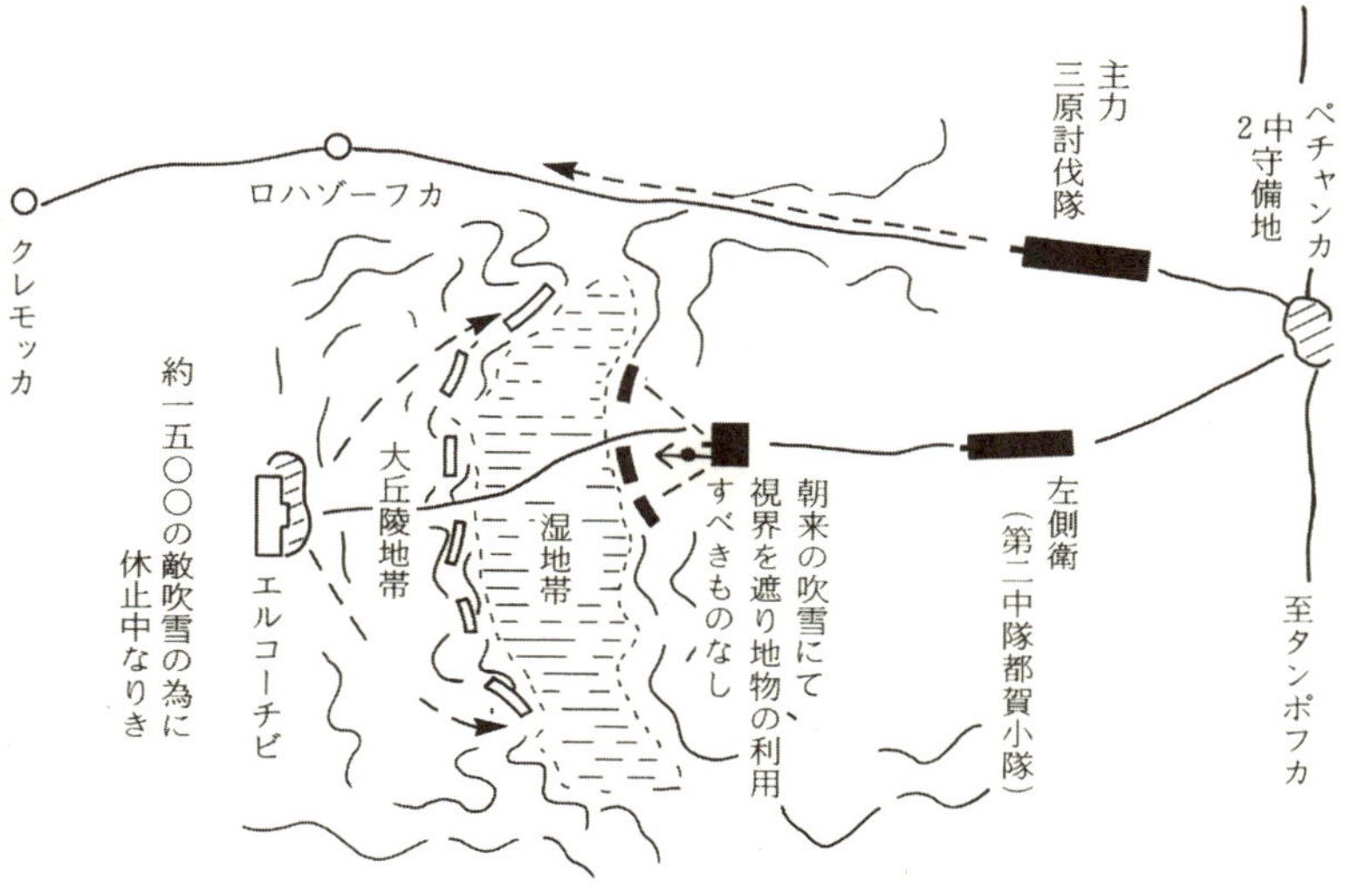

図5-2　エルコーチビ付近の戦闘略図
（『歩兵第十五連隊史』より）

機能が故障して使用不能となってしまい、折悪しく正午ごろには右翼に別の革命軍歩兵約五〇〇人が現れた（図5―2）。

ここに至って都賀中尉は討伐隊の主力である三原隊とペチヤンカ守備隊に増援を乞うため伝騎を派遣したが前者は中途で敵弾に倒れ、後者がかろうじて目的地に向かった。この伝騎は夕刻、ペチヤンカ守備隊に到着し直ちに援軍（奥村特務曹長指揮の五〇人）が派遣されたが都賀小隊と合流できなかった。孤軍奮闘を続ける都賀小隊は幅一～二間（一・八～三・六メートル）の細流の畔で三十一日午前零時頃まで戦い、その間、将兵は伏射を続け、また何度も結氷不完全な細流を徒渉したため下肢全部あるいは膝下まで濡らしてしまった。残弾は一銃につき四〇発、機関銃弾も二箱となってしまったため、都賀中尉は一時戦場を離脱することを決意、小隊主力（飯井軍曹以下三二人）は敵包囲網を突破し無事帰還した。同日午前九時半、小宮山大尉率いる二個小隊（機関銃二挺）がペチヤンカを出発したが都賀中尉以下の将兵を発見できなかった。革命軍の追撃を受けて、銃弾に倒れ、あるいは捕虜となったものもいたが、半数以上の将兵はさらに一昼夜、敵の追撃をかわして十一月一日午前九時に日本軍守備隊と合流できた。

都賀小隊の損害は戦死一四人・戦傷五人・生死不明二人、さらに一九人が凍傷患者（一度一人・二度一二人・三度六人で、入院患者一四人うち除役一三人）となり、四分の一が戦死、四分の一が凍傷で入院（そのほとんどが後に兵役免除となるほど重症）という惨憺たる結果となった。

一方、本体である三原隊は、合流予定時刻になっても都賀小隊が現れないため、三十一日午前七時にロハゾーフカに向かって前進したが、正午ごろロハゾーフカ西北約四〇〇メートル付近に達すると、そこには都賀小隊を攻撃した革命軍約一〇〇〇人がおり、三原隊を包囲し始めた。三原隊はこの攻撃を撃退したが、午後十一時過ぎまで戦闘は続き、十一月一日午前零時過ぎに敵兵は潰走を始め、三原隊はロハゾーフカを占領した。この日天気は晴れであったが寒風が吹きすさび、零下二十度を下回った。体感温度は風速一メートルにつき一度下がると言われているが、零下二十度の場合風速五メートル程度でも露出部は凍結し始める。そのような寒気の中の半日に及ぶ戦闘では、積雪の上で伏射し、あるいは雪濠の中で防戦し、さらには弾薬運搬のため特に膝下を濡らした将兵が多く、総員一七〇人中五六人が凍傷にかかり（一度一五人・二度三二人・三度九人で、入院患者一七人うち除役一四人）、また戦死二人・戦傷五人という損害であった。この戦闘の最中、エルコーチビの戦闘で捕虜となっていた都賀小隊の兵卒二人が脱出し三原隊と合流した。

同日午前八時ペチヤンカに帰隊した三原隊はエルコーチビにおける都賀小隊の状況を聞き、翌二日エルコーチビに赴き小宮山大尉の戦場掃除隊と協力して、死体収容・行方不明者の捜索に当たり、十人の遺体を発見した。この両日の戦闘での損害は、戦死・行方不明一六人・戦傷一〇人・凍傷患者七五人（入院三一人うち除役二七人）で総員二二四人中「およそ八人に一人が死傷」し、「三人のうち一人が凍傷」となり、「九人に一人が凍傷が原因で除役」になっていた計算となる。なお、この戦闘の最中の十一月一日に第十四師団長が、栗田直八郎中将から白水淡中将に代わってい

写真5-C　シベリア派遣軍慰問団一行
（ハバロフスクの第十四師団司令部前にて）（『西伯利亜出征第十四師団記念写真帖』より）

る。

歩兵第十五連隊の雪中の苦戦からおよそ二週間後の十一月十四日、革命軍によってオムスクが占領され、反革命派のコルチャック軍はイルクーツクまで撤退した。

この時期、第十四師団管内の四県（茨城・栃木・群馬・埼玉）の役人・市町村長を中心とした総勢五一人の西伯利亜出征軍人慰問団が結成され（写真5—C）、十月二十三日に宇品を出港、約一カ月間かけてウラジオ・ハバロフスク・ブラゴベシチェンスクを訪問して将兵に絵葉書や家族からの手紙などを渡し、十一月二十九日に宇品に帰還した。群馬県からは木村二郎前橋市長・県兵事主任室田某ほか各郡の在郷軍人連合会長・市郡書記計一〇人が参加した。この慰問団に関して、大江志乃夫は『戦争と民衆の社会史』で「シベリア出兵が大義名分のない政略出兵であったことから国民の不評を買い、出動軍隊の士気も上がらなかったため、国民と軍隊の両方の戦意を高揚するための方策として考え出されたものであろう」と述べているが、帰国後の木村前橋市長の談話（『上毛新聞』十二月二日）の結論「尚彼の地に於て最も深刻に感じたことは日本兵の不足である。今後は寒気も一層加はるを以て宜敷く出兵増員をして充分なる慰問を与えねばならぬ」からも「戦意高揚」の意図は窺える。

十二月一日、高崎の留守部隊に各郡の書記に引率された大正八年度の新入営兵九六七人が入隊した。この年の徴兵検査は四月十六～二十三日の勢多郡から始まり、七月十八～二十五日の多野郡まで約三カ月に及び、検査対象となった人員は九四四二人。歩兵第十五連隊への入営者に、朝鮮軍の第十九師団第七十四連隊（咸興）所属となった二一七人やその他の騎兵・砲兵・工兵・輜重兵各隊に入隊した人員、また海軍に志願入隊した人数を合わせると、この年入営した陸海軍の新兵総数は一五〇〇人前後となろうか。全員が身体壮健な甲種合格者だったろう。

翌二日、歩兵第十五連隊・同七十四連隊に入営した新兵の健康診断をしたところ三六人が病気のために一年間召集延期となり即日帰郷させられた。そのほとんどが梅毒や淋病などの花柳病（性病）だった。彼等は徴兵検査の時は花柳病に関しては「シロ」だったはずで、入営までの期間に罹患したことになる。昭和初期の県内の徴兵検査のデータ（元年～九年）によると受検時の花柳病感染率は〇・三一～〇・九九パーセントであるから、この年の新兵一一八六人中三六人（約三パーセント）という数値はかなり高い。召集を逃れるために、遊郭に通って「故意に」花柳病に感染した可能性も否定できない。

一見すると鉄の規律を誇ったような印象のある戦前の陸海軍だが、その内部では「事件」が頻発していた。シベリアでの戦死者の村葬のニュースが伝えられ始めたこの時期に歩兵第十五連隊で実際に起こった具体例を『上毛新聞』から拾ってみた。すべて一九一九年（大正八年）の記事である。

①出征を目前とした四月に同連隊を脱営したAはその後行方不明となった。十二月にAの出身地近くの山林で男の白

骨死体が発見されたが身体的特徴がAと合致するため、その骨を高崎衛戍病院に送り入営当時の骨格と比較して検証した。

②七月に行われた多野郡の徴兵検査を受検する義務のあったBは、正当な理由もないのに検査を受けなかったため、八月に高崎区裁判所から徴兵令違反として罰金五円を科せられた。だがこれを納入しないばかりか所在不明となり、翌年五月二十五日に自宅近くの路上で警官に発見された。なおBは罰金が納入できないため換刑処分として藤岡警察署に留置された。

③十月二日、同連隊第一中隊所属の伍長勤務上等兵Cが軍服を着たまま脱営して行方不明となった（伍長勤務上等兵とは後の兵長で下士官候補となるエリート兵である）。

④十二月一日に入営した第二中隊の新兵の過剰金約五〇〇円を預かった工藤曹長が、翌日その金を事務室書棚に保管したところ、その夜鍵が壊され全額が無くなっていた。憲兵隊も捜索を開始したが、四日夜になると班長のD軍曹が脱営し行方不明となった。Dは新紺屋町の酌婦のもとに足繁く通っていたことが判明、その線で捜査したところ五日午前五時柳川町の白首屋（だるまや＝表向きは料理屋だが売春婦を置いている店）に潜伏していたところを逮捕された。所持金のうち一三八円余を既に使っていた。Dは窃盗犯として第十四師団軍法会議に送られたが、班長による窃盗事件は同連隊始まって以来のことだった。

出征を目前に控えた兵士は、常に恐怖と戦わざるをえない。徴兵忌避者・脱営者はその恐怖に勝てず、「魔が差して」現状からの逃避を図ったにちがいない。自宅近くの山林で自殺（？）したAはどんなにか家に帰りたかっただろう。大金を持ちながらも高飛びせず、連隊と目と鼻の先の歓楽街で、一三八円（現在なら数十万円ほどか）をたった一晩で湯水のように使いまくったDの心中の空しさは如何ばかりであったか。いずれも短い記事だが行間から滲み出る哀しみは、例えようもなく深く重い。

十二月七日午前一時、歩兵第十五連隊留守隊から前月召集された特科兵（予備役）と二年兵計約九〇人からなる「補充隊」が兵営を出発、高崎駅で第十四師団所属の各部隊補充隊と合流した。合計三七三人の将兵は九日午後三時、敦賀港からウラジオに向って出港した。

同月十五日の『上毛新聞』には、十一月一日付で東京衛戍総督となって帰国途上の前第十四師団長・栗田中将の長春における談話を掲載しているが、その中で栗田はコルチャック軍の苦戦の様子やシベリアの物価高の現状を語り、また兵力の増強を図って革命軍を殲滅せねば、敵軍だけでなく厳寒と戦っている「忠勇なる兵士の貴重なる犠牲」も無意義となってしまうため一日も早い増援隊の出動と出征部隊の戦闘能力減退を防ぐために相当なる休養を与えることが急務だ、と力説している。現地にいただけに出征部隊の苦衷を慮っているが、反革命軍の崩壊がもたらす国際情勢の変化が見極められず、それまでの犠牲を無にすることはできないことを理由に米英の撤兵路線とは正反対の増兵を主張する姿勢は柔軟な思考が欠落した軍人の典型といえよう。

同じ日の紙面に歩兵第十五連隊の上等兵が九日に流行性感冒に感染し肺炎を併発して亡くなったという記事が載っている。四月下旬の出征から十二月末までの八カ月間、歩兵第十五連隊の損害は戦死・戦傷死二一人、戦病死五人、戦傷一〇人、凍傷による除役四〇人となった。翌年になると損害は拡大し、十一月に第十一師団（善通寺）と交代して帰還するまでに五八人の将兵が亡くなっている。その内の三三人は四月に行われたハバロフスクの市街戦での戦死・戦傷死であった。

五、黒龍州撤退とハバロフスクの戦闘

反革命派のコルチャック軍の崩壊後もなお日本はアメリカに増兵を呼びかけたが、逆にシベリアからの撤兵を通告

された。一方、革命軍は極東地区まで進出し反革命軍を各地で次々と駆逐、こうした状況に鑑み、アメリカに続いてイギリス軍も一九二〇年（大正九年）二月に撤兵を通告してきた。歩兵第十五連隊が駐屯するブラゴベシチェンスクにも革命政権が誕生したが、白水淡第十四師団長は同月四日「日本軍は政争に対し全然中立の態度を採るべし」と宣言したため、昨日まで敵であった革命軍が日本軍守備地内に入り込んで共産主義を宣伝するようになり、日本軍と小競り合いを生ずることとなった。

歩兵第十五連隊は二月十八日に黒龍州からの撤退命令を受けたが、その四日後の二十二日にはザタビアで共産主義思想を宣伝していた革命軍兵士が日本軍歩哨に向かって「平和の今日、歩哨の必要はない」「お前は何故俺を凝視するのか」と言ったため激高した歩哨がこれらの兵士を殴って追い払う事件、また電報の点検をすると言って通信所に入り込んだ革命軍の指揮官ラブレネオンコが服務中の通信手に「階級制度の標識である肩章をはずせ」「将校に敬礼するな」「今頃日本内地にも過激派が蜂起している」と言うのを聞いた金田一等卒が「馬鹿！日本兵に対しそのような宣伝をするというのは、我が武士道にたいする侮辱であるから許せん。決闘しろ」と迫って両者が銃を取って睨み合う事件が起こっている。日本軍と革命軍はまさに一触即発の状態となっていた。

ソビエト政府からは講和も提議され、国内では出兵批判の世論が盛り上がっているにもかかわらず、日本政府は、三月二日の閣議（原敬内閣）で出兵目的を「チェコ兵救出」から「朝鮮・満洲へのボルシェビキの脅威阻止」へと変更し軍の駐留継続を決定した。こうしてシベリアでは緊張状態が続くこととなったが、ついに両軍が衝突する事件が起こった。

黒龍江（アムール川）河口のニコラエフスクでは二月二十九日に革命政府が成立したが、その反革命派弾圧にたいし守備隊長・石川正雅少佐と石田虎松領事が抗議するとこれを内政干渉だとして三月十二日正午までに日本軍の武装解除を要求した。これに対しニコラエフスク駐屯の守備隊（歩兵第二連隊第十一・十二中隊および憲兵分隊計三三二人、海軍無線電信所四三人、在留日本人義勇兵七〇人、計四四五人）は協定を破って、ロシア革命記念の祝日に乗じて同日午前二時、パルチザン司令部（総数約四〇〇〇人）に奇襲攻撃をかけたが熾烈な戦闘の結果、守備隊長・領事以下約多数（一説では七〇〇人）の将兵・居留民が戦死し、十八日に停戦（実質的には降伏）、生存者（陸海軍人軍属一一〇人、居留民一三人〈うち一人は自殺〉）は収監された。参謀本部は二月末に、第七師団から救援隊を送ろうと試みていたが樺太海峡が結氷していたため断念していた。「尼港事件」の前半である。なおこの戦闘で戦死した群馬出身者は浦潮派遣軍憲兵隊所属の憲兵少尉・同曹長の二人である。

三月初旬、歩兵第十五連隊では、チェコ軍の輸送を間接掩護すべく黒河に派遣された柴田中佐指揮の第二大隊（第七・八中隊欠）以外の連隊主力がブラゴベシチェンスクおよびザタビアから撤兵し、同月末までにハバロフスクに集結した。ハバロフスクはウスリー川とアムール川（黒龍江）の合流点近くにある極東ロシアの中心地であり、市内に展開していた革命軍の総兵力は四五〇〇人で、砲三〇門・機関銃二〇挺・飛行機四機・装甲自動車二両を有しており、また近郊には約三〇〇〇人の将兵と砲五～六門が配置されていた。

同月三十一日、日本政府は、シベリアの政情安定までは撤兵せずとの声明を出したが、この姿はまさにイラク派兵の泥沼から脱出できない現在のアメリカの姿とオーバーラップする。四月一日にアメリカ軍がウラジオから撤兵を完了すると、浦潮派遣軍はウラジオ臨時政府と緊張緩和のために会議を開いていたが、その最中の四日夜半、日本軍倉庫の歩哨が突然銃撃され、これに応戦したが、このきっかけとなった発砲に関しては現在でも真相は不明で謀略の可能性もある。なにやら後年の盧溝橋事件を彷彿させる事件である。

ここに至って浦潮派遣軍司令官・大井茂元大将は、五日午前七時二十分、沿海州の平和確保のため革命軍の武装解除を断行せよ、との命令を発した。この命令を受けて、各部隊は一斉に行動を開始した。歩兵第十五連隊は、黒河に派遣されていた第二大隊を除き、全部隊が三隊に分かれてハバロフスク市内及び近郊の革命軍に対し攻撃を開始した。

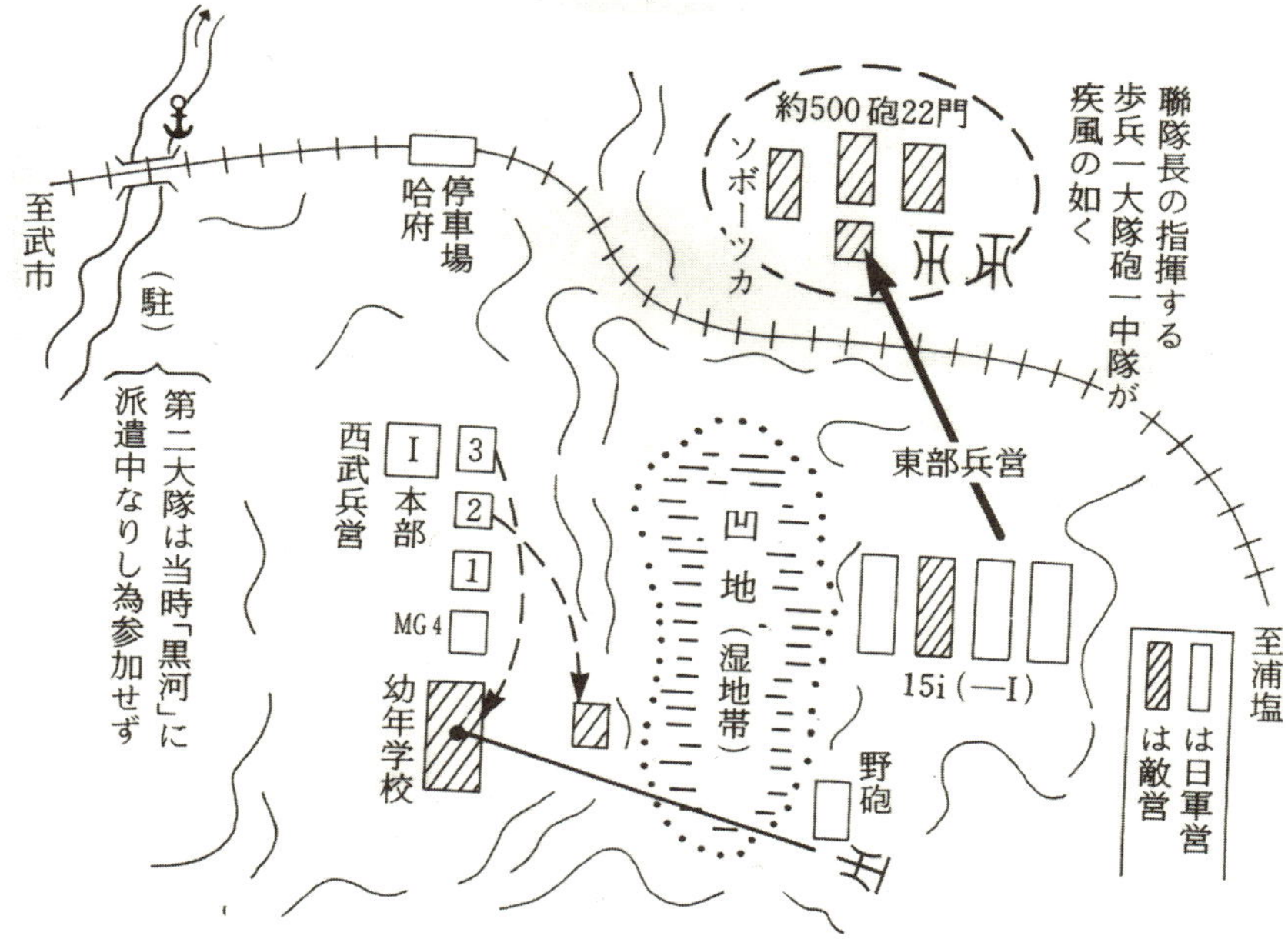

図5-3　ハバロフスク市街戦略図
（『歩兵第十五連隊史』より）

革命軍にとってはまさに「寝耳に水」の奇襲攻撃であった（図5―3）。

圓藤連隊長が率いる「ムラウィヨフスカヤ・スロヴォードカ」付近掃討隊（歩兵第十五連隊本部、第四・七（一個小隊欠）・十一（一個小隊欠）・十二中隊、歩兵第五十九連隊第三・四中隊および若干の騎兵・工兵、機関銃一一挺・狙撃砲二門）は、ハバロフスク駅東方のスロヴォードカ（ソボーツカ）村を占領していた、砲二二門を持つ約五〇〇人の革命軍を駆逐、約二〇〇人を捕虜とし砲二二門・小銃一万八〇〇〇挺を始め多数の兵器・弾薬・軍需品を鹵獲した。

第三大隊長大岡少佐が指揮する掃討隊はスロヴォードカ村南方の東部兵営を包囲した。この掃討隊は歩兵第十五連隊第三大隊（第十一・十二中隊欠）・砲兵隊（野砲一〇門）・騎兵隊・無線電信所掩護隊・予備隊からなり、午前八時四十分に兵営の革命軍本部に武装解除要求宣言書を交付したが、一部これに応じなかった部隊があったため、攻撃を開始した。包囲された革命軍は必死に抵抗したが、やがて白旗を挙げたため同十時三十分には武装解除を完了し、捕虜二人、負傷者五四人および戦死体六四を収容した。

また三原少佐率いる第一大隊（第四中隊欠、機関銃四挺）は西部掃討隊に編入された。この隊は同大隊の他に、歩兵第二連隊（連隊本部・二個大隊）・同五十九連隊（一個大隊）・同三十連隊（連隊本部・一個大隊）、および騎兵・工兵・装甲自動車班からなり機関銃三四挺・山砲四門・狙撃砲二門・野砲二門を有する大部隊で、西部兵営・幼年学校・コサック山兵営にいる赤軍の武装解除に任じた。強固な煉瓦造りの兵営に立てこもった革命軍は頑強に抵抗したため、各所で激戦が展開されたが、特に幼年学校を攻撃した歩兵第十五連隊第一大隊は被害が大きかった。この日の歩兵第十五連隊の戦死者は、真っ先に幼年学校に突入して胸部貫通銃創で戦死した同大隊第二中隊長・小宮山戌丙大尉以下三〇人（のち戦傷死三人）、負傷者二〇人（『上毛新聞』同年六月十二日号にはハバロフスクの戦闘で負傷し入院加療中の将兵三二人の名前が掲載されているので公式発表より実数は多かったようだ）で、わずか一日の戦闘でのこの被害は日露戦争時の旅順戦・奉天戦以来の大規模なものとなった。通常、戦死者と戦傷者の割合は一対三とされるが、先のエルコーチビ・ロハーゾカの戦闘と同様に、この戦闘に於いても一対一（もしくはそれ以下）という割合になっている。戦死者の比率が高いということは致命傷を受けた将兵が多いということだから、かなり至近距離で撃ち合ったにちがいない。

この四月四〜六日にかけての一方的な奇襲攻撃の結果、沿海州の革命軍約七〇〇〇人が武装解除されたが、気になるのは捕虜となった革命軍将兵の処遇である。日清・日露戦争の時は日本国内に収容所を設置して「優遇」したが、長期の戦闘であったにもかかわらず、宣戦布告をしていないため「戦時捕虜」は存在しないという建前からか、シベリア出兵の際には捕虜収容所は設けられなかった。ロシア国内に収容所を設置し、日本軍撤兵後に釈放された可能性もあるが確証はない。ニコラエフスクの事件もあったので報復的に厳しい扱いをした可能性もある。大江志乃夫『戦争と民衆の社会史』には第十四師団騎兵第十八連隊の看護卒・鴨志田幸亮（茨城県出身）の日記が紹介されているが、四月六日の記述には、戦闘後のハバロフスク市内の様子が「敵兵の惨死、軍馬の斃る、、宏壮なる家屋の見る影なく、砲弾のために破壊され、或は火災を起し、赤煉瓦の角窓より焔々と火の見ゆるあり」とあり、また八日付で、戦死将校の火葬の様子に続けて「十時頃である。俘虜とせる、敵兵三名はこの火葬場にて軍刀にて一刀の下にて切られたのである。人か鬼か、なぜ戦争は斯くも悲惨なものであろうか。」とあり、捕虜の処刑が日常的に行われたことを窺わせる一節がある。また第十二師団第十四連隊（小倉）所属の松尾勝造一等卒の『シベリア出征日記』にも「（革命軍の正規兵を）引っ捕へて本部に連行、敵情に就いて尋問した後は、憎さも憎い正規兵とて、腹を突く、胸を差し、首を落とすと言ふ風に嬲り殺しをやった。もうこの時は人を殺すことを何とも思はない。大根か人参を切る位にしか思っていない。心は鬼となったであろう」という記述がある。筆者がウラジオの博物館で見た「ロシア人のさらし首を前にした日本兵の写真」は、おそらくこうした捕虜惨殺後の「記念」写真だったのだろう。革命軍のロシア人将兵だけでなく、スパイ嫌疑をかけられた市民も多数処刑されたのではないか。

ハバロフスクの戦闘以降、各所で小競り合いはあったが、歩兵第十五連隊では戦死・戦傷死は一人もなく、革命軍と対峙していた。一期の検閲を終えた、前年入隊の初年兵約六〇〇人が、四月二十二日に高崎を発って敦賀港から乗船しシベリアに向かった。二十三日の『上毛新聞』の見出しには「北門の鎮護に當る新鋭六百の健児雄姿颯爽征途に就く　同胞数万に送られ春風一路萬歳聲裡に高崎驛を出發す」とあるが、数万の見送りは大袈裟かもしれないが、知事・郡市長をはじめ赤十字社員や愛国婦人会・在郷軍人分会連合会の会員、中学校・商業学校・女学校生徒並びに高崎市内の小学校児童が小旗を振り、万歳を叫ぶ中、出征将兵は士官・下士官に率いられて高崎駅から列車に乗り込んだ。シベリアでの戦闘の様子は新聞等で克明に報道されているから、自分たちがどのような地域に派遣されるのかははっきり分かっていただろう。初歩的な訓練を受けただけの彼等の胸中には不安がどんよりと渦巻いていたに違いない。彼等がウラジオに上陸した約一カ月後に「事件」が起こった。

五月も下旬になるとさすがのシベリアでも氷が解け始める。二カ月以上収監されているニコラエフスクの捕虜を救出すべく、ハバロフスクから歩兵第二連隊の二個中隊また北海道の第七師団からは多門二郎大佐指揮の多門支隊が現地に向かった。事前にその情報を知ったパルチザンの隊長トリャピーチン（無政府主義者との説あり）は報復を恐れて、五月二十五～二十七日にかけて投獄していた日本人捕虜一二二人と反革命派ロシア人を惨殺し、放火して全市を炎上させ逃走した。「尼港事件」の後半である。トリャピーチンは後に革命軍に捕えられ裁判の結果「反ソ罪」で銃殺されたが、日本政府はこの事件をシベリア出兵の非を隠すために利用、新聞などに大量の記事（特に殺害後の凄惨な様子など）を掲載させ、革命軍に対する憎悪を煽ったうえで、七月には北樺太を占領した。この占領は海軍念願の油田を確保するためで、一九二五年（大正十四年）一月の日ソ基本条約締結後も続き、同年五月の完全撤兵と引き換えに漁業権および石油・石炭の開発権を得た。シベリア出兵の唯一の戦果と言っていいだろう。

事件から約一カ月後の六月二十三・二十四日の『上毛新聞』には二回にわたって歌人・与謝野晶子の「女の見た尼港事件」と題する記事が掲載されている。その中で晶子は事件の直接の加害者はパルチザンであるが間接的な犯人もいるのではないかと暗に政府の対応を批判し、シベリア出兵に関して「多数の識者はこの出兵に反対し、侵略的行為として世界の疑惑を受けることを恐れた」が在留同胞保護のために出兵した結果、兵は苦労し多量の国費を使ったにもかかわらずかえってロシア人の反感を買い、あげくにこのような事件を引き起こした。在留同胞の保護が出来なかったのだからこれは「軍事当局者の無能、無責任、怠慢、無情の結果」ではないかと訴え、返す刀で「若し我国の軍政が国民の軍政であるならば、尼港事件の失態にしても、其が国民全体の連帯責任として痛切に各自の怠慢を感じるでしょう。また国民全体の軍政であったら、初めから無意義な西伯利出兵を思い止ったでしょう」と舌鋒鋭く軍部を非難している。政府の尼港事件を利用した「反共産主義プロパガンダ」も、この記事から見る限り奏功したとは言い難い。国民の大多数は出兵には冷めていたのであろう。晶子のような論調の記事が紙面に堂々と掲載されたことこそ、その証明ではないだろうか。

四月に成立したチタの極等共和国と浦潮派遣軍との間に、七月十五日停戦協定が調印され、これ以降、日本軍の段階的な撤退が始まった。

歩兵第十五連隊も三回にわたって召集年度の古い将兵から逐次帰還することとなった。また留守部隊の大正五年召集の四年兵約三六〇人は同月二十七日に除隊となり郷里に帰った。同月三十日午後三時すぎ、四年兵二三二人が多数の市民の歓迎を受け、シベリアから一年三カ月ぶりに帰還（八月二日除隊）し、次いで八月六日に第二陣（一三一人）、二十八日には第三陣（一一〇人）が続々と高崎に帰ってきた。九月八日には第十四師団のハバロフスク撤退も確定し十月中旬から歩兵第十五連隊を先頭に帰国することとなった。

ところが、この帰国は延期された。九月末と十月初めに中国の間島地方（現・吉林省延辺朝鮮族自治州）の琿春（ウラジオの西方約一五〇キロ）が二度、馬賊に襲撃され領事館分館と日本人住宅が焼かれ日本人居留民が殺害される事件が起こった。一説ではこの襲撃は馬賊を使った日本軍の謀略で、その目的は当時しばしば国境を越え朝鮮軍（紛らわしいが朝鮮半島に展開していた日本軍、この時期の軍司令官は大庭二郎中将）守備隊を襲撃していた朝鮮独立軍を討伐するためであったとも言われている。日本政府は十月七日には出兵を閣議で決定、朝鮮軍の第十九師団が出動して同地を掃討し、また浦潮派遣軍から派遣された一個旅団（第十四師団第二十八旅団＝歩兵第十五・六十六連隊基幹）はポシエット湾に上陸し琿春から会寧、清津にかけて示威行動をすることとなり、一時朝鮮軍配下となった。この出兵では第十九師団が朝鮮独立軍の根拠地とみられる集落を襲撃し多数の朝鮮人住民（約一一〇〇人説と約三四〇〇人説あり）を虐殺した。歩兵第十五連隊は掃討には参加しなかったが、『歩兵第十五連隊歴史』には、十月二十六日に馬賊の襲撃が近いという情報に慌てふためいた琿春市内の様子が記されている。

趙志寛の率ゐる馬賊千五百琿春市を襲撃すとの流説あり。在留邦人殊に土人の間に一大恐慌を起し、家財を纏

表５－⑤　シベリア出兵における群馬県出身者の部隊別戦没者数

部隊名	戦没者数	備考　（　）は戦死率
第１４師団　歩兵第15連隊	８７（５６）	（高崎）傭人１戦死（６４．４％）
歩兵第２連隊	２（２）	（水戸）
歩兵第59連隊	１（０）	（宇都宮）
騎兵第18連隊	１２（１０）	８人は大正８年10月５日戦死
野戦砲兵第20連隊	３（１）	
工兵第14大隊	２（１）	
（第１４師団　小計）	１０７（７０）	（６４．４％）
第３師団　臨時第２測図部	１（１）	（名古屋）　軍属（通訳）戦死
第７師団　野戦砲兵第７連隊	１（０）	（旭川）
北部沿海州派遣歩兵独立大隊	１（１）	
第９師団　騎兵第９連隊	１（１）	（金沢）
第１３師団　歩兵第30連隊	１（１）	（高田）
第１９師団　歩兵第74連隊	２（０）	（朝鮮・咸興）
南部烏蘇里《ウスリー》派遣隊	８（１）	歩74連隊第３大隊基幹
臨時電信隊	４（１）	軍属（傭人）１戦死
臨時鉄道連隊	１（０）	
薩哈連《サガレン》州派遣軍司令部	１（０）	軍属（傭人）
浦塩《ウラジオ》派遣軍憲兵隊	２（２）	大正９年３月12日、ニコラエフスクで戦死（少尉１、曹長１）
北満憲兵隊	１（０）	
合計	１３１（７８）	（６０％）

戦没者中（　）内の数字は戦死・戦傷死者数を表す。
（『上毛忠魂録』『歩兵第十五連隊歴史』より作成）

め三家子及び鴨緑江方面に避難するもの其数を知らず。目撃する所のみにても六百を超ゆ。貨幣を土中に埋むるものあり、纏足せる婦人、琿春川を渡渉して顚例するものあり、市内早くより戸を閉ざして、宵にして死せるが如き静寂、ただ明月皎々野犬の遠吠を聞くのみ。

歩兵第十五連隊は琿春・会寧に約一カ月駐屯ののち、会寧の歩兵第七十三連隊に一年五カ月ぶりに全部隊が集合し帰国を待つこととなった。当初の予定から遅れること一カ月半、十一月二十五日清津港を出港し、十二月二日（第三大隊は三日）、懐かしい高崎の停車場に降り立ち、

表５－⑥Ａ　シベリア出兵戦没者と叙勲者①（歩兵第十五連隊）

	叙勲無	勲八	勲八功七	勲七	勲七功七	計	金鵄勲章受賞率
特務曹長					1	1	100%
曹長				1	3	4	75%
軍曹			1		1	2	100%
伍長		2	7		2	１１	81.8%
上等兵	2	１１	３０			４３	69.8%
一等卒	5	１０	１０			２５	40%
二等卒						0	
その他	1					1	0%
計	8	２３	４８	1	7	８７	63.2%

その他は傭人。群馬県内出身者のみ。

表５－⑥Ｂ　シベリア出兵戦没者と叙勲者②（歩兵第十五連隊以外の部隊）

	叙勲無	勲八	勲八功七	勲七	勲七功七	勲六功七	勲六功五	勲五功五	計	金鵄勲章受賞率
少佐								1	1	100%
大尉									0	
中尉							1		1	100%
少尉						1			1	100%
特務曹長									0	
曹長				2	2				4	50%
軍曹				1					1	0%
伍長	1	2	2						5	40%
上等兵		8	１３						２１	61.9%
一等卒	3	2							5	0%
二等卒		2							2	0%
その他	3								3	0%
計	7	１４	１５	3	2	1	1	1	４４	45.4%

その他は傭人２・通訳１。群馬県出身者のみ。（Ａ・Ｂともに『上毛忠魂録』より作成）

表５－⑥Ｃ　戦役別歩兵第十五連隊戦没者及び金鵄勲章受賞者数

	戦没者数	金鵄勲章受賞者数	割合
日清戦争	３３	1	3%
日露戦争	４７１	２７９	59.2%
シベリア出兵	８７	５５	63.2%

群馬県出身者のみ。（『上毛忠魂録』より作成）

市民の盛大な出迎えを受けた。ウラジオ上陸以来、出兵の目的が変わるたびに、ロシア・朝鮮・中国と移動させられたおよそ二十カ月にも及ぶ長い出征を終え、疲れ切った将兵は懐かしい兵舎に帰還した。

シベリア出兵における歩兵第十五連隊の群馬出身戦没者は八七人（他県出身者二人あり）で、日清戦争時の同連隊の群馬出身戦没者三三人と比べると二・六倍となるが、戦死戦傷死者に限ると五五人対一六人で三・四倍となる。他部隊も含めた戦没者は表5—⑤に示した通りである。なお戦死・戦傷死者五五人中五一人に功七級金鵄勲章及び一時金（二年分の年金二〇〇円）が授与されている（表5—⑥A・B・C）が、日清・日露戦争時の戦死・戦傷死者と比べてかなり高い受賞率になっている。目的の不明確な戦闘で落命した将兵および遺族に対するせめてもの「罪滅ぼし」と考えられないこともない。ちなみに当時の二〇〇円は巡査の初任給の四・五カ月分に相当するが、日清戦争時の二・二カ月分、日露戦争時の一六・七カ月分にくらべるとインフレの影響か？かなり目減りしている。逆に言えば、一時金額がそれほど負担にならなかったから金鵄勲章受章者を多くしたのかもしれない。

六、軍縮と関東大震災

歩兵第十五連隊が高崎に帰還してから一年後の一九二一年（大正十年）十一月十二日、九カ国（米・英・仏・伊・日・オランダ・ベルギー・ポルトガル・中国）代表が集ってワシントン会議が開催された。日本国内は、この直前の同月四日に原敬首相が東京駅で刺殺されたため内田康哉外相が首相代理を十三日まで勤め、十四日から高橋是清蔵相が正式に首相に就任するという「異常事態」であった。会議には加藤友三郎海相（原内閣から留任）・徳川家達貴族院議長・幣原喜重郎駐米公使が代表として参加、翌年二月までに、太平洋に関する「四カ国条約」（これにより日英同盟廃棄）、海軍軍備制限に関する「ワシントン海軍軍縮条約」（主力艦の保有率を英米五対日本三とし、十年間主力艦の建造を禁止）、中国に関する「九カ国条約」（中国の主権尊重、門戸開放・機会均等原則の承認、これにより石井ランシング協定廃棄）などが成立、また日本は対華二十一カ条要求の一部廃棄・山東半島の膠州湾租借地の中国への返還・シベリアからの撤兵を約束した。これ以降、国際社会は「ワシントン体制」という国際協調の時代に入り軍縮ムードが高まった。これを受けて日本も陸海軍共に軍縮に着手、つまりワシントン体制を境に「軍拡路線」から正反対の「軍縮路線」に転換した。海軍では条約にのっとり日露戦争の主力艦および明治末までに建造された戦艦を廃棄（この際「三笠」を記念館として固定）、または練習艦へと転換し、さらに主力艦の建造作業を中止し、戦艦「加賀」および巡洋戦艦「赤城」を空母に改装した。この結果日本海軍の戦艦は、大正二年〜十年に竣工した「金剛」「比叡」「榛名」「霧島」「扶桑」「山城」「伊勢」「日向」「長門」「陸奥」の十隻となった。なお海軍将兵約一万二〇〇〇人が削減された。

陸軍も予算削減を要求されたためリストラに着手した。時の陸軍大臣（加藤友三郎内閣）が山梨半造であったため「山梨軍縮」と呼ばれた一九二二年（大正十一年）八月の第一次軍縮では、師団数は減らさず、各歩兵一個連隊につき三個中隊を廃止する（歩兵第十五連隊の場合、第四・第八・第十二中隊が廃止）など、陸軍全体で歩兵二五二個中隊・騎兵二九個中隊・工兵七個中隊・輜重兵九個中隊・野戦砲兵六個連隊（うち二個は野戦重砲兵連隊に改編）・山砲兵三個連隊（うち二個は独立山砲兵連隊に改編）を削減、これにより士官二二六八人、准士官・下士卒五万七二九六人、計五万九五六四人がリストラされた。また第二次軍縮として翌年四月には、要塞・学校などを整理し、二年間で経費約四〇三三万円を削減したが、「軍の近代化」「経費節約」の両面とも不徹底であった。

「山梨軍縮」実施前、歩兵第十五連隊廃止の噂が広まり、『東京日日新聞』（大正十一年二月二十四日）には、「高崎連隊廃止の暁は同敷地の払下げを受け之れを開放して新市街を形成し大工場或は高等学校をも建設し、又高崎公園をも大拡張するを得べくさすれば市の繁栄上には差したる影響は蒙らざるべしと語るものありたり」とあり、連隊廃止後の土地利用方法を考えている気の早い人が紹介されている。

一九二三年（大正十二年）九月一日正午直前、相模湾西北部を震源とするマグニチュード七・九の激震が南関東を直撃し、特に東京・横浜では火災も加わり、死者・行方不明一四万二八〇七人、負傷者一〇万三七三三人、家屋被害（全壊・半壊・焼失・流出）七〇万二四九五戸、罹災者は三四〇万人を超える大惨事となった。二日には非常徴発令・戒厳令（一部）が施行されるなか、八月二十四日に死去した加藤友三郎首相の後任として、山本権兵衛が組閣（第二次）した。「朝鮮人が暴動を起こす」「朝鮮人が井戸に毒を投げ入れた」等の流言飛語が広がり、各地で殺気だった自警団に多くの朝鮮人が虐殺された。被害者の数は確定されていないが、姜徳相『関東大震災』では約六〇〇〇人が実数に近い、とある。また、ほかにも、殺害された約二〇〇人の中国人、誤って殺された日本人、「亀戸事件」で虐殺された社会主義者、憲兵隊で殺害された大杉栄・伊藤野枝・橘宗一少年など、震災の混乱の中で、多くの命が奪われた。

二日午後五時四十五分、歩兵第十五連隊上空に飛行機が飛来し、営庭に「東京市及其附近震災ニツキ治安維持ノ必要上左ノ要領ニヨリ其聯隊ハ東京ニ急行シ東京衛戍司令官ノ指揮下ニ入ルヘシ」との命令書を営庭に投下した。これを受けて直ちに非常呼集が行われ、高崎駅午後十一時発の臨時列車で、連隊長山口十八大佐以下約一一六〇人の将兵が東京に向かった。翌三日午前四時半川口駅に到着下車し、宇都宮から来た歩兵第二十八旅団長川村尚武少将の隷下となり、朝食後、歩兵第一連隊（赤坂）を目指して行軍し、正午ごろ到着した。この様子を、田山花袋は九段坂から見ており、『東京震災記』に記している。

それは三日目（注・九月三日？）であったが、実際その時分には、物を売っているものなどは、何処にも見出すことは出来なかった。飢を抱えて逃げて来ている罹災民すら、まだ救護の結飯にありつかないくらいであったから……。火に追われて、命からがら逃げて行った気勢がまだあたりにはっきりと残っているくらいであったから……。やがて私達は九段の坂の上に行ったが、この時、宇都宮の師団らしい兵士が、陸続と列をつくって、長蛇のように中坂の方から入って来るのを見た。何となしに頼もしいような気がした。

U氏は言った。

『こういう時は、何と言っても、ああいう人達が頼りですね?』

『本当ですね?』

『何でも大変に入って来たそうですよ。一個師団ではきかないそうですよ』

『高崎からも来たそうですな』

『そうでしょう』

こんなことを言いながら、その兵士のちょっと途切れるのを待って、それを突切ってそのまま九段の坂の上へと行った。

その後、歩兵第十五連隊は西区警備隊となり、歩兵第三連隊（麻布）と交代して、第一大隊主力（麻布方面）、第二大隊主力（品川方面）、第三大隊主力（芝増上寺付近）と三隊に分かれてそれぞれの部署の警戒にあたった。一方で群馬県内の在郷軍人会も救援活動に従事している。藤岡中学の教官（兵式体操）富沢直太郎大尉（予備役）が救護隊長となり多野・北甘楽・勢多郡の在郷軍人八三人を引率して、靖国神社・北白川宮家の復旧活動に参加している。

震災直後の五日、多野郡藤岡町（現藤岡市）では、保護のため警察署の留置所に収容されていた朝鮮人一四人を自警団が竹槍・日本刀・猟銃などで虐殺し（この前後にも三人の朝鮮人が自警団に殺されている）、六日夜には自警団が警察署の電線を切断、投石で窓ガラスを割り、公文書の一部を焼くなど暴徒化したため、歩兵第十五連隊から約一〇〇人の将兵が出動して、ようやく自警団は解散した。いわゆる「藤岡事件」で、市内の成道寺には慰霊碑が建立されている。

二十三日、山口連隊長は戒厳司令官山梨半造大将から感状を授与され、三週間に及んだ救護活動を終えた連隊は翌二十四日午前十時四十分田端駅発の列車で高崎に帰営した。

この関東大震災の影響で不況が慢性化する中、一九二五年（大正十四年）五月に第三次軍縮が行われた。加藤高明内閣の宇垣一成陸相が実施した、いわゆる「宇垣軍縮」では、歩兵十六個連隊を廃止、師団を統廃合し、日露戦争後に新設された、第十三（高田）・第十五（豊橋）・第十七（岡山）・第十八（久留米）師団と付属する騎兵連隊・野砲兵連隊・工兵大隊・輜重兵大隊がそれぞれ廃止された。その結果捻出された経費で戦車隊・飛行隊・高射砲隊・自動車隊などを新設し装備の近代化を図った（同年五月に編制した戦車部隊は、イギリス製ホイペットA型中戦車六両とフランス製ルノーFT型軽戦車五両であった）。

廃止された連隊は、第六十五（会津若松・第二師団）、第五十一（津・第三師団）、第七十七（広島・第五師団）、第六十四（都城・第六師団）、第五十二（弘前・第八師団）、第六十九（富山・第九師団）、第六十二（徳島・第十一師団）、第六十六（宇都宮・第十四師団）、第七十二（大分・第十二師団）、第五十八（高田・第十三師団）、第五十三（奈良・第十六師団）、第六十（豊橋・第十五師団）、第六十七（浜松・第十五師団）、第五十四（岡山・第十七師団）、第五十五（佐賀・第十八師団）、第五十六（久留米・第十八師団）とすべて五十番台以後の新設連隊であった。第十四師団には廃止された第六十六連隊に代わって旧第十三師団の歩兵第五十連隊（松本）が編入された（今後、歩兵第五十連隊編入前を第一次第十四師団、後を第二次第十四師団と呼ぶことにする）。また旧第十三師団の第十六（新発田）・第三十（村松）連隊は古巣の第二師団に編入され、第二師団第三十二連隊（山形）が廃止された第五十二連隊に代わってやはり古巣の第八師団配下となった。

こうした陸海軍の軍縮の結果、一般会計に占める軍事費の割合は大正十年の四九パーセントをピークとし、以後は下降し続け大正十三年から昭和五年までは三割未満となった。

「宇垣軍縮」では約三万三九〇〇人の陸軍将兵がリストラされたが、このうち現役士官約二〇〇〇人が「陸軍現役将校学校配属令」に基づき中学校以上の男子校に「配属将校」として派遣され、また「学校教練教授項目」が制定され各学校では軍事教練が正課となった。これは現役将校のリストラ対策だけでなく、兵力削減を学校教育で補い、また学生の思想対策も兼ねる「一石三鳥」の制度であった。また一九二六年（大正十五年）に全国の市町村に設置された青年訓練所（十六～二十歳の男子勤労青年対象で、教科は修身・公民、教練、普通学科、職業科。一九三五年〈昭和十年〉、実業補習学校と併合し青年学校となる）でも四年間四百時間の教練が実施された。これらに対して、学生は全国学生軍事教育反対同盟を結成し反対運動を起し、青年訓練所の軍事教練に対しては労働組合・農民組合・無産青年同盟が子弟の入所を拒否するなどの運動を起こした。満二十五歳以上の男子が衆議院議員の選挙権を持つ「衆議院議員選挙法改正（普通選挙法）」と悪名高い「治安維持法」が同年四～五月に公布された直後ではあったが、「大正デモクラシー」の最後の輝きが残っていた時代だった。

「宇垣軍縮」後の第二次第十四師団では、歩兵第十五連隊は同五十連隊と歩兵第二十八旅団を編制し、旅団司令部は高崎に置かれ、「軍都」としての機能が一段と増した。一時廃止の噂があった歩兵十五連隊が存置されただけでなく、旅団司令部まで設置された高崎では市長以下市民の喜びは大きかった。三月三十日の『上毛新聞』には市長の談話が掲載されている。

土谷市長を訪へば語って曰く「市制二十五周年祝典を前に此快報を得た事は実に欣賀に堪へない、一時は危いと伝へられた吾が高崎連隊が名実共に存置に確定した事は県民各位が挙って存置運動に応援下された賜で其至誠が通じた事と信じ衷心感謝の意を表する次第であります、殊に二十八旅団司令部まで存置される事に決定した事は富籤に当った様な拾いもので重ね重ねのお芽出度である」云々廃止説の伝はりし当時の驚愕に引替へ手の舞ひ足の踏み処も知れぬ程の喜び方であった。

九月二十八日、前年九月に支那駐屯軍として天津に派遣されていた第一中隊が高崎に帰還し、第二次十四師団として編制されてから初めて全部隊が高崎に集結することとなった。

「昭和」と改元されてから約五カ月後の一九二七年（昭和二年）四月二十日、第十師団（姫路）に代わって第十四師団が満州駐箚の関東軍となって高崎を出発、二十八日に旅順に到着した。期間は二年だが、その間、一九二八年（昭和三年）五月の「済南事件」、同年六月の「張作霖爆殺事件」と大事件が連続し、関東軍所属の歩兵第十五連隊も関わりを持つこととなる。

日清戦争開戦時の歩兵第十五連隊幹部

（動員下令明治２７年８月３０日　動員完結９月５日　第一師団）

役職・階級	氏名	出身地	開戦時満年齢	陸士卒業期他	その他
連隊長・大佐	河野通好	山口	４４		明治３０年４月少将 ３９年４月中将 後備役
副官・大尉	岩根常重	和歌山	４１	教導団？	明治２８年２月２３日 戦死
旗手・少尉	大澤月峰★（６）	愛知	２６	２	
第一大隊長 少佐	斎藤徳明	東京	４６		
副官・中尉	中村邦平★（３）	岡山	３４		
第一中隊長 大尉	森川武	茨城	３９	旧４	
小隊長・中尉	粟野陽二郎	群馬	３０	旧１０	
同・少尉	伊藤柳太郎	山口	２４	３	
同・少尉	津久井平吉	栃木	２３	４	
第二中隊長 大尉	青木頼重	三重	４２		
小隊長・中尉	真崎友吉	佐賀	２８	旧９	
同・少尉	神頭勝彌	長野	２８	２	
同・少尉	飯塚貞蔵★（８）	埼玉	２５	５	
第三中隊長 大尉	木村唯蔵	滋賀	３９		
小隊長・中尉	河合格郎	福井	２８	旧９	
同・少尉	町野惟★（７）	広島	２７	３	明治２８年２月　戦傷
同・少尉	大熊仲次郎	群馬	２４	予備役	明治２８年５月中尉
第四中隊長 大尉	日根野周造	東京	３５		
小隊長・中尉	尾山和信	神奈川	３２	旧８	
同・少尉	野方英次郎	佐賀	２６	１	
同・少尉	福島泰蔵	群馬	２８	２	明治２７年１１月中尉

第二大隊長 少佐	斎藤太郎	山口	４４		
副官・中尉	山田記慣	滋賀	３２	旧６	
第五中隊長 大尉	奥田正忠	青森	４３		
小隊長・中尉	吉岡銀一郎★（４）	長野	３０	旧１１	
同・中尉	坂川美太郎	岡山	２６	1	
同・少尉	芳野二郎	東京	２２	5	
第六中隊長 大尉	清水進	茨城	４２		
小隊長・中尉	肥塚信廣	長崎	４３		
同・中尉	飯島亀	岡山	３１	旧８	
同・少尉	横田佐吉	埼玉	２６	4	
第七中隊長 大尉	小林保三	鳥取	４２		
小隊長・中尉	竹迫彌彦	鹿児島	２９	旧９	
同・少尉	大中駒次郎	佐賀	２４	1	
同・少尉	平野英次	長野	？	予備役	明治２７年１１月２１日戦死
第八中隊長 大尉	土肥原良永	岡山	４５		
小隊長・中尉	古立春蔵	東京	３０		
同・少尉	永田十寸穂	長野	２４	2	永田鉄山少将の兄
同・少尉	赤沼金三郎	？	？	？	
第三大隊長 少佐	殿井隆興	奈良	４５		
副官・中尉	高村成存	福井	３８		
第九中隊長 大尉	森田邦	滋賀	４３		
小隊長・中尉	菊地隣義	茨城	４３		
同・中尉	國司精造	山口	２７	1	
同・少尉	長野義虎	？	？	？	
第十中隊長 大尉	新名幸太	茨城	３８		明治２８年１月　戦傷
小隊長・中尉	貞松森太	長崎	２９	旧９	

戦役別出征幹部氏名

同・中尉	白川震一郎★（5）	長野	２５	旧１１	明治２８年1月１０日戦傷死
同・少尉	西新八	山口	２６	4	
第十一中隊長 大尉	宮田馨	福島	４１		
小隊長・中尉	柳生俊久	東京	２７		
同・中尉	吉野有武	埼玉	２８	旧１１	
同・少尉	土屋芳蔵	?	?	?	
第十二中隊長 大尉	星為幹	秋田	４６		
小隊長・中尉	窪田秀三	千葉	３６		
同・少尉	宮田武彬	山口	２７	3	
同・少尉	島田左武	東京	２２	5	明治２８年２月　戦傷

★は歩兵第十五連隊旗手経験者で（　）内の数字は歴代連隊旗手ナンバー

日露戦争開戦時の歩兵第十五連隊幹部

（動員下令明治３７年３月６日午前九時　動員完結同月１２日　第一師団）

役職・階級	氏名	出身地	開戦時満年齢	陸士卒業期他	その他
連隊長・大佐	千田貞幹	鹿児島	５０	旧１	明治３７年８月負傷
副官・大尉	粟野陽二郎	群馬	３９	旧１０	
旗手・少尉	河西五郎★（１６）	長野	２３	１３	
第一大隊長 少佐	戸枝百十彦	福島	４２	旧４	のち歩兵１５連隊長 明治３８年３月戦死
副官・中尉	河合照士	栃木	３０	８	のち中隊長 明治３７年８月戦死
第一中隊長 大尉	山越荘三郎	長野	３３	５	明治３７年８月戦傷 ３７年９月戦死
小隊長・中尉	田中万太郎	千葉	３９	予備役	
同・少尉	大島貞七郎	埼玉	２２	１４	明治３７年８月戦死
同・少尉	佐藤康太郎	群馬 群馬郡 明治村	２５	予備役	慶應義塾出身・一年志願兵 明治３７年５月戦死
第二中隊長 大尉	等々力森蔵	長野	３０	６	明治３７年９月戦傷 のち歩兵第４９連隊へ転任　第十二中隊長
小隊長・中尉	大熊仲次郎	群馬	３３	後備役	一年志願兵 明治３７年９月戦傷
同・少尉	柳沢武一郎	長野	２６	１３	
同・少尉	佐藤浜次	栃木	２０	１５	明治３７年９月戦死
第三中隊長 大尉	堀内猪作	静岡	２９	７	明治３７年８月戦傷
小隊長・中尉	川島藤蔵	福島	２４	１２	明治３７年１１月戦死
同・少尉	清水修六	長野	２３	予備役	一年志願兵 明治３７年９月戦傷 明治３７年１１月戦死
同・少尉	中村又雄	東京	２２	１５	明治３７年９月戦傷
第四中隊長 大尉	高坂順吉	東京	３５	３	明治３７年８月戦傷 明治３８年３月戦傷

戦役別出征幹部氏名

小隊長・少尉	日比重遠	東京	２３	１３	明治３７年９月戦傷
同・少尉	工藤信夫	長野	２７	予備役	四高出身・一年志願兵 明治３７年８月戦傷 明治３７年９月戦傷 のち戦傷死
同・少尉	町田三郎	群馬	２７	予備役	一年志願兵
第二大隊長 少佐	秀島七郎	茨城	３７	旧１０	明治３７年１１月戦傷
副官・中尉	津島銀平★（１２）	山梨	２６	１０	
第五中隊長 大尉	水戸部源	群馬	４２	特進	明治３７年８月戦傷
小隊長・少尉	松崎盛吉	埼玉	２６	１３	
同・少尉	善如寺忠太郎	群馬 群馬郡 佐野村	２３	予備役	前橋中学出身・一年志願兵 明治３７年１１月戦傷
同・少尉	下田弥三郎	群馬 勢多郡 木瀬村	２３	予備役	前橋中学出身・一年志願兵
第六中隊長 大尉	吉野有武	埼玉	３７	旧１１	
小隊長・中尉	添田壽雄	東京	２９	７	明治３７年５月戦傷
同・少尉	土橋真三	徳島	２７	１０	
同・少尉	代田誠次郎	群馬 前橋市	２６	予備役	前橋中学出身・一年志願兵 明治３７年８月戦傷
第七中隊長 大尉	松崎新太郎	長野	２６	８	
小隊長・中尉	堀越千秋	東京	２６	１１	
同・中尉	富沢直太郎	群馬 多野郡 新町	２７	予備役	前橋中学出身・一年志願兵
同・少尉	笠原綱★（１８）	埼玉	２３	１５	明治３７年８月戦傷 ３８年３月戦傷 ６月戦傷死
第八中隊長 大尉	金子為次郎	東京	３７	特進	明治３７年１１月戦死

小隊長・中尉	三澤活水★（１４）	長野	２８	１１	明治３７年５月戦傷
同・中尉	松下秀夫	千葉	２３	１２	明治３７年５月戦傷 同３７年９～１０月戦傷 のち歩兵第４９連隊へ転任　第十一中隊長
同・少尉	秋草愛一	群馬 山田郡 矢場川村	２３	予備役	一年志願兵 明治３７年１１月戦傷 のち高崎俘虜収容所所員
第三大隊長 少佐	田中次郎	山口	４９	陸士 修業生	明治３７年９月戦傷
副官・中尉	高野政吉	埼玉	２７	９	明治３７年９月戦傷
第九中隊長 大尉	飯塚貞蔵★（８）	埼玉	３４	５	のち第一旅団副官
小隊長・中尉	中村規矩次	東京	２７	１０	明治３７年９月戦傷 明治３７年１１月戦傷
同・中尉	九條舜麿	群馬 前橋市	２６	予備役	物理学校・尚武学校出身 一年志願兵 明治３７年８月戦傷
同・少尉	武藤幸介	群馬 山田郡 休泊村	２６	予備役	東京農学校・宮城農学校出身・一年志願兵 明治３７年９月戦傷
第十中隊長 大尉	早乙女輿一郎	東京	４０	特進	明治３７年９月戦死
小隊長・中尉	町野武馬	福島	２８	１０	明治３７年１１月戦傷
同・中尉	鷹木大象	群馬 前橋市	２４	１２	明治３７年９月戦死
同・少尉	杉山明	東京	２０	１５	
第十一中隊長 大尉	本多憲	愛知	３７	特進	明治３７年７月戦傷
小隊長・中尉	大館輿	埼玉	２５	１２	明治３７年１１月戦傷
同・少尉	乃木保典	東京	２２	１５	明治３７年１１月戦死
同・少尉	小曽根千八	群馬 邑楽郡 館林町	２７	予備役	前橋中学出身・一年志願兵 明治３７年７月戦傷 明治３７年８月戦傷

戦役別出征幹部氏名

第十二中隊長 大尉	芳野二郎	東京	３１	5	明治３７年8月戦傷
小隊長・中尉	山岸等★（１５）	長野	２４	１２	明治３７年9月戦死
同・少尉	小野田春元★（１７）	東京	２２	１４	明治３７年８月戦傷 のち歩兵第４９連隊へ転任
同・少尉	深作恒三郎	茨城	２４	予備役	一年志願兵 明治３７年７月戦傷 明治３７年9月戦死

★は歩兵第十五連隊旗手経験者で（　）内の数字は歴代連隊旗手ナンバー

同・後備歩兵第十五連隊幹部

（動員下令明治３７年３月６日午前九時　動員完結同月１２日　後備第一旅団）

役職・階級	氏名	出身地	開戦時満年齢	陸士卒業期他	その他
連隊長・中佐	高木常之助	京都	４７	旧５	明治３７年８月戦傷
大隊長・少佐	白井孝義	東京	５２	後備役	明治３７年７月戦傷 のち仙台連隊区司令官
同	横山軍治	東京	５１	後備役	明治３７年８月戦傷 のち後備歩兵第５７連隊長
連隊副官・大尉	小山田勘二	東京	３３	３	
中隊長・大尉	柳澤祐嗣	長野	４０	旧９ 予備役	明治３７年９月戦死
同	戸波留郎	東京	５１	後備役	明治３７年８月戦傷死
同	小林保三	東京	５１	後備役	明治３７年８月戦傷死
同	中村光義	東京	４９	後備役	明治３７年８月戦傷死
同	松山匡	東京	５０	後備役	明治３７年７月戦傷 のち後備歩兵第４９連隊
同	松坂政一	東京	５２	後備役	明治３７年８月戦死
同	加藤正修	神奈川	４８	後備役	明治３７年８月戦傷 のち長野連隊区副官
同	野村九八郎	東京	５１	後備役	明治３７年８月戦死
大隊副官・中尉	簗山乙亥治	東京	２８	８	明治３７年８月戦傷
同	吉田銈雄	熊本	２９	９	明治３７年８月戦死
中尉	小山満雄	栃木	２６	９	明治３７年８月戦傷
同	岡部義雄	新潟	２５	１１	明治３７年８月戦傷 明治３８年３月戦傷
同	松田作治	群馬 群馬郡元総社村	２７	１２	前橋中学出身 明治３７年８月戦傷 明治３９年１月病死
少尉	田村明十郎	埼玉	２６	１３	明治３７年８月戦傷
同	佐野秀麿	栃木	２３	１３	明治３７年１１月戦死

同	高野章二	埼玉	２２	１４	明治３７年９月戦傷
同	小出栄次郎	長野	２６	１４	明治３７年８月戦傷
同	黒田長三郎	東京	２１	１５	
同	小湊不二雄	東京	２１	１５	
同	島田熊七	群馬 群馬郡長尾村	２９	予備役	前橋中学出身・一年志願兵 明治３７年９月戦傷のち 後備歩兵第５０連隊副官
同	根岸橘三郎	群馬 碓氷郡安中町	３０	予備役	一年志願兵
同	北野重吉	群馬 多野郡美九里村	２５	予備役	前橋中学出身・一年志願兵 明治３７年８月戦傷
同	横地清次郎	東京	３２	予備役	一年志願兵 明治３７年８月戦傷
同	清水忠平	群馬 群馬郡室田村	２６	予備役	一年志願兵 明治３７年１１月戦傷
同	清水和三郎	群馬 碓氷郡板鼻町	２４	予備役	同志社出身・一年志願兵 明治３７年８月戦死
同	長岡勇吉	群馬	３６	予備役 特進	明治３７年７月戦傷
同	矢島良之助	長野	３６	予備役 特進	明治３７年８月戦死
同	伊原広司	長野	２５	予備役	一年志願兵 明治３７年９月戦死
同	矢島久右	埼玉	２３	予備役	一年志願兵 明治３７年７月戦傷 明治３７年１１月戦傷
同	石渡映三	神奈川	２４	予備役	一年志願兵 明治３７年８月戦死
同	金井徳治	群馬 新田郡世良田村	２４	予備役	一年志願兵 明治３７年７月戦傷
同	松平忠禎	群馬	３４	後備役	一年志願兵 明治３７年８月戦傷
同	奥平銑太郎	群馬 前橋市	２９	後備役	前橋中学出身・一年志願兵 明治３７年８月戦傷

					のち後備歩兵第４９連隊
同	清水留四郎	群馬 群馬郡室田村	２８	後備役	一年志願兵 明治３７年１１月戦傷
同	鈴得厳	群馬 佐波郡三郷村	３８	後備役 特進	のち後備歩兵第４９連隊 明治３８年５月負傷

同・歩兵第十五連隊補充大隊幹部

（動員下令明治３７年３月６日午前九時　動員完結同月１２日　留守歩兵第一旅団）

役職・階級	氏名	出身地	開戦時満年齢	陸士卒業期他	その他
大隊長・少佐	湯地藤吉郎	鹿児島	３６	旧１１	
中隊長・大尉	伊藤金三郎	東京	３８	特進	明治３７年９月戦死
同	江田敬三郎	埼玉	２６	９	
同	生越安貞	東京	４９	後備役 旧２	
同	堀毛助	和歌山	５２	後備役	
小隊長・中尉	坂入良達	東京	３０	９	
同	豊島卓	長野	２７	１１	明治３７年１１月戦傷
同	北村鍵治郎	長野	２８	１２	
同・少尉	今井五郎	茨城	２５	１３	
同	加地辰巳	東京	２２	１４	明治３７年１１月戦死
同	林辰二郎	長野	２３	１５	
同	大森平太	栃木	４１	予備役 特進	明治３７年８月戦傷 明治３７年９月戦死
同	清宮岩太郎	千葉	３６	予備役 特進	
同	内田隆治	埼玉	２８	予備役	一年志願兵
同	稲葉茂太	群馬 群馬郡金古村	２９	予備役	一年志願兵 明治３８年３月戦死
同	栗原磯吉	群馬 新田郡世良田村	２４	予備役	一年志願兵 明治３７年９月戦傷 明治３７年１１月戦傷
同	柿沼貞一郎	埼玉	２４	予備役	一年志願 明治３７年８月戦死
同	小出俊蔵	長野	２３	予備役	一年志願 明治３７年８月戦死
同	岸浅	茨城	２２	予備役	一年志願兵
同	早川傳治郎	愛知	３６	予備役 特進	

シベリア出兵出征時の歩兵第十五連隊幹部

（動員下令大正８年３月３１日　動員完結４月６日　第十四師団）

所属・役職	氏名・階級	出身	陸士卒業期・出身校他
連隊本部　連隊長	◎圓藤作蔵大佐	徳島	9　陸大 19　中将で予備役
附	◎柴田繁枝中佐	福岡	9
通信係	横田卯助中尉	埼玉	25
通訳	日永晴雄少尉	東京	30
副官	◎萩野谷常之助大尉★(20)	茨城	16
連隊旗手	秋山正次少尉★(35)	岡山	28
	◎中山佐十郎三等軍医正	福島	
第一大隊本部　大隊長	◎三原季吉少佐	鹿児島	11
副官	月野勝中尉	東京	23　満州事変（中佐）
	中林久作三等軍医	埼玉	
第一中隊	茂木隆吉大尉	群馬	19　高崎中出身
	野津敏中尉	東京	25
	三原壽賀特務曹長	?	
第二中隊	小宮山戌丙大尉	山梨	19　大正９年４月戦死（ハバロフスク）
	橘正次中尉	群馬	24
	都賀規矩中尉	茨城	27　大正８年 10 月凍傷（エルコーチビ）
第三中隊	◎緒方権蔵大尉	熊本	16
	青木政尚中尉★(34)	東京	27
	武井重雄特務曹長	?	
第四中隊	今井仙太郎大尉	群馬	19　富岡中出身
	川村俊吉中尉	鹿児島	26
	長谷川信哉中尉	福島	27
第二大隊本部　大隊長	◎稲垣長少佐	愛知	11
副官	遠藤寅平中尉	埼玉	24　昭和 18 年戦死（ダンピール海峡）戦死後少将に進級
	金田龍尾二等主計	岐阜	
	佐谷熊次郎一等軍医	?	
	山本嶒三等軍医	長野	

第五中隊	岡島鍒蔵大尉	埼玉	19
	根岸四中尉	群馬	26　　のち少将
	佐合鐸治少尉	岐阜	29　　富岡中配属将校 満州事変（大尉）
第六中隊	白石秀美大尉	鹿児島	19
	森友雄中尉	熊本	23
	後藤時佐中尉	岩手	27
第七中隊	◎平岡尚大尉	東京	14
	鈴木高禄中尉	静岡	24
	狩野弘少尉	福島	30　　満州事変（大尉）
	中西太四郎特務曹長	？	
第八中隊	大出善五郎大尉★(26)	栃木	20
	国井英一中尉★(33)	東京	26
	原田喜代蔵少尉	京都	30
第三大隊本部　大隊長	◎三宅廉士少佐	岡山	10
副官	森田周作中尉	群馬	21　　前橋中出身 満州事変（少佐）
	西山霜次郎三等主計	神奈川	
	柿澤雅一一等軍医	石川	
第九中隊	松橋林次郎中尉	長野	21
	小笠原祐一中尉	山梨	24
	温井親光少尉	山梨	28　　前橋工配属将校
第十中隊	金子丑徳大尉	福島	18
	山崎保代中尉★(32)	山梨	25　　沼田中配属将校 昭和18年戦死 （アッツ島） 二階級特進・中将
	白石倉吉特務曹長	？	
第十一中隊	大島三喜雄大尉	群馬	19　　太田中出身
	山辺末治少尉	佐賀	28
	谷萩那華雄少尉	茨城	29　陸大39 第二十五軍参謀長・少将 昭和24年7月　法務死
第十二中隊	山崎右吉大尉★(25)	神奈川	20
	山崎慶一郎中尉	富山	25

	松浦孝蔵少尉	福島	29
機関銃隊	小山薫雄大尉	群馬	19　　前橋中出身
	菊池八郎中尉	東京	26　大正9年4月負傷（ハバロフスク）
	榊陸郎少尉	福岡	28

★は歩兵第十五連隊旗手経験者で（　）内の数字は歴代連隊旗手ナンバー
◎は日露戦争従軍経験あり（59人中9人　15.3%）

高崎連隊関係年表

明治　２年　７月	兵部省設置
４年　８月	東京・大阪・鎮西（熊本）・東北（仙台）に鎮台を設置する
５年　１月	旧高崎城、兵部省の管轄となる
２月	兵部省を廃し、陸軍省・海軍省を置く
３月	東京・大阪・鎮西（熊本）・東北（仙台）の鎮台条例を定める
※１１月	徴兵告諭　（※明治５年までは太陰暦、以降は太陽暦）
６年　１月	鎮台を名古屋・広島にも設置、六鎮台の軍管を定める 徴兵令
５月	新潟屯在の第８大隊のうち半大隊と第１大隊の下士官が高崎営所に入り第９大隊となる
７年　３月	第９大隊、独立大隊となる
８月	第９大隊、東京に転営、第２連隊第２大隊（宇都宮）より一個中隊高崎に駐屯（のち東京に転営）
１０月	第２９大隊、高崎に駐屯（約３カ月後に解体）
８年　２月	歩兵第３連隊第１大隊を高崎に設置 （第２大隊は新発田、第３大隊・連隊本部は東京）
４月	歩兵第３連隊本部、高崎に移転（１５日）
９年　１月	第１大隊第１中隊および第３中隊の兵卒４人が警官を殴打
１０年　２月	西南戦争起こる。
３月	歩兵第３連隊は別働第２旅団に属し、八代・御船・人吉・城山に戦う （同連隊の県内出身戦死・戦傷死者は１２人　表） ９月末より帰還したが、コレラが大流行し、同連隊所属県内出身者２２人が罹患死亡。合計戦没者３４人。
１７年　５月	群馬事件起こり、高崎兵営が襲撃対象となるが未遂。 歩兵第３連隊第１大隊は歩兵第１５連隊第１大隊と改称 （歩兵第３連隊本部は東京に移転）
１１月	秩父事件起こる。困民軍に奪われないよう、岩鼻火薬庫から徹夜で火薬を運び出す。 同大隊第２中隊（吉屋信近大尉指揮　約１２０人）と第１中隊の二個小隊、鎮圧のため出動 ８日　岩村田到着　　９日　馬流の戦闘　　１４日　帰営
１８年　６月	第２大隊設置
７月	歩兵第１連隊（赤坂）と同１５連隊とで歩兵第１旅団を編制（１日） 軍旗を親授される（２７日）
１９年　５月	第３大隊兵舎新築認可される
６月	将校集会所落成
２０年　２月	伝染病発生のため第１大隊は磯部、第２大隊は伊香保へ転地

5月 9月	第３大隊設置 脚気患者大量発生のため、第１大隊は中之条、第２大隊は軽井沢、第３大隊は沼田へ往復二週間の転地保養行軍
２１年　５月	鎮台制が廃止され師団制となり、第１旅団は第１師団配下となる 連隊内に腸チフス流行、患者１２２人
２２年　６月	下士官集会所および酒保落成
２５年　？月	連隊内に腸チフス流行、患者４９人
２７年　８月 １０月	動員下令（日清戦争）（３０日） 宇品港出帆（１５日） 以降、金州城・旅順・蓋平城・西七里庄・田庄台の戦闘に参加
２８年　４月 ６月	平和克復 復員完結（１６日、動員下令より約９カ月半）
２９年　１月 ２月 ５月	高崎に憲兵分隊設置される 日清戦役戦没者追弔会を挙行（２４日） 第１大隊、威海衛占領軍に編入、派遣される（２５日　３０年４月１６日帰還、約１１カ月）
３０年１０月	陸軍省、歩兵第１５連隊の松本移転を決定するが、翌年兵舎建築の入札が予算超過したため取りやめとなる。
３５年　？月 ６月	連隊内に腸チフス流行、患者３９人 その改善策として第１師団軍医部長・森林太郎（鴎外）、下水改善計画の早期実施を意見具申する。
３６年　８月	第１回師団名誉射撃において第６中隊が優勝、名誉旗を授与される（１４日）
３７年　３月 ４月 ６月	動員下令（日露戦争）（６日）　後備歩兵第１５連隊（二個大隊編成）を編制（１２日）、後備第１旅団配下となる（２９日） 歩兵第１５連隊（２９２０人）、宇品港出帆（２２日） 以降、十三里台・南山・旅順・奉天の戦闘に参加 後備歩兵第１５連隊（１９０１人）、宇品港出帆（１６日） 以降、旅順・奉天の戦闘に参加
３８年１１月	後備歩兵第１５連隊、高崎に帰還（２６・２７日） 復員完結（３０日）のち解散（動員下令より約１年９カ月）
３９年　２月 ３月	歩兵第１５連隊、高崎に帰還（１日） 復員完結（８日）（動員下令より約１年１１カ月） 臨時招魂祭を挙行（９日）
４０年　２月 ８月 １１月	足尾暴動鎮定のため吉野有武少佐指揮の混成３個中隊出動（６日））（１４日　帰営） 第３回師団名誉射撃において第５中隊が優勝、名誉旗を授与される（２９日） 栃木県下で行われた特別大演習に参加？

４１年　６月 １０月	清国駐屯軍として第３中隊（将校以下１５１人）高崎出発（６日） （１２月２６日高崎に帰営） 第１４師団所属となる。 同師団は歩兵第２７旅団（旅団司令部は水戸　歩兵第２連隊〈水戸〉、歩兵第５９連隊〈宇都宮〉)、同２８旅団（旅団司令部は宇都宮　歩兵第１５連隊〈高崎〉、歩兵第６６連隊〈宇都宮・大正１４年廃止〉）からなる。師団司令部は宇都宮（第一次第十四師団）
４３年　８月	烏川・鏑川が氾濫したため救護隊出動、精米を放出
４４年　？月	第１０中隊、韓国臨時派遣隊に編入される（４５年４月１５日帰還）
４５年　？月	兵舎大改築され、三棟並列兵舎となる
大正　元年　９月 １１月	第２大隊にパラチフス発生し、５人死亡 埼玉県での特別大演習に参加（１４日～１８日）
２年　３月	第３中隊、韓国臨時派遣隊に編入される（３年３月？帰還）
４年　３月	第１２中隊、韓国臨時派遣隊に編入される（５年３月３０日帰還）
５年　９月	第２中隊、支那駐屯軍に編入、北京に派遣される （６年１０月１０日帰還）
７年１１月	栃木県での特別大演習に参加（１３日～１７日）
８年　３月 ５月	動員下令（シベリア出兵）（３１日） ウラジオストク上陸 以降、ブラゴベシチェンスクからハバロフスクへ転戦
９年　１０月 １２月	一時朝鮮軍の指揮下に入り間島方面に派遣され、琿春、会寧に駐屯する 復員完結（７日、動員下令より約１年８カ月） 臨時招魂祭を挙行（１８日）
１０年１１月 １２月	埼玉・東京での秋期演習及び特別大演習に参加（３日～２４日） 機関銃隊の編成なる
１１年　８月	平時編制が改正され、第４・８・１２中隊が解散する（山梨軍縮） この頃、高崎連隊廃止の風聞ひろがる
１２年　９月	関東大震災発生し、治安維持のため東京に派遣され東京衛戍司令官の指揮下に入る（２日～２４日）
１３年　９月	第１中隊、支那駐屯軍に編入、天津に派遣される （１４年９月２８日帰還）
１４年　５月	第２８旅団司令部、宇都宮から高崎に移転 歩兵第６６連隊廃止につき、歩兵第１５連隊と歩兵第５０連隊（松本）で同旅団を編制する（宇垣軍縮） （第二次第十四師団）

主要参考文献

基本資料

『征西戦記稿』（参謀本部陸軍部編・防衛研究所図書館蔵・一八八七年）
『征西戦記稿　付録』（参謀本部陸軍部編・防衛研究所図書館蔵・一八八七年）
『日露戦史』（全一〇巻・参謀本部編・東京偕交社・一九一二年〜一九一四年）
『機密日露戦史』（谷寿夫・原書房・一九六六年）
『明治三十七八年戦役統計』（全六巻・陸軍省編・一九一一年・防衛研究所図書館蔵）
『日露戦争統計集』（全十五巻・東洋書林・一九九四年・原書は『明治三十七八年戦役統計』）
『陸軍現役将校同相当官実役停年名簿』（陸軍省・防衛研究所図書館蔵・明治二十五・二十七・三十六・三十七・三十九・四十一・四十二・四十五・大正七・十三年版）
『陸軍予備役後備役将校同相当官服役停年名簿』（陸軍省・防衛研究所図書館蔵・明治二十七・二十八・三十・三十一・三十六・三十七・三十八・三十九・四十年版）
『帝国陸軍編成総覧』（上法快男他編・芙蓉書房・一九八七年）
『日本陸軍連隊総覧　歩兵編』（新人物往来社・一九九〇年）
『日本陸軍将官総覧』（新人物往来社・二〇〇〇年）
『日本海軍将官総覧』（新人物往来社・二〇〇〇年）
『明治十六〜昭和十六　元海軍士官名簿』（防衛研究所図書館蔵）
『日本陸海軍総合事典』（秦郁彦編・東京大学出版会・一九九一）

『陸軍士官学校』（山崎正男編・秋元書房・一九六九年）
『陸軍軍医学校五十年史』（一九三六年・防衛研究所図書館蔵）
『近代日本総合年表　第二版』（岩波書店・一九八四年）
『明治ニュース事典Ⅶ』（毎日コミュニケーションズ・一九八六年）
『日本史総覧Ⅳ　近代・現代』（新人物往来社・一九八四年）
『帝国議会衆議院議事速記録22（東京大学出版会・一九八〇年）
『日本労働運動史料　第二巻』（同史料委員会編・東京大学出版会・一九六三年）
『栃木県史　史料編・近現代2』（栃木県・一九七七年）
『大正七年乃至十一年　西伯利出兵史』（参謀本部編・新時代社・一九七二年復刻）
『西伯利出兵衛生史』（防衛研究所図書館蔵）
『大正ニュース事典Ⅲ』（毎日コミュニケーションズ・一九八七年）
『世界戦争犯罪事典』（秦郁彦他監修・文藝春秋・二〇〇二年）

回顧録・自伝・従軍記・手記
『従西従軍日誌』（喜多平四郎・講談社学術文庫・二〇〇一年）
『西南戦袍誌』（亀岡泰辰・青潮社・一九九七年復刻）
『植木枝盛集　第七巻　日記』（岩波書店・一九九〇年）
『陸軍少将亀岡泰辰伝』（非売品・一九三五年）
『観樹将軍回顧録』（三浦梧楼・中公文庫・一九八八年）
『明治大正見聞史』（生方敏郎・中公文庫・一九七八年）

『日本人の自伝9　堺利彦・山川均』（平凡社・一九八二年）
『日清戦袍誌』（亀岡泰辰・偕行社・一九三三年）
『日清戦争従軍記』（佐川和輔・座間市立図書館・一九八八年）
『朝鮮紀行』（イザベラ・バード　講談社学術文庫・一九九八年）
『奉天三十年　上・下』（クリスティー著・岩波新書・一九三八年）
『日本人の自伝　12　鈴木貫太郎・今村均』（平凡社・一九八一年）
『町田政吉の記録』（町田政壽・私家版・一九九四年）
『高橋是清自伝　上下』（高橋是清・上塚司編・中公文庫・一九七六年）
『蘇峰自伝』（徳富蘇峰・中央公論社・一九九五年〈一九三五年発行の復刻版〉）
『寒村自伝　上・下巻』（荒畑寒村・岩波文庫・一九七五年）
『自叙伝・日本脱出記』（大杉栄・岩波文庫・一九七一年）
『北京籠城日記』（守田利遠・石風社・二〇〇三年）
『明治文学全集67　田山花袋集』（『第二軍従征日記』所収・筑摩書房・一九六八年）
『残花一輪　鉄血』（猪熊敬一郎他・戦記名著刊行会・一九二九年）
『志賀重昂全集　第五巻』（日本図書センター・一九九七年〈一九二七年発行の復刻版〉）
『多門二郎　日露戦争日記』（多門二郎・芙蓉書房・一九八〇年）
『日露戦争軍医の日記』（大江志乃夫監修・ユニオン出版社・一九八〇年）
『城下の人』『曠野の花』『望郷の歌』『誰のために』（石光真清・龍星閣・一九五八〜五九年）
『東京の三十年』（田山花袋・岩波文庫・一九八一年）
『湛山回想』（石橋湛山・岩波文庫・一九八五年）

『原敬日記』（原奎一郎編・乾元社・一九五一年）
『田中正造全集　第十八巻』（田中正造全集編纂会・岩波書店・一九七九年）
『西伯利亜出征ユフタ実戦記　血染の雪　増補改訂版』（山崎千代五郎・先進社・一九三〇年）
『シベリア出征日記』（松尾勝造・風媒社・一九七八年）

部隊史

『歩兵第一連隊史』（帝国連隊史刊行会編・一九一八年・防衛研究所図書館蔵）
『歩兵第三連隊史　全』（帝国連隊史刊行会・防衛研究所図書館蔵・一九一七年）
『歩兵第十五連隊歴史』（岡崎豊編・歩兵第十五連隊酒保・一九三〇年）
『歩兵第十五連隊日露戦役史』（中村與重編・一九〇九年・群馬県立図書館蔵）
『歩兵第十五連隊史』（同史刊行会・一九八五年）
『自六月二十三日至十月十九日陣中日記　海軍陸戦重砲隊』（防衛研究所図書館蔵）
『明治三十七年海軍陸戦重砲隊日誌　黒井大佐報告』（防衛研究所図書館蔵）
『第十三師団歴史』（防衛研究所図書館蔵）
『歩兵第四十九連隊史』（帝国連隊史刊行会編・一九一九年・防衛研究所図書館蔵）
『後備歩兵第一連隊歴誌』（一九一〇年・防衛研究所図書館蔵）
『足尾派遣大隊詳報』（渡良瀬川鉱毒根絶毛里田期成同盟・一九八〇年）
『第十四師団史』（高橋文雄・下野新聞社・一九九〇年）
『図説陸軍史』（森松俊夫・建帛社・二〇〇三年）
『西伯利出征第十四師団記念写真帖』（関幸之丞・一九二〇年）

群馬県関係

『上毛忠魂録』（群馬県・一九四〇年）

『聖蹟餘光』（高崎市教育会・桜井伊兵衛・一九三四年・非売品）

『群馬県議会議員名鑑　群馬県議会史別巻』（群馬県議会図書室編・一九六六年）

『明治三十七年統計書』（群馬県立図書館蔵）

『群馬縣統計概要　明治三十七年八月調査』（群馬県内務部編・一九〇四年・群馬県立図書館蔵）

『明治三十八年統計書』（群馬県立図書館蔵）

『明治四十年群馬県統計摘要』（群馬県内務部一課編・一九〇九年・群馬県立図書館蔵）

『高崎連隊区将校団団員名簿』（昭和二年・四年・五年版・群馬県立図書館蔵）

『群馬縣の忠霊塔等』（海老根功編・群馬縣護国神社・二〇〇一年）

『上毛教界月報』（復刻版・不二出版・一九八四年）

『群馬県史　通史編７』（一九九一年）

『群馬県史　資料編２１』（一九八七年）

『上毛新聞』（大正八年一月～大正十三年三月）（前橋市立図書館蔵・マイクロフィルム）

『角川地名大辞典　１０　群馬県』（角川書店・一九八八年）

学校関係（〇印以外は群馬県立図書館蔵））

前橋高校・『百三年史　上下』（一九八三年）、『同窓会会員名簿』（一九三四年・一九七八年）

太田高校・『九十年史』（一九八七年）、〇『同窓会員名簿』（一九九四年）

高崎高校・『八十年史』（一九八〇年）、『同窓会会員名簿』（一九四〇年・一九八七年）
富岡高校・『七十五年史』（一九七一年）、『同窓会会員名簿』（一九七七年）
藤岡高校・『八十年史』（一九七五年）、『同窓会員名簿』（一九八〇年）
沼田高校・『七十年史』（一九六八年）、『会員名簿』（一九七七年）
中之条高校・『七十年史』（一九六九年）、『会員名簿』（一九八二年）

郡誌・市町村史ほか

『新編　高崎市史　資料編９　近代現代Ⅰ』（同史編さん委員会・一九九五年）
『新編　高崎市史　資料編１０　近代現代Ⅱ』（同史編さん委員会・一九九八年）
『新編　高崎市史　補遺資料編　近代現代』（同史編さん委員会・二〇〇一年）
『高崎市史研究　第七号』（同史編さん専門委員会・一九九七年）
『高崎市史研究　第十八号』（同市史編さん専門委員会・高崎市・二〇〇三年）
『富岡市史　近代現代　資料編（上）』（同市史編さん委員会・一九八八年）
『鬼石町誌』（一九八三年）
『総社町誌』（一九五六年）
『上郊村誌』（一九七六年）
『山田郡誌』（一九七三年・一九三九年発行の復刻版）

研究書ほか

『軍隊の語る日本の近代　上・下』（黒羽清隆・そしえて・一九八二年）

『日本陸海軍騒動史』（松下芳男・土屋書店・一九七四年）
『百年前の家庭生活』（湯沢雍彦他・クレス出版・二〇〇六年）
『研究　西南の役』（山下郁夫・三一書房・一九七七年）
『写真　明治の戦争』（小沢健志・筑摩書房・二〇〇一年）
『大山巌　第二巻』（児島襄・文藝春秋・一九七七年）
『毎日グラフ別冊　図説　西郷隆盛』（毎日新聞社・一九八九年）
『病気の社会史』（立川昭二・ＮＨＫブックス・一九七一年）
『秩父事件』（井上幸治・中公新書・一九六八年）
『秩父事件』（秩父事件研究顕彰協議会編・新日本出版社・二〇〇四年）
『ドキュメント群馬事件』（藤林伸治・徳間書店・一九七九年）
『群馬事件の構造』（岩根承成・上毛新聞社・二〇〇四年）
『佐久からみた秩父事件』（長野県南佐久郡小海町・同教育委員会他編　パンフレット）
『陸軍岩鼻火薬製造所の歴史』（菊池実・原田雅純・みやま文庫・二〇〇七年）
『明治・大正家庭史年表』（下川耿史・河出書房新社・二〇〇〇年）
『日本陸軍史』（生田惇・教育社歴史新書・一九八〇年）
『日本海軍史』（外山三郎・教育社歴史新書・一九八〇年）
『徴兵制』（大江志乃夫・岩波新書・一九八一年）
『八甲田山から還ってきた男』（高木勉・文藝春秋・一九八六年）
『聯合艦隊軍艦銘銘伝』（片桐大自・光人社・二〇〇三年）
『日本の歴史⑱　日清・日露戦争』（海野福寿・集英社・一九九二年）

『東アジア史としての日清戦争』（大江志乃夫・立風書房・一九九八年）
『日清戦争』（藤村道生・岩波新書・一九七三年）
『日本の戦史　日清戦争』（旧参謀本部編・徳間文庫・一九九五年）
『旅順虐殺事件』（井上春樹・筑摩書房・一九九五年）
『兵士と軍夫の日清戦争』（大谷正・有志舎・二〇〇六年）
『シリーズ日本近代史③　日清・日露戦争』（原田敬一・岩波新書・二〇〇七年）
『物語　韓国史』（金両基・中公新書・一九八九年）
『朝鮮史に生きる人びと』（全浩天・そしえて・一九七七年）
『明治過去帳　物故人名辞典』（大植四郎編・東京美術・一九七一年）
『近代日本の対外宣伝』（大谷正・研文書院・一九九四年）
『近代民衆の記録　8　兵士』（大濱徹也編・新人物往来社・一九七八年）
『旅順と南京』（一ノ瀬俊也・文春新書・二〇〇七年）
『一葉の四季』（森まゆみ・岩波新書・二〇〇一年）
『台湾総督府』（黄昭堂・教育社歴史新書・一九八一年）
『閔妃暗殺』（角田房子・新潮社・一九八八年）
『日本人捕虜　上・下』（秦郁彦・原書房・一九九八年）
『佐倉連隊にみる戦争の時代』（国立歴史民俗博物館・二〇〇六年）
『死の商人　改訂版』（岡倉古志郎・岩波新書・一九六二年）
『日露戦争と群馬県民』（前澤哲也・煥乎堂・二〇〇四年）
『北清事変と日本軍』（斎藤聖二・芙蓉書房出版・二〇〇六年）

『世界の歴史　21　中国の革命』（市古宙三・講談社・一九七八年）
『指揮官の決断』（山下康博・中経出版・二〇〇五年）
『日露戦争スタディーズ』（小森陽一他・紀伊國屋書店・二〇〇四年）
『日露戦争の軍事史的研究』（大江志乃夫・岩波書店・一九七六年）
『日露戦争と日本軍隊』（大江志乃夫・立風書房・一九八七年）
『世界史としての日露戦争』（大江志乃夫・立風書房・二〇〇一年）
『兵士たちの日露戦争』（大江志乃夫・朝日新聞社・一九八八年）
『満州歴史紀行』（大江志乃夫・立風書房・一九九五年）
『凩の時』（大江志乃夫・筑摩書房・一九八五年）
『明治の墓標　庶民のみた日清・日露戦争』（大濱徹也・河出文庫・一九九〇年）
『乃木希典』（大濱徹也・河出文庫・一九八八年）
『徴兵制と近代日本』（加藤陽子・吉川弘文館・一九九六年）
『国民軍の神話』（原田敬一・吉川弘文館・二〇〇一年）
『軍閥興亡史Ⅰ』（伊藤正徳・文藝春秋・一九五七年）
『日露旅順海戦史』（真鍋重忠・吉川弘文館・一九八五年）
『明治期における脚気の歴史』（山下政三・東京大学出版会・一九八八年）
『日露戦争』（古屋哲夫・中公新書・一九六六年）
『日露戦争』（全八巻・児島襄・文春文庫・一九九四年）
『一億人の昭和史　日本の戦史1　日清・日露戦争』（毎日新聞社・一九七九年）
『福島大尉の人間像』（高木勉・講談社出版サービスセンター・一九八三年）

『日本の陸軍歩兵兵器』（兵頭二十八・銀河出版・一九九五年）
『大砲入門』（佐山二郎・光人社ＮＦ文庫・一九九九年）
『小銃拳銃機関銃入門』（佐山二郎・光人社ＮＦ文庫・二〇〇〇年）
『日本捕虜志　上・下』（長谷川伸・中公文庫・一九七九年）
『帝国陸軍　戦場の衣食住』（学習研究社・二〇〇二年）
『韓国併合』（海野福寿・岩波新書・一九九五年）
『現代民話考Ⅱ　軍隊』（松谷みよ子・立風書房・一九八五年）
『永岡鶴蔵伝』（中富兵衛・お茶の水書房・一九七七年）
『荒畑寒村著作集１』（平凡社・一九七六年）
『創業１００年史』（古河鉱業株式会社・一九七六年）
『足尾銅山労働運動史』（村上安正編・足尾銅山労働組合・一九五八年）
『足尾暴動の史的分析』（二村一夫・東京大学出版会・一九八八年）
『通史　足尾鉱毒事件』（東海林吉郎他編・新曜社・一九八四年）
『明治の政治家たち　上・下』（服部之総・岩波新書・一九五四年）
『足尾に生きた人々』（村上安正・随想社・一九九〇年）
『足尾銅山の社会史』（太田貞祐・ユーコン企画・一九九二年）
『暴動鎮圧史』（松下芳男・柏書房・一九七七年）
『平民新聞論説集』（林茂・岩波文庫・一九六一年）
『浅草博徒一代』（佐賀純一・新潮文庫・二〇〇四年）
『近時画報臨時増刊・足尾銅山暴動画報』（獨歩社・一九〇七年・国会図書館蔵）

『日本文壇史　11・12』（伊藤整・講談社文芸文庫・一九九六年）
『日本の近代9　逆説の軍隊』（戸部良一・中央公論社・一九九八年）
『明治・大正・昭和軍隊マニュアル』（一ノ瀬俊也・光文社新書・二〇〇四年）
『軍備拡張の近代史』（山田朗・吉川弘文館・一九九七年）
『平和の失速　全八巻』（児島襄・文春文庫・一九九五年）
『昭和史発掘・1』（松本清張・文春文庫・一九七八年）
『石碑と銅像で読む近代日本の戦争』（歴史教育者協議会編・高文研・二〇〇七年）
『シベリア出兵の史的研究』（細谷千博・岩波現代文庫・二〇〇五年）
『ロシア革命と日本人』（菊池昌典・筑摩書房・一九七三年）
『大正時代』（永沢道雄・光人社・二〇〇五年）
『日本の歴史⑲　帝国主義と民本主義』（武田晴人・集英社・一九九二年）
『流行性感冒』（内務省衛生局編・平凡社　東洋文庫・二〇〇八年
『日本を襲ったスペイン・インフルエンザ』（速水融・藤原書店・二〇〇六年）
『遥かなる浦潮』（堀江満智・新風書房・二〇〇二年）
『ウラジオストク物語』（原暉之・三省堂・一九九八年）
『日本の近代4　「国際化」の中の帝国日本』（有馬学・中央公論社・一九九九年）
『従軍慰安婦』（千田夏光・講談社文庫・一九八四年）
『李朝滅亡』（片野次男・新潮社・一九九四年）
『戦車と将軍』（土門周平・光人社・一九九六年）
『関東大震災』（姜徳相・中公新書・一九七五年）

『近代群馬の行政と思想（その一）』（一倉喜好・私家版・一九八四年）

文学作品

『西郷札』（松本清張・新潮文庫・一九六五年）
『千曲川のスケッチ』（島崎藤村・角川文庫・一九六一年）
『狙うて候　銃豪村田経芳の生涯』（東郷隆・実業之日本社・二〇〇三年）
『外科室・海城発電』（泉鏡花・岩波文庫・一九九一年）
『人斬り以蔵』（司馬遼太郎・新潮文庫・一九六九年）
『明治文学全集　96　明治記録文学集』（筑摩書房・一九六七年）
『明治バベルの塔』（山田風太郎・ちくま文庫・一九九七年）
『坑夫』（夏目漱石・新潮文庫・一九七六年）
『山本有三全集　第一巻』（岩波書店・一九三九年）
『渦巻ける烏の群』（黒島伝治・岩波文庫・一九五三年）
『夜の森』（堀田善衛・講談社・一九五五年）
『派兵　第一部～第四部』（高橋治・朝日新聞社・一九七三～七七年）
『東京震災記』（田山花袋・現代教養文庫・一九九一年）

おわりに

先の見えない不況の中、地方文化も衰弱している。私の住む群馬ではかつて『群馬評論』という季刊誌が発行されていた。編集同人をしていた関係で「古来征戦幾人カ回ル　日露戦争と群馬県民」というタイトルの連載を書いていたのだが、三分の二ほど書きあげたところ、二十五年間続いた『群馬評論』は二〇〇四年十月の秋号（一〇〇号）での終刊が決まった。連載は途中で終わってしまったが、なんとか一冊にまとめようと連載に大幅に加筆し、前橋市の老舗書店・煥乎堂から同年三月に『日露戦争と群馬県民』と題して自費出版した。幸い幾つか賞を頂き、その縁で高崎市のあさを社が発行している月刊誌『上州路』に二〇〇六年八月号から、高崎連隊の誕生から終焉までを中心にした連載「民衆と軍隊・戦争の近代史」を書き始めた。十二回目の「北清事変・八甲田雪中行軍」まで書き終えたところで、編集担当者から創刊四〇〇号となる二〇〇七年九月号をもって終刊とします、と連絡が入った。「またか！」若者向けの情報誌やフリーペーパーは全盛だが、「硬派」の地方雑誌は絶滅寸前なのか。これでもう他には原稿を掲載してくれるような地域雑誌は無し、今回の原稿は未完のまま御蔵入りかなあ、と半ば諦めていたが、反面、ここまで書いたのだから惜しいという気持ちもあった。また、自費出版するしかないかと思っていたら、大学時代からの友人が雄山閣の久保敏明さんを紹介してくれた。二〇〇八年四月に初めてお会いした久保さんは気さくな方で、こちらの話に熱心に耳を傾けてくれ、「上下二巻でまとめてみましょうよ」と、夢のようなことを言ってくれた。

叙述の基本スタイルは、高校日本史レベルの流れをベースに、「公刊戦史」「連隊史」を縦糸に、兵士の手記・手紙・新聞記事などを横糸とし、食事や病気などのエピソードを散りばめるという、『日露戦争と群馬県民』のパターンとしたが、難物は、本文中にも書いたが「シベリア出兵」だった。大規模な戦闘もなく、兵士の肉声も乏しい。当時の新聞に興味深い記事が予想以上にあったのでなんとかまとめることができた。

上巻を書きあげた今、「近代史はついこの間のこと」という思いを改めて感じている。私は一九五九年生まれだが、この年をゼロと設定すると、プラス二〇年が「共通一次試験開始の年」であり、マイナス二〇年は「ノモンハン事件が起こった年」である。今年は一九五九年プラス五〇年だが、マイナス五〇年は明治四十二年「伊藤博文が暗殺された年」なのだ。時間だけでなく「頭の中」もそう変わっていないのかと思わせてくれたのが、日本の侵略の歴史を真っ向から否定した航空自衛隊前幕僚長・田母神氏の「論文問題」である。国会で持論を主張する田母神氏の映像から、戦前の軍人の姿が想像できた。田母神氏の場合は「強烈な主観」のみだが、「恫喝」「軍刀」が加わればまさに戦前の軍人となるだろう。

近代の戦争に対する評価は様々だが、個人的には「マクロな視点から」見るのではなく、あくまでも庶民からの「ミクロな視点から」見ることにこだわりたいと思っている。戦争に巻き込まれることで心ならずも加害者になったり、あるいは被害者になったりする庶民の目線からでしか、戦争の実態は見えてこないのではないか、作戦を立案する高級参謀の視点ではなく最前線で敵と対峙する兵士の視点の方がはるかに正確に戦場を把握しているのではないか、と常々思っている。こうした思いが本文に反映しているかどうかは読者諸賢の判断を待つしかないが、ほんの少しでも感じていただけたなら幸いである。

二〇〇九年一月

前澤　哲也

付録　歩兵第十五連隊兵営跡の調査

(財)群馬県埋蔵文化財調査事業団
主席専門員　菊池　実

一　発掘調査の歴史

歩兵第十五連隊が衛戍地（駐屯地）とした旧高崎城は、高崎市高松町に所在している。一八七二（明治五）年一月、群馬県庁として使われていた旧高崎城は、兵部省管轄と決定し、早速旧城内の整備が始められた。兵部省は同年二月には廃止され、かわって陸軍省・海軍省が設置される。兵営や練兵場を作るために、城門・櫓や立木の払い下げ、内堀の埋方整地、城内に居住する旧藩士の立ち退きなどが次々と実施されていった。

翌年、東京鎮台高崎分営が設置され、旧本丸に四棟の兵舎が建てられた。その後、兵制の整備が進むとともに、一八八四（明治十七）年五月には「軍都（軍事都市）高崎」の代名詞ともいうべき歩兵第十五連隊が誕生した。また、兵営創設とともに城内の南西部に病室が設けられたが、これは後に高崎衛戍病院、そして一九三六（昭和十一）年からは高崎陸軍病院となった。さらに高崎には第二十八旅団司令部、高崎連隊区司令部（一九四一年から前橋に移る）、高崎憲兵分隊も設置された。兵営施設の整備・拡充はその後も続けられ、一九四五（昭和二十）年の敗戦に至るまで、高崎は一貫して陸軍の衛戍地であった。

現在、かつての城内には高崎市役所、群馬音楽センター、シンフォニーホール、独立行政法人国立病院機構高崎病院、裁判所などの公的施設が集中している。

この高崎城域を範囲とする高崎城遺跡は、これまでに一九八五（昭和六十）年の市立高松中学校建設予定地をはじめとして、一七次にわたる発掘調査が行われている（表参照）。そしてそれぞれの調査次に対応して、高崎城Ⅰ遺跡から高崎城ⅩⅦ遺跡として報告されている。Ⅰ～ⅩⅣ次、ⅩⅥ・ⅩⅦ次は高崎市教育委員会、ⅩⅤ次は（財）群馬県埋蔵文化財調査事業団による調査である（図一）。

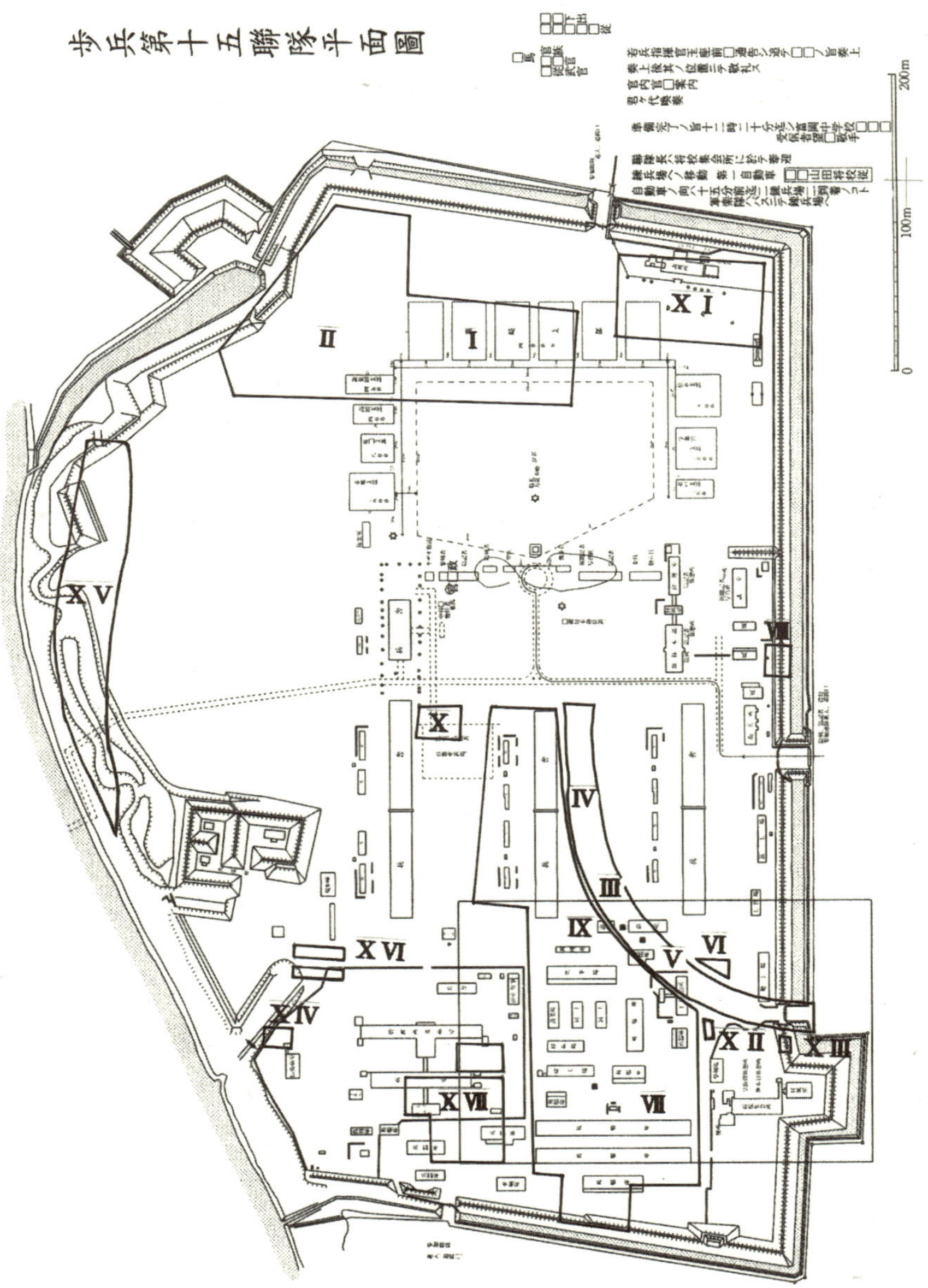

図一　昭和９年　歩兵第十五連隊平面図
（図に調査区をかさねる）

表

調査	調査の原因	調査の期間
第Ⅰ次	市立高松中学校建設（校舎部分）	一九八五年一〇月
第Ⅱ次	市立高松中学校建設（校庭部分）	一九八六年一〇月〜一一月
第Ⅲ次	高崎駅西口線道路建設	一九八八年一月〜二月
第Ⅳ次	高崎駅西口線道路建設	一九八八年一一月〜八九年三月
第Ⅴ次	高崎駅西口線道路建設	一九八九年六月〜一一月
		一九九〇年一月〜三月
第Ⅵ次	群馬シンフォニーホール建設	一九八九年六月〜九月
第Ⅶ次	高崎市役所新庁舎建設	一九九〇年五月〜九一年三月
第Ⅷ次	高松郵便局建て替え	一九九〇年六月〜七月
第Ⅸ次	高崎市役所新庁舎建設	一九九一年四月〜一二月
第Ⅹ次	前橋地方裁判所高崎支部構内の建物増築	一九九一年一〇月〜一二月
第Ⅺ次	市営高松地下駐車場・友好姉妹都市公園建設	一九八八年七月〜八月
第Ⅻ次	都市計画道路高松若松線建設	一九九三年六月〜七月
第XⅢ次	城址公園公衆便所建設	一九九三年八月〜九月
第XⅣ次	国立高崎病院内視聴覚施設建設	一九九六年五月〜六月
第XⅤ次	国道一七号（高松立体）改築工事	二〇〇二年四月〜〇三年六月
		二〇〇三年一一月〜〇四年一月
第XⅥ次	国立高崎病院仮設病棟建設	二〇〇三年一二月〜〇四年一月

第XVII次　国立高崎病院新病棟建設　二〇〇五年七月〜一〇月

これら調査のうち、歩兵第十五連隊関連の遺構や遺物が検出されたのは、Ⅲ・Ⅳ・Ⅴ・Ⅵ・Ⅶ・Ⅸ・XVの各遺跡である。XV遺跡を除いたこれらの場所には、かつて連隊の各種施設があった。XV遺跡からは兵営内で使用された各種の遺物が廃棄された状態で出土している。Ⅰ・Ⅱ・XIの各遺跡は城内の北側にあたる。営庭があったところであり関連する施設はほとんどなかったようである。XVII遺跡は城内の南西部にあたり、陸軍病院があった場所である。

それでは歩兵第十五連隊関連の遺構や遺物が検出された遺跡をみてみよう。

二　歩兵第十五連隊関連の遺構と遺物

①高崎城Ⅲ・Ⅳ・Ⅴ遺跡の調査から

Ⅲ・Ⅳ・Ⅴ遺跡は、シンフォニーロードと呼ばれている都市計画道路高崎駅西口線建設に伴う調査である。「昭和九年の歩兵第十五連隊平面図」（図一）や「営内掃除及保存担任区分一覧図」によれば、このⅢ〜Ⅴ遺跡の調査場所、特にⅤ遺跡には、第一・第二大隊浴室、第三大隊浴室、機関室、下士集会所、靴工場などの施設があった。しかし調査区内にあった旧市立第三中学校の体育館跡地のように、取り壊しなどの際の攪乱によりほぼ全域で遺構が破壊されているることが予想されたことや、さらに共済会館と高崎労働基準監督署の跡地でもローム層まで破壊がおよんでいたために全面調査とはなっていない。

それでも調査では、地表下約五〇センチ程で石炭殻を敷き込んだ層が検出され、この層付近から歩兵第十五連隊に関連すると考えられる遺構が検出された。それらは二棟の浴室と機関室、大型排水路跡（土管製と大谷石製）、井戸跡、建物間をつなぐ吸水管、送水管、排水管である（図二）。

ところで報告書では、機関室の東側から検出された東西一二間、南北四間で柱穴内に自然石を用いた礎石を一ない

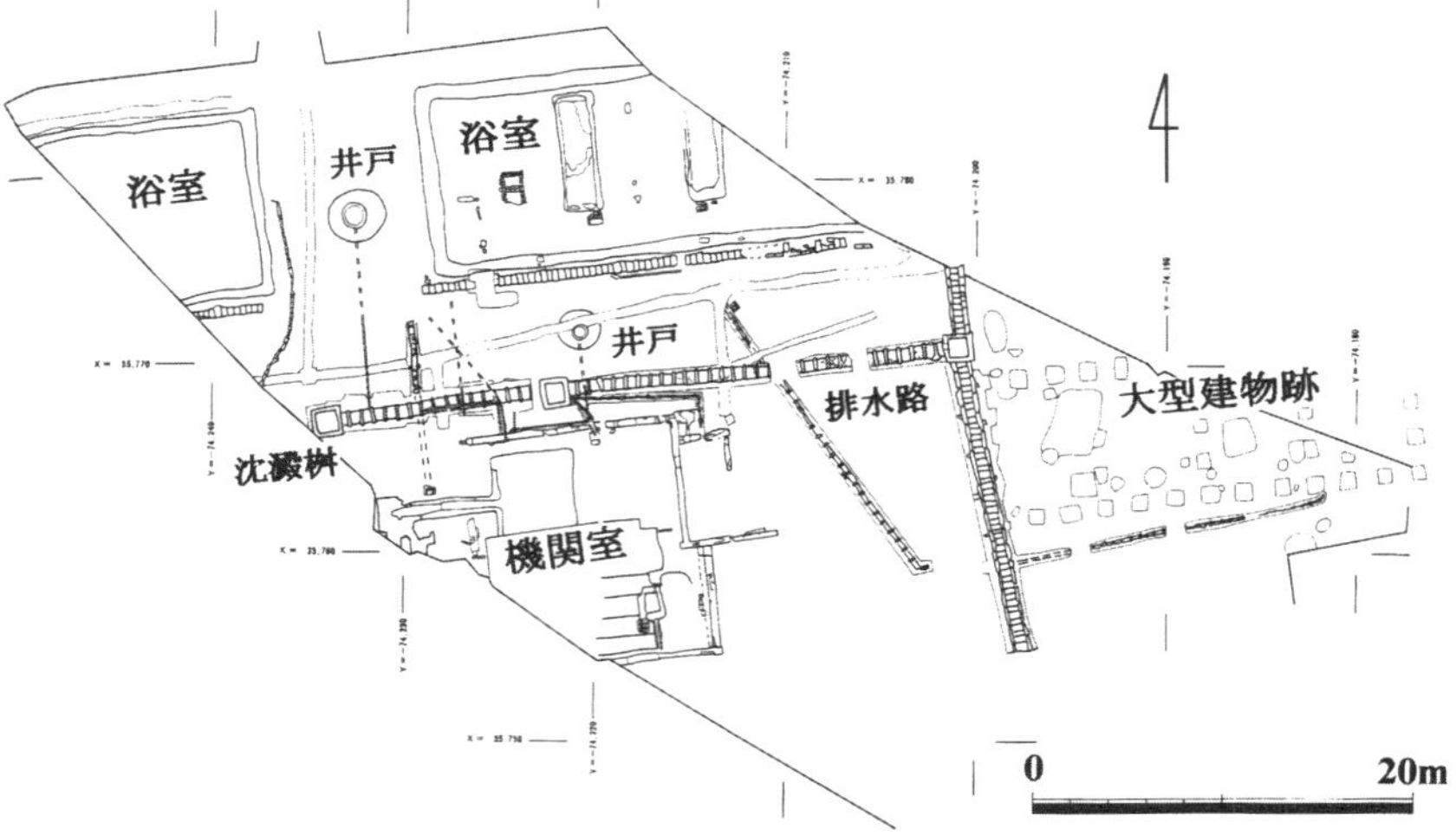

図二　高崎城Ｖ遺跡（『高崎城遺跡Ⅲ・Ⅳ・Ｖ』1990）

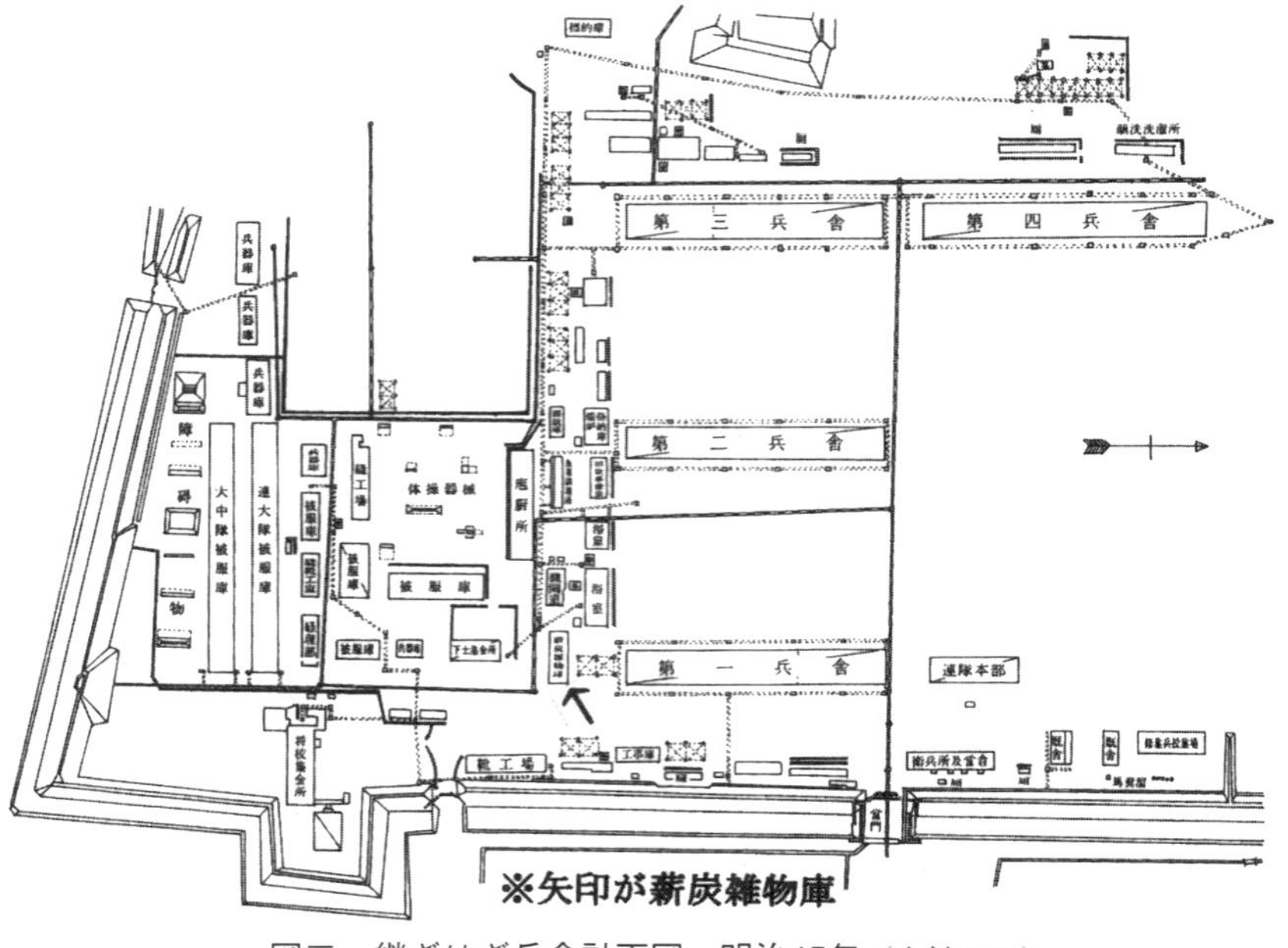

図三　継ぎはぎ兵舎計画図　明治45年（中村2001）

し二個持っている遺構を、近世の大型建物跡として中級程度の武士たちの長屋であった可能性を指摘している。しかしながら「継ぎはぎ兵舎計画図・明治四十五年」（図三）には、この場所には薪炭雑物庫が描かれる。「昭和九年の歩兵第十五連隊平面図」や「営内掃除及保存担任区分一覧図」には描かれていないが、位置関係から検討すると、この建物の基礎になるものと思われる。兵営内では明治から昭和にかけて新築や増改築などが行われおり、それについては中村茂氏の「歩兵第十五連隊第二兵舎の建築年代について」『高崎市史研究13』（二〇〇一年）に詳しい。

Ⅲ・Ⅳ遺跡は、第一兵舎と第二兵舎があった場所の間にあたる。Ⅲ遺跡からは明治時代以降の溝四条、方格溝（礎石及び大量の漆喰を伴う建物の基礎と考えられる溝状の掘り込み）が検出されている。報告書では触れられていないが、これは一八七七（明治十）年に新築された鎮台兵舎の基礎になるものと思われる。Ⅳ遺跡からは、煉瓦の入ったピット列が検出されている。建物の基礎とは異なるが、兵舎の方向と同方向と思われるので何らかの関係があるものと推測されている。このほかに、煉瓦やトタン板などが多数廃棄された土坑、平瓦・赤煉瓦・耐火煉瓦などが多数出土した土坑が検出されている。

②高崎城Ⅶ・Ⅸ遺跡の調査（高崎城三ノ丸遺跡）から

高崎市役所新庁舎建設に伴い、一九九〇（平成二）年五月から翌九一年十二月まで発掘調査が実施された。調査場所は高崎城Ⅲ～Ⅴ遺跡に隣接、高崎市立第二中学校、同第三中学校の跡地である。調査面積は三万二九一一平方メートル。弥生時代中期から藩政時代の遺構の検出を目標としていたが、思いのほか歩兵第十五連隊関連の建物跡などの遺構検出（図四）と多量の軍隊遺物の出土があった。

調査区毎に検出された遺構を紹介しよう。

〔一三二調査地区・共同溝区〕　第十五連隊第二兵舎の東辺基礎、兵舎を取り巻く凝灰岩切石の排水路と土管により連結される沈殿桝が検出された。

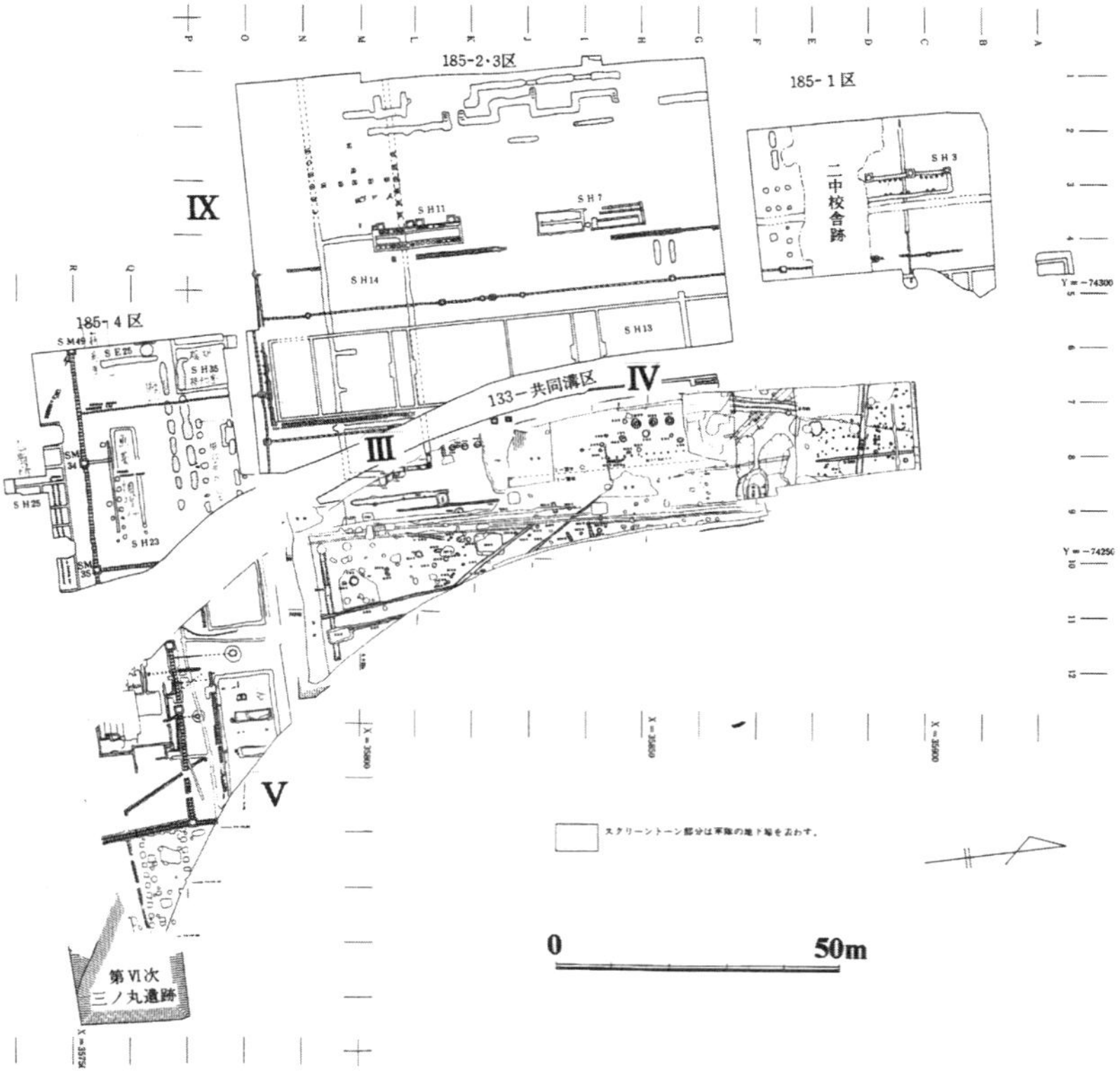

図四　高崎城三ノ丸遺跡　全体図（近代）

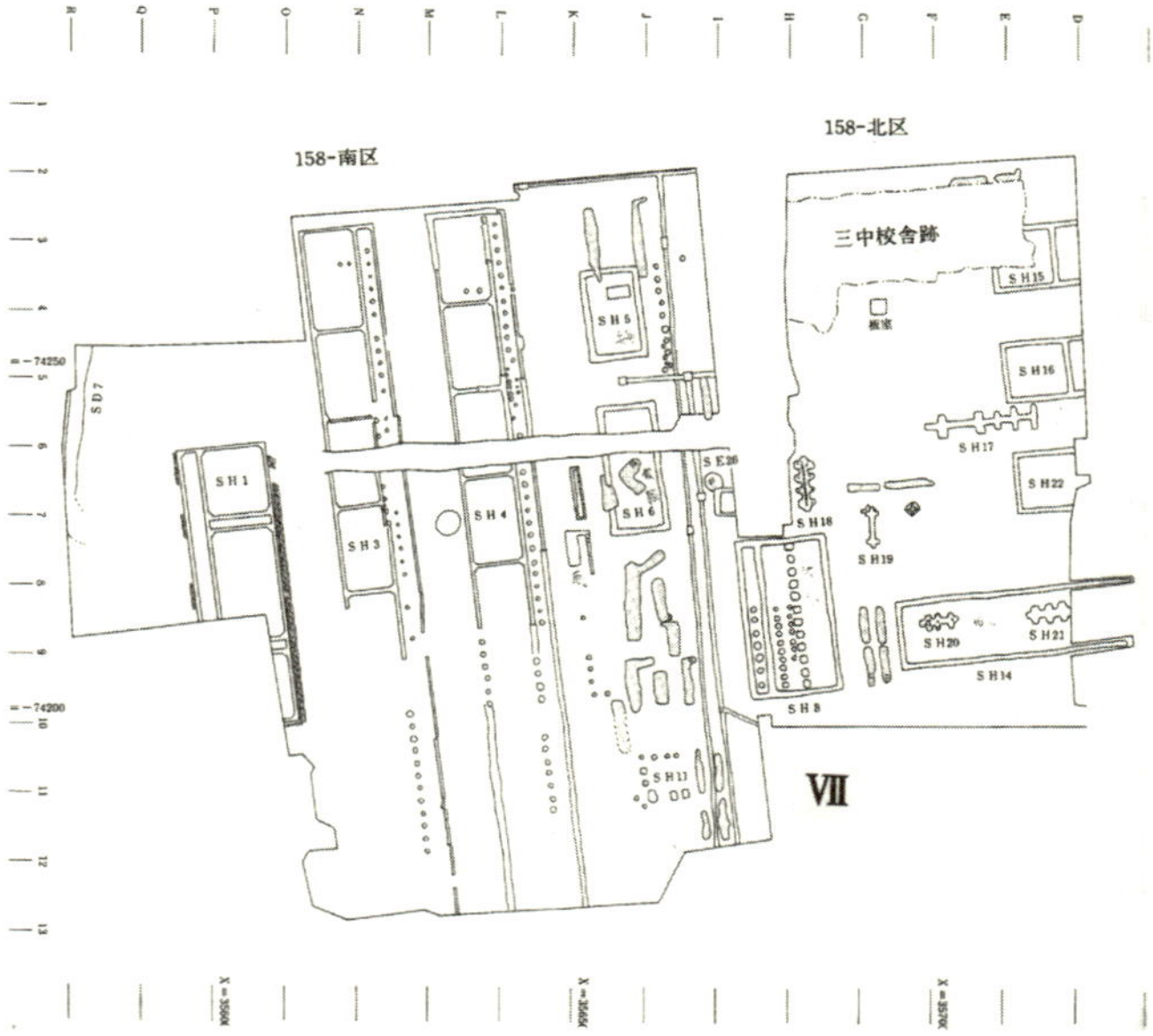
158-南区
158-北区
三中校舎跡
ＳＨ１
ＳＨ３
ＳＨ４
ＳＨ５
ＳＨ６
ＳＨ８
ＳＨ11
ＳＨ14
ＳＨ15
ＳＨ16
ＳＨ17
ＳＨ18
ＳＨ19
ＳＨ20
ＳＨ21
ＳＨ22
ＳＥ26
ＳＤ７
Ⅶ

〔一五八調査地区・第三中学校跡地〕　現地表直下に近代の遺構があり、特に十五連隊の建物の基礎が比較的良く残されていた。このあたりは連隊の倉庫群が存在した地域で、被服庫四棟、兵器庫二棟、蔬菜庫三棟などの建物跡と明治期の倉庫跡、また兵士教練用の体操施設が検出されている。被服庫は、一九六六（昭和四十一）年三月まで中学校校舎として利用されていた。調査ではこれらを無視することができなかったこと、そして建物の基礎から連隊当時の建物配置を復元することに努めた、と調査担当者は述べられている。

予想外の遺構として、これら建物の周囲には主軸方向を同じくする地下式の土坑（地下壕）が数多く検出されたことである。これらのうち、SK五と呼称された地下壕は、出入り口に階段がつき、内部は板敷き・板壁であったと思われる。火を受けて壁面と柱が焼けただれ灰や焼土がぎっしり詰まっていた。灰・焼土の中から軍隊遺物が多量に出土している。地下壕の規模は、長さ四メートル、幅二メートル、深さ一メートルであった。

〔一八五調査地区・第二中学校跡地〕　東端から第二兵舎の基礎、兵舎の西側には兵営生活用の洗面所・物干場・厠、また大隊炊事所・魚菜調理所・石組かまど・排水桝と各種の軍隊使用遺物が検出された。地下壕も多数検出されている。地下壕は人員の緊急避難用であるのか、上部構造はどうなっていたのか、数多く検出されているが、かつての入営者に聞いても、誰も地下壕の存在を知らなかったということである。

第二兵舎は南北一四〇メートル・東西一五・二メートルであり、その基礎は深い布堀の底部に栗石を敷き、その上に五五センチ程度の厚さのコンクリートを打ち、さらにその上に赤煉瓦六段を積み上げたものである。地上部分は、木造大壁造り二階建て瓦葺きの建物で、中央に煉瓦の防火壁があった。一九六二（昭和三十七）年三月まで市立第二中学校の校舎として使用されていた。

この兵舎の建築年代は、これまで十五連隊関係の文献や校史によって一八八六（明治十九）年とされてきた。ところが、発掘の結果、一九一〇（明治四十三）年以前にはあり得ない建物であることが判明した。それは、発掘した兵舎基礎の内部に、床下の束の重複関係が確認され、新旧二種類の束が存在すること、兵舎の基礎および防火壁・兵舎周辺の排水桝には一八九〇（明治二十三）年以降製品化された「上敷免製」の刻印のある煉瓦が使用されていたこと、防火壁から北側の第二兵舎基礎のコンクリート内を兵舎建築と同時に敷設された一九一〇（明治四十三）年以降の上水鉄管が貫通していたこと、からであった。

発掘調査の結果とその後の史料調査によって、第二兵舎の建築年代は、一九一二（明治四十五）年の改築工事によって建て替えられたものであることがわかっている。

この第二兵舎よりも古い東西方向の建物基礎は、全長七二メートル以上あるものである。この建物建設にあたっては、高崎城二ノ丸堀を横断するときには五メートルもある堀底まで凝灰岩の切石を等間隔に柱状に積み上げ、この切石列の周囲をすべて大小の川原石で充填するという大工事を行っている。第十五連隊創設以前の東京鎮台高崎分営当時の建物跡である。この建物基礎の東端がⅢ遺跡で検出された方格溝である。

明治最初期では、陸軍の重要な施設は政府お雇い外国人に委嘱して、本格的な西洋建築で建てられたのに対して、一般兵営建築は雛形的なものに従って建設された。当時の建物が仙台、新発田などに現存している。

〔出土遺物〕　一五八調査地区最南端から検出された溝状遺構から、大量の近代陶磁器が出土している。出土総数は一七五五点であり、このうち九二一点が磁器碗であった。営内で使用された飯碗であった可能性があり、酒保（日用品や飲食物の売店）の廃棄物と考えられている。この他に薬品容器などが出土している。

地下壕からは、軽機関銃・小銃・スピンドル油缶・保革油缶・防毒面・手榴弾、文書や新聞の燃えさし、そして一万枚に近い認識票が出土した（図五）。認識票の材質は黄銅・鉄・アルミの三種で、大きさは、長さ四五ミリ、巾三三ミリの小判型で、両端に紐穴があく。黄銅製の認識票には、片面に部隊（連隊）番号、中隊番号、認識番号が打刻されていて、その数約三〇〇〇枚にのぼった。

認識票とは、死傷した軍人軍属の氏名を識別するためのネームプレートである。戦地に動員される部隊所属の将兵、出戦部隊補充の際、補充員となる将兵に支給された。将校は部隊名と氏名、兵隊は中隊番号と認識番号（兵籍番号）

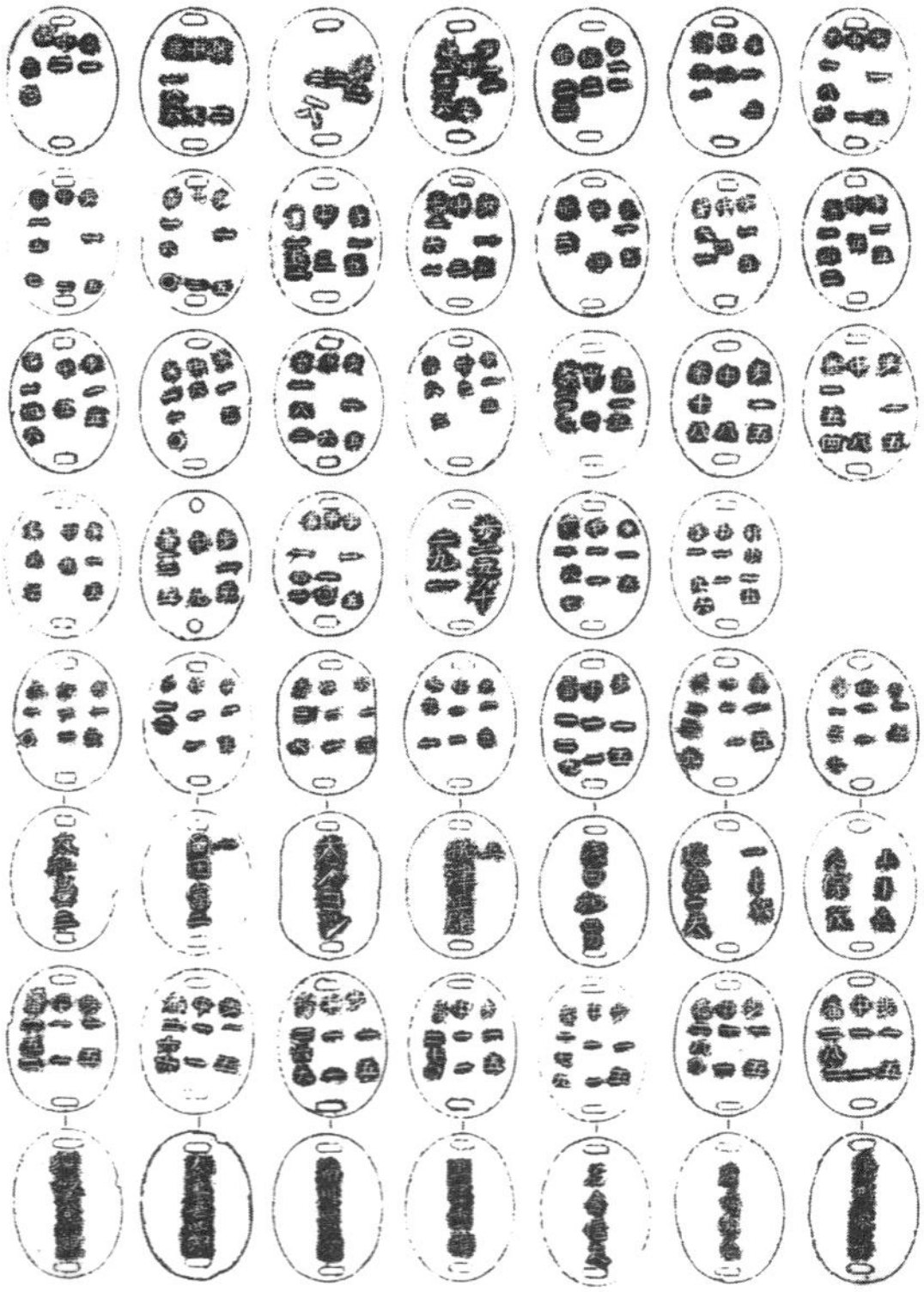

図五　認識票拓影図（1/4）
（『高崎城三ノ丸遺跡』1994）

が刻印されている。戦場では身元の確認できない死体が続出、また野戦病院には口のきけない重傷者があふれる。それらの確認のために必要であった。認識票は襦袢（肌着）の下に紐で右肩から左脇下に懸けた。

遺跡出土の認識票は、兵士が戦地から復員後、召集解除の際に返納したものであろう。所属部隊名のうち最も数が多かったのは、歩兵第百十五連隊で一二〇六枚、次いで歩兵第十五連隊の七五七枚である。そのほかに歩兵二百十五連隊などがあった。「歩兵第十五連隊第十一中隊の認識票の中に、正規の認識番号の裏面に線彫りで個人名が彫られているものが一六枚あった。同じ隊の仲間同士が相談して彫りつけたものであろう。番号だけでは自分とわかってくれるか不安があったのかもしれない」とは、調査者の弁である。鉄とアルミ製は無刻印で、兵士に配布する前のものであった。

これらは、遺構の残存状況と遺物の出土状況から判断すると、敗戦時に装備品を焼却処分したものと考えられている。

ところで日本陸海軍は敗戦とともにほとんどの公文書を焼却処分にした。この焼却処分により、陸海軍の歴史研究に必要な基本的史料が欠如し、いまだに陸海軍の歴史の空白や謎が解明されない部分があるという。焼却の機会を逸し、または関係者の独断で焼却されなかった文書が、現在、防衛省防衛研究所などに保管されてる。最近、東京の市ヶ谷台において旧尾張藩上屋敷跡の発掘調査で、敗戦時焼却された陸軍文書が焼け残った状態で大量に発掘された。発見場所は防空壕の入口であった。これらの史料は防衛研究所所蔵史料に欠落している一九四三（昭和十八）年から敗戦までの部分を部分的に補完する史料であった（陸軍文書三三五冊）。同様な事例は東京都目黒区の大橋遺跡（陸軍輜重兵学校跡）でも発掘されている。このように近代に関わる埋蔵文化財の調査においては、こうした例は今後も増加するものと思われる。

以上、Ⅶ・Ⅸ遺跡の調査から鎮台兵舎、第二兵舎、兵器庫、被服庫などの近代建造物の基礎、各種の上下水道遺構、地下壕が検出され、歩兵第十五連隊の兵営建物配置を復元することが可能となった。検出された遺構は、現在の「平和都市高崎」からは想像もつかない、かつての「軍都高崎」を明らかにするものであった。

③高崎城XV遺跡の調査から

高崎城本丸と烏川との間に位置し、国道一七号（高松立体）改築工事に伴い、二〇〇二（平成十四）年度から〇三（平成十五）年度にかけて発掘調査を実施した遺跡である。

高崎城本丸の西側堀（調査時に一号堀と命名）の埋土上部には、石炭殻中に近代遺物を多く含む層があった。堀が埋没する過程の凹みに大量に廃棄されたものであり、歩兵第十五連隊関連遺物が主体を占めていた。

出土した遺物は陶磁器やガラス製品、金属製品、皮革製品などである。調査と整理を担当された大西雅広氏の観察所見を元に代表的な遺物を次に紹介しよう。

出土陶磁器は、兵営生活を物語るような盃、徳利、湯飲み、碗、鉢、皿、急須等の飲食器が主体となっている

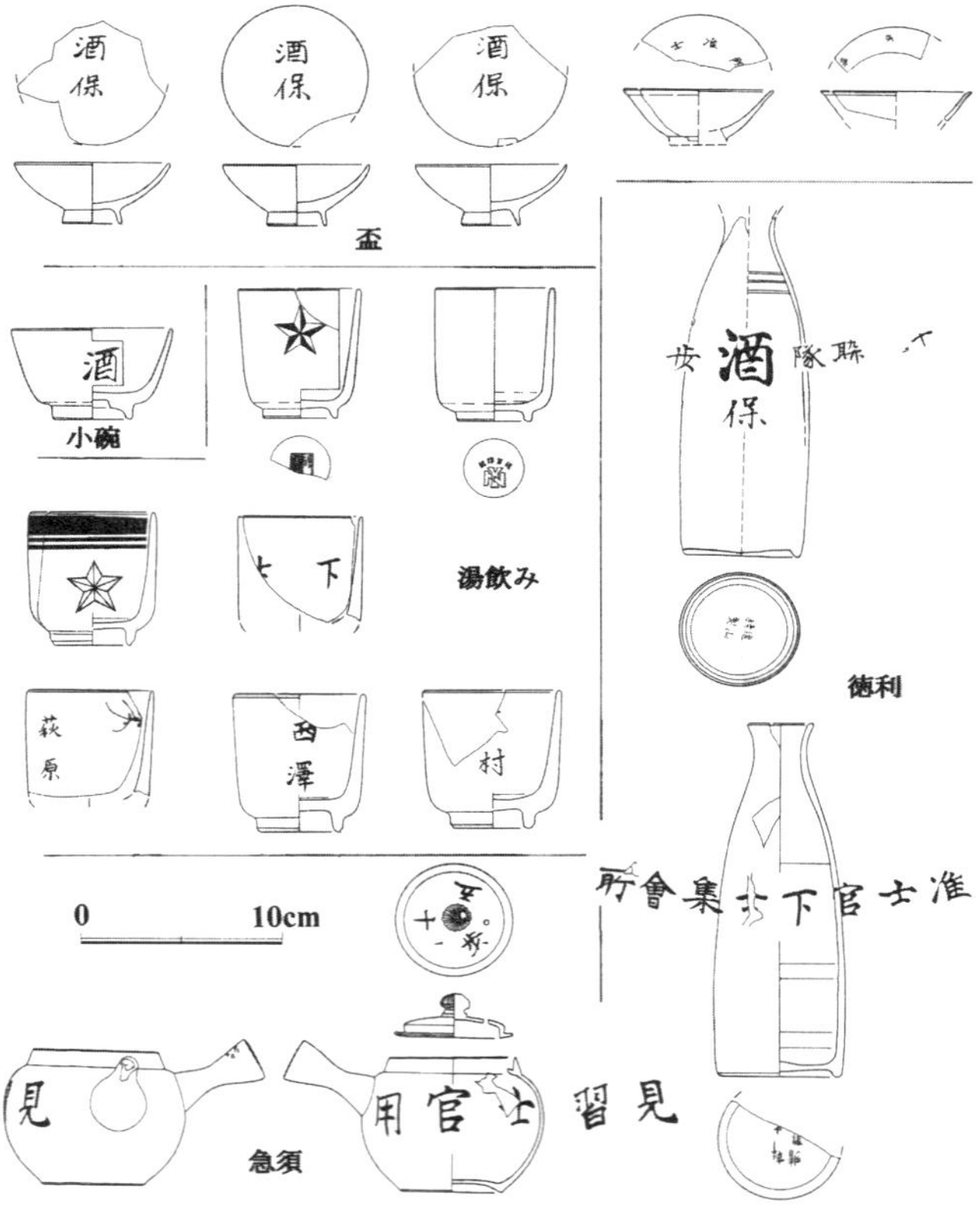

図六　出土陶磁器（1/6）（『高崎城XV遺跡』2006）

（図六）。出土地点と文字資料から歩兵第十五連隊で使用されたものであることは確実であった。

その中で注目されるのは、酒保で使用された盃の一群である。白磁の見込みに青い上絵具で「酒保」と縦書きしている。この他に「所准士」と「兵第」の文字もあり、前者は「准士官下士集会所」、後者は「歩兵第十五連隊（酒保）」の文字が記されていたものと推測されている。下士集会所と酒保は高崎城V遺跡で発掘された浴室や機関室の南東にあった。V遺跡の調査区にその一部はかかっていたものと思われるが、攪乱によって遺構が破壊されているものと判断されて発掘は実施されていない。

小碗（湯飲みとぐい呑みと思われる）にも酒保で使用されたものがある。湯飲みには陶器、硬質陶器、磁器の三種が見つかっている。硬質陶器の高台内には方形枠内に「硬陶」の銘を入れたものと「NY」を組み合わせたマーク上に「硬質陶器」と記されたものがあった。これは日本硬質陶器株式会社の製品である。口縁部外面に陸軍の「☆」マークが認められるものもある。また、磁器の湯飲み三個には「萩原」「西澤」「□村」の使用者名が記され、「下士」と記された湯飲みからはその使用場所が特定できる。Ⅵ遺跡からも「兵器委員加藤准尉」「柴崎特務曹口」と記名のある湯飲みが検出されている。

徳利には使用場所を示す上絵文字がすべてに記されていたと考えられる。上絵文字には「歩（兵）第十（五）連隊酒保」と「准士官下士集會所」の二種があった。

急須には盃や徳利と同じ青色上絵具で「見習士官用」の文字が大きく書かれていた。蓋には「歩十五」が記されている。

以上、これらはいずれも酒保や下士集会所で使用されたものが、連隊ゴミとして廃棄されたものであろう。このほかに、釦、襟章、肩章、歯ブラシも出土している。さらに円弾一七二点、椎実弾二点が集中して出土した。射撃練習に使用された可能性がある。昭和期の図では出土地点の北側に射撃場が存在していた。

なお、遺構としてはアジア太平洋戦争末期に構築された地下壕三箇所が見つかっている。それは堀の壁面に掘削された横穴式の地下壕である。報告書には詳細な図面を掲載することはかなわなかったが、床面に等間隔の溝が掘られている細長い地下壕二基が写真図版に掲載されている。幅約二～二・四メートル、長さは二二メートルと三〇メートルを測る。この地下壕は神奈川県横浜市の茅ヶ崎城跡で発掘された戦車壕と規模や構造が似ている。床面の溝には枕木を据え、キャタピラと噛むように構築されたと推定されている。茅ヶ崎城例は、本土決戦に備えて軽戦車を格納したものと考えられているが、高崎城例もそうであれば、どのような部隊が布陣していたのかは今後の検討課題である。

三　関連する遺跡―高崎陸軍墓地

現在、高崎城跡に歩兵第十五連隊の遺跡を見ることはできないが、旧営門を入って右手、営門歩哨の立哨位置にあ

写真一

たる場所に、戦友会や関係団体の手で「歩兵第十五聯隊趾」と記された大きな石碑が一九七六年に建立されている。

次に関連する遺跡の一つとして高崎陸軍墓地をあげることができる。陸軍墓地は、陸軍省が設定した用地に設けられたもので管理者は師団であった。高崎陸軍墓地は、高崎兵営の南に位置していた龍廣寺（高崎市若松町八五番地一）にある。一八七三（明治六）年に高崎に兵営が置かれると陸軍の要請によって当時の龍廣寺住職が、敷地の一部を寄進して創設したものであった。

戦後は大蔵省財務局が管理していたが、一九五二（昭和二十七）年一月、元の所有者であった龍廣寺に払い下げられた。墓石・墓標がかつての敷地の四分の一ほどの区画に整理されたため、陸軍墓地としての原型をとどめていないが、墓地跡には現在も陸軍墓標が建ち並んでいる（写真一）。

この高崎陸軍墓地の実態調査を行った手島仁・西村幹夫の両氏によれば、個人墓二五七基、合葬墓碑四基（うち一基は戦後に建碑）、ロシア人捕虜の個人墓三基が確認されている。個人墓二五七基のうち明治期に建立されたものは二一一基、大正期は〇、そして昭和期は三二基、不明一四基であった。これを出身地別で見ると、長野七八基、新潟三九基、群馬三七基、埼玉二八基、栃木一五基などとなり、五県で全体の約八〇パーセントを占めている。

いちばん古いものは一八七三（明治六）年の年号を確認できる。東京鎮台高崎分営第九大隊が誕生した年である。

墓標の中には「生兵」と肩書きをつけたものが二九基あった。これは訓練途中の新兵のことを指す。なれない兵営生活と厳しい訓練で死亡した兵の墓標であった。明治期の個人墓は、平時において病死した兵士を埋葬したものである。

一九〇四年～五年（明治三十七年～八年）の日露戦争において、数多くのロシア軍兵士が捕虜となり、日本各地に収容された。高崎においても五百数十名の捕虜が収容された。収容先は、龍廣寺を初めとする長松寺、覚法寺、大信寺、大雲寺などの市内の寺院や高盛座、藤守座、睦花亭、共楽館など寄席や劇場であった。

写真二

そのうち傷病兵だったニコライ・トカチューク、ステパン・シュレノーク、サムプソン・メルニチェンコの三人が療養のかいなく亡くなり、陸軍墓地に葬られた。ニコライ・トカチュークを除いた二名は第七収容所にあてられた興善寺で肺炎のために死亡して、埋葬されたものであった。その後、アジア太平洋戦争中には破壊される恐れもあり、地下に埋めて隠されたこともあった。一九七六（昭和五十一）年になって日ソ協会高崎支部、龍廣寺住職などの手により改修されている。

西洋式の三基の墓碑は、台上に東向きに安置されている（写真二）。三基とも長さ八五センチ、幅六〇センチ、厚さ一二センチの大きさである。墓石面上部にロシア語で銘文が記され、中央には大きな十字架が彫られ、その左右には日本語で彼らの所属部隊、階級、氏名、年齢、没年が刻まれている。向かって左の墓碑は「関東要塞砲兵隊　兵卒サムプソン　メルニチェンコ　行年二十九　西暦千九百五年五月七日永眠」、中央の墓碑は「狙撃歩兵第二十連隊　兵卒ステパン　シェレノ

ーク　行年二十二　西暦千九百五年五月十八日永眠」、右の墓碑は「狙撃砲兵第一大隊第二中隊　木工長ニコライトカチューク　明治三十八年十月廿四日死ス　年二十六」とある。

明治以来、市民生活と深くかかわってきた高崎歩兵第十五連隊が所在したことを象徴する貴重な文化財として、一九八六（昭和六十一）年二月十三日に史跡指定された。ロシア人兵士の墓は、高崎のほかにも愛媛県松山市、金沢市野田山、大阪府泉大津市、仙台、名古屋などの各地にある。

昭和期の墓標は、満州事変での戦死・戦病死・公務死の兵士や昭和十年の風水害犠牲兵士、二・二六事件の事故死兵士などである。

四　今後の調査に向けて

高崎城域でのこれまでの発掘は、藩政時代やより古い時代の遺跡調査に主眼が置かれていた。このために鎮台や連隊時代の遺構や遺物については、たとえ発掘されたとしても充分な調査が行われず、報告書での記載は疎かにされてきた。陸軍病院跡についても同様である。遺構や遺物があったのか、なかったのか、という基本的な事項についてさえも全く触れられていない報告書もある。近代の遺跡については、これまで埋蔵文化財として認知されてこなかったことの影響によるものであろう。

旧城内に鎮台分営の建物や連隊の兵舎などが建てられたのは、明治期に限ってみても六年、十年、十九年、二十三年、二十六年から三十年、四十五年である、という。これらの変遷については、調査担当者でもあった中村茂氏の研究におうところである。発掘の成果と文献資料との検証から判明した事実であった。ところが、報告書では検出された遺構や遺物の事実記載がほとんど行われていないために、第三者が研究を行おうとしてもまったくのお手上げ状態であった。

しかし一九九八（平成十）年の文化庁通知では、近現代の遺跡であっても地域において特に重要な遺跡は調査の対象とすることができる、としたことにより歩兵第十五連隊関連の遺跡は今後きちんと調査をして行かなければならないであろう。群馬の歴史や日本の歴史を考える場合になくてはならない遺跡だからである。前時代の遺跡調査と同様に遺構や遺物の詳細な調査が行われ、報告書に記載されてゆくことが求められる。

これまでの発掘によって、近世高崎城に伴う遺構として報告されたもののなかに連隊時代の遺構があった。さらに検出された遺構の中には、敗戦末期に構築された地下壕などのように、構築背景の検討が加えられてしかるべきものが多々ある。

明治初期に鎮台が設置され、さらに師団・連隊の設置が全国で進められたが、その場所は近世城郭内が多かった。このために高崎城に限らず近世城郭の調査にあたっては、鎮台や連隊時代の遺跡を考慮に入れた調査を進めて行かなければ、誤った報告が重ねられてゆくことになるであろう。

〔参考文献〕

高崎市教育委員会『高崎城遺跡　Ⅲ・Ⅳ・Ⅴ』一九九〇年
高崎市教育委員会『高崎城遺跡Ⅵ　三ノ丸遺跡』一九九〇年
高崎市教育委員会『高崎市の文化財』一九九三年
中村　茂・黒沢元夫『高崎城三ノ丸遺跡』高崎市教育委員会　一九九四年
高階勇輔「高崎歩兵第十五聯隊における水道布設」『高崎市史研究』第四号　一九九五年
中村　茂「歩兵第十五連隊第二兵舎の建築年代について」『高崎市史研究』第一三号　二〇〇一年
手島仁・西村幹夫「軍事都市高崎の陸軍墓地」『群馬県立歴史博物館紀要』第二四号　二〇〇三年
大西雅広ほか編『高崎城XV遺跡』（財）群馬県埋蔵文化財調査事業団　二〇〇六年

著者略歴

前澤哲也（まえざわ　てつや）

1959年（昭和34年）、群馬県太田市に生まれる。

県立太田高校をへて1983年（同58年）中央大学文学部史学科卒業。

専攻は日本近代史。卒業論文『酒造税則の展開に関する一考察～酒屋会議を中心に～』

著書『日露戦争と群馬県民』（2004年・煥乎堂　群馬県文学賞（評論部門）他受賞）

共著『2005年度　松山ロシア兵捕虜収容所研究』（日露戦争史料調査会松山部会編）

論文『十五年戦争と群馬県民』（『上州路』375号）他

平成21年5月25日初版発行　　《検印省略》

帝国陸軍《ていこくりくぐん》

高崎連隊《たかさきれんたい》の近代史《きんだいし》　上巻《じょうかん》　明治大正編《めいじたいしょうへん》

著　者　前澤哲也

発行者　宮田哲男

発行所　㈱雄山閣

〒102-0071　東京都千代田区富士見2－6－9

ＴＥＬ　03-3262-3231㈹　FAX 03-3262-6938

振替：00130-5-1685

http://www.yuzankaku.co.jp

組　版　創生社

印　刷　東洋経済印刷

製　本　協栄製本

Printed in Japan

ISBN 978-4-639-02082-0　C3021